本书受科技部“技术创新方法集成研究与推广应用”（2007RY140400）和
“面向管理创新的多创新方法集成研究”（2010IM040300-05）专项资助

创新思维与方法
TRIZ的理论与应用

陈　光/主编　王伯鲁　赵立力/副主编

科学出版社
北　京

图书在版编目(CIP)数据

创新思维与方法：TRIZ的理论与应用 / 陈光主编 .—北京：科学出版社，2011

ISBN 978-7-03-031244-0

Ⅰ.①创… Ⅱ.①陈… Ⅲ.①创造学 Ⅳ.①G305

中国版本图书馆CIP数据核字（2011）第100884号

责任编辑：侯俊琳 郭勇斌 樊 飞 王昌凤 / 责任校对：钟 洋
责任印制：赵 博 / 封面设计：无极书装
编辑部电话：010-64035853
E-mail：houjunlin@mail. sciencep. com

科学出版社出版
北京东黄城根北街16号
邮政编码：100717
http://www.sciencep.com
北京科印技术咨询服务有限公司数码印刷分部印刷
科学出版社发行 各地新华书店经销
*
2011年7月第 一 版 开本：720×1000 1/16
2025年1月第九次印刷 印张：17 3/4
字数：330 000

定价：78.00元

（如有印装质量问题，我社负责调换）

目　　录

导　　论

0.1　TRIZ 的形成与发展

TRIZ 的含义是“发明问题解决理论”，是由俄文“Теория Решения Изобретательских Задач”，按 ISO/R9—1968E 规定，转换成拉丁文“Teoriya Resheniya Izobretatelskikh Zadatch”的词头缩写。“发明问题解决理论”的英文为 theory of inventive-problem solving（TIPS）。它是由苏联发明家根里奇·阿奇舒勒（Genrich Altshuller，亦被译为阿利赫舒列尔 G S）于 1946 年开始，每年动用 1500 人的人力，在研究了世界各国 200 万份高水平专利的基础上，创立的一套具有完整体系的发明问题解决理论和方法。TRIZ 的发展经历了三个阶段。

第一阶段为开创奠基时期（1946～1980 年）。在这一时期，阿奇舒勒带领一个团队开发 TRIZ；阿奇舒勒通过对大约 20 万份专利文献的研究，建立了 TRIZ 的概念基础。这一时期产生了对 TRIZ 发展有重要影响的一些成果，主要有：1956 年首次发表的文章《发明创造心理学》和技术进化理论；1959 年正式提出的发明问题解决算法（algorithm for inventive problem solving，ARIZ①）；1961 年首次出版的书籍《如何学会发明》；1969 年提出的专利评价体系；1977 年提出的物－场分析法和效应知识库；1979 年提出的分离原理等。这一时期创立了许多概念和方法，但没有集成；积累了大量的工程知识，但还没有形成“抽象化”的知识描述和表达方式，因此，只适合研究者手工使用 TRIZ。1980 年在苏联的 Perestroika 召开了全世界第一届 TRIZ 大会，自此 TRIZ 开始引起大众的关注。

第二阶段为发展应用时期（1981～1991 年）。在阿奇舒勒的领导下，这一时期开始设立与 TRIZ 有关的培训学校。其中，1982 年 Boris Zlotin 和 Alla Zusman 在 Kishinev 创办的一所 TRIZ 技术学校最为有名。该学校专门教授 TRIZ 方法学，并为工业企业提供 TRIZ 咨询，培养了 6000 多名学生，解决和简化了 4000 多个技术问题，出版了 9 本 TRIZ 著作，对集成 TRIZ 的方法、工具和积累知识并用计算机化的方法表示 TRIZ 起到了重要作用，因而这一时期又被称为“Kishinev 时

---

① ARIZ 的详细内容请参考本书第 10 章

期”。这一时期 TRIZ 发展的主要成果有：1985 年的 76 个标准解法（standard solution）与 ARIZ-85 软件的成熟；1989 年成立俄罗斯 TRIZ 协会等。到 1989 年，Kishinev 的 TRIZ 学校的教学和推广咨询工作已经积累了比较丰富的经验，也发现了 TRIZ 体系的一些缺点和问题，主要有：即使是已被成功应用的 TRIZ 工具和分析技能，也尚未转化为系统的规则和演算法则；TRIZ 各个工具是独立开发的，尚未形成一个统一的组合系统；对于特定的工程和技术问题，究竟应该使用哪一种具体工具，并不明确；TRIZ 工具并不支持发明问题解决过程的所有阶段。其中的有些问题即使到现在也并没有真正解决，对问题的梳理和思考促进了 TRIZ 的完善和发展。

第三阶段为全球扩散时期（1992 年至今）。Boris Zlotin 和 Alla Zusman 开始从以下几个方面对传统 TRIZ 进行改善：开发综合工具，希望用相同方式处理各种类型的问题；拓展 TRIZ 知识基础，开发出完整的发明问题解决流程和 Ideation-TRIZ 软件，也就是第二代程序软件。1992 年，Boris Zlotin 和 Alla Zusman 在美国创立 Ideation 公司，TRIZ 传到美国并走向世界，这个时期又称为 Ideation 时期。此时，TRIZ 技术已从分析发明创造问题发展到开发基于 IT 知识的驱动方法，现已进入发明工程阶段。Ideation-TRIZ 技术包括分析工具和基于知识的概念开发工具，可以预见，这种发明工程将增强解决问题的技能和提供集成的系统分析方法，直至模拟创造。1995 年完成了增强型 ARIZ，21 世纪初出现效应知识库和第三代软件等。目前，TRIZ 仍然处在不断发展完善的过程之中（图 0-1）。

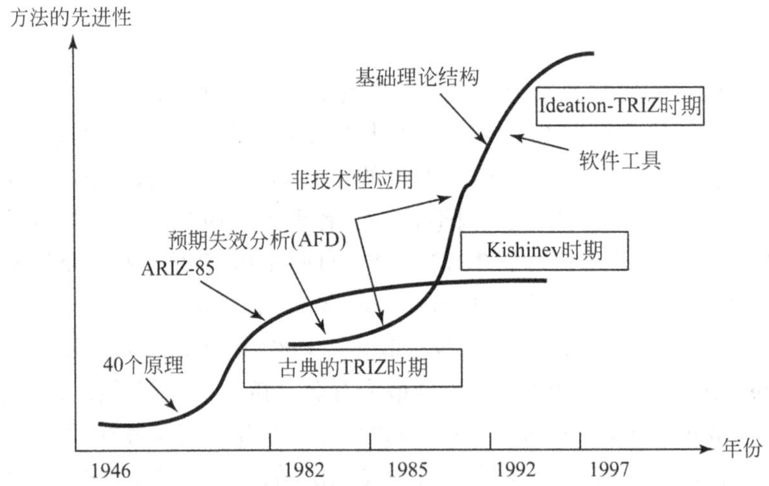

图 0-1　TRIZ 的发展过程

可以认为：TRIZ 就是人们创造性解决“发明问题”的系统理论和方法，广而言之，是关于发明创造的系统理论。当一种理论达到“系统化”的程度时，表明这种理论关于对象的认识已经达到规律和本质的阶段，否则就只能是经验形态的知识体系。人们对事物本质和规律的认识，可以通过两种途径实现：一种是揭示出事物的本质联系，推而广之，形成“联系规律”，如对于万有引力定律的认识；另一种是通过对大量个体现象的分析，统而摄之，形成“统计规律”，如分子热力学定律等。TRIZ 就是基于大量专利（早期是 20 万份专利，目前已经扩大至 250 万份专利）分析形成的关于“发明问题”解决的统计规律。阿奇舒勒已经发现，只有 20% 左右的专利称得上是真正的创新，更多的已经成为专利的技术，其实在其他时间或者其他产业中已经存在。阿奇舒勒的这一发现，说明在解决“发明问题”的过程中，人们有着相似的或相同的“路径”或“结构”，但是在很长时间里，我们并不知道它是什么。阿奇舒勒相信，若干具体专利背后的共同的东西就是“规律”，不管我们此前是否理解，“规律”总是客观存在的。当我们对大量专利个体的认识到达足以揭示“规律”的程度时，也就是提出“发明问题”的原理的时候。阿奇舒勒的 TRIZ 就是这种认识的重要成果。

“发明问题”一般原理的提出，是人类知识进化和发明历史上的革命性飞跃，标志着人类可以在不同专业、不同学科、不同产业和不同领域中，采用同样的发明原理，思考问题和解决问题。从思想进化的角度看，TRIZ 是继古典时期的形式逻辑、近代辩证思维方法之后，人类一次重要的思维变革。作为统计意义而不是归纳意义上的“规律”性认识，TRIZ 具有以下特点。

第一，TRIZ 是抽象程度较高、体系较为完备、兼具工具性的体系。随着认识范围的扩大，理论和方法本身是发展的，也处在不断充实和优化的过程之中。这就决定了学习 TRIZ 的难度。

第二，TRIZ 具有提高发明效率、缩短发明周期、增强发明预见性的功能。但在运用发明原理和工具解决具体工程和技术问题时，需要完成从“个别”转换到“一般”，再从“一般”转换到“个别”的过程。这就决定了运用 TRIZ 的难度。

第三，TRIZ 对一般性思维具有广泛的启示作用，与其他发明创造和辩证思维方法相互交叉、映衬。但是，正如任何一种方法都有最佳适用范围和条件一样，TRIZ 也有它的适用范围和条件。TRIZ 对创新进行了分级：一级“显然的解”，占 32%，创新的实现仅凭个人知识；二级“少量的改进”，占 45%，创新的实现需要企业内的知识；三级“根本性的改进”，占 18%，创新的实现需要行业内的知识；四级“全新的概念”，占 4%，创新的实现需要行业外的知识；五级“发明创造”，占 1%，创新的实现需要全社会的知识。TRIZ 适用于第二级到第四级的创新。此外，TRIZ 能够解决的发明问题大约有四种：至少有一个功能元无法求解；功能结构中至少有两个功能元存在冲突；至少一个功能元的解与产品整体出现冲突；至少一个功能元的求解与设计约束出现冲突等。

0.2 TRIZ 的逻辑构架与主要内容

TRIZ 是在 60 多年的时间里逐渐形成和发展起来的，TRIZ 的诸多工具和方法并行发展或相继形成。在实际使用中，这些理论、方法和工具相互交织，对不同工程和技术领域中的问题，尚未形成一个统一的组合系统。如何认识 TRIZ 的逻辑结构，也是理论和实践中正在探索的问题。

许多文献把 TRIZ 体系归结为九大理论和工具，概述如下：①八大进化法则：预测技术系统，产生并加强创造性问题的解决工具；②最终理想解（ideal final result，IFR）：系统的进化总是向着更理想化的方向发展，如果将创造性解决问题的方法比作通向胜利的桥梁，那么 IFR 就是这座桥梁的桥墩；③40 个发明原理：浓缩了 250 万份专利背后所隐藏的共性发明原理；④39 个工程参数和矛盾矩阵，为解决问题直接提供化解矛盾的发明工具；⑤物理矛盾的分离原理：是针对物理矛盾的解决而提出的；⑥物 - 场分析法：用于建立与已存在的系统或新技术系统问题相联系的功能模型；⑦发明问题的标准解法：五级共 76 个标准解法，可以使标准问题在一两步中快速得到解决；⑧ARIZ：针对非标准问题而提出的一套解决算法，即发明问题解决算法；⑨科学效应和现象知识库：将物理现象和效应应用在问题解决过程之中。

这九大理论和工具的确是 TRIZ 和工具的精华所在。问题是，它们之间是怎样的关系呢？

TRIZ 体系的逻辑起点是“定义问题”。也就是说，TRIZ 的理论思维和工具的运用起始于问题。需要注意的是，这个“问题”不是工程和技术领域中的具体“问题”。如果我们遇到一个具体问题，用通常的方法不能直接得到具体解，我们就需要通过通用工程参数或物 - 场分析法等途径，将此问题转化为一个 TRIZ 问题；然后，再运用上述 TRIZ 体系中的九大理论和工具来进行 TRIZ 问题的解决，从而获得 TRIZ 问题的解；最后，再将 TRIZ 问题的解与具体问题对照，考虑实际条件的限制，转化为具体问题的解，并在实际设计中实现，最终获得具体问题的解。这就是 TRIZ 解决实际问题的方法论。如图 0-2 所示。

在运用 TRIZ 的概念和语言“定义问题”之后，如何选择 TRIZ 和工具？这涉及对 TRIZ 和工具体系的框架性描述与理解。

TRIZ 是基于问题的分析理论和方法体系，包括三个组成部分：一是问题分析的基础理论，主要包括技术系统进化论等；二是问题分析工具，包括冲突分析、物－场分析①、功能分析、ARIZ 等；三是基于知识的工具，包括 40 个发明原理、39 个工程参数和矛盾矩阵、11 个分离原理、76 个标准解法、科学效应和现象知识库等。基于知识的工具和分析工具的不同之处在于，基于知识的工具指出了解决问题的过程和系统转换方式，而分析工具只用于改变问题的描述。如图 0-3 所示。

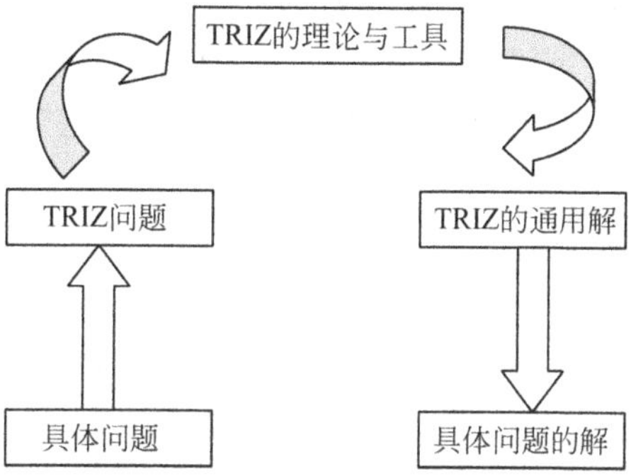

图 0-2　TRIZ 解决实际问题的方法论

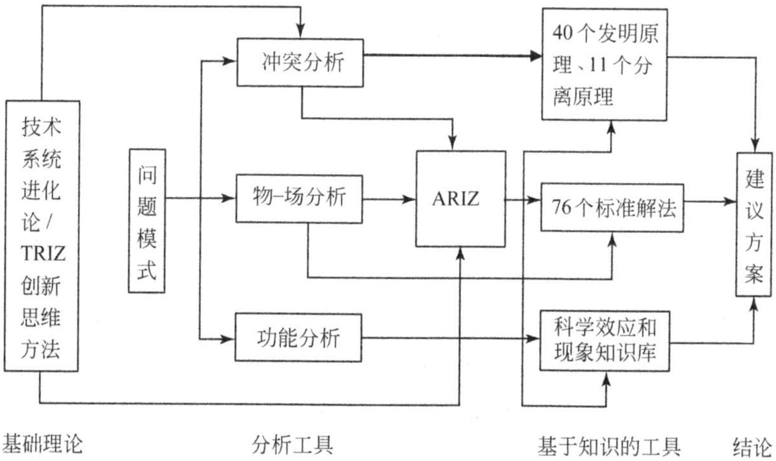

图 0-3　TRIZ 体系结构

1）技术系统进化论与 TRIZ 创新思维方法

技术系统的主要观点是：技术是一个由不同组分构成、有特定功能的系统；技术系统有客观的进化模式；技术系统的进化具有过程性、方向性、均衡性、动

① 物－场分析的详细内容请参见本书第 8 章

态性、集成性、协调性、柔性（粒子性）和自控性的特点；技术系统的进化以提高理想化程度为目标。技术系统进化模式或进化路线具有可传递性，可以在不同的工程领域预测技术发展趋势以及未来产品的可能状态。

TRIZ创新思维方法仍然是基于技术系统的概念，包括时间维度、空间维度和层次维度。时间维度上有“过去、现在、将来”三种时态；空间维度上有“超系统、系统、子系统”；时空维度的结合就有了“九屏幕法”；从宏观与微观的层次关系看，在尺寸、成本、资源等多个维度上，从零到无穷大进行思考，TRIZ就有了尺寸－时间－成分分析［SIZE-TIME-COST，STC（算子）］；另外，TRIZ还可以有抽取异想天开想法中的有效成分“金鱼法”，有化整为零的“小人法”等。

2）冲突分析与功能分析

冲突或者矛盾是TRIZ的基础概念之一。技术冲突和物理冲突是产生和定义问题的关键，没有技术冲突和物理冲突，本质上就不是一个TRIZ问题。和其他相关理论不同，对于冲突或矛盾，TRIZ不主张调和折中，而主张解决。解决的基本方式是，评估拥有和可以获得的资源，明确理想解所在的方向和位置，并沿着此目标前进。冲突或矛盾的解决，导致技术系统的不断进化。

功能分析是价值方法学（Lawrence，1985）的基础，指在需求分析基础上，按照系统、产品或流程设计的意图和目标，用图表的方式建立功能模型，移除不必要的成本并实现最有效的价值。功能分析在欧洲、美洲、亚洲等地区的行业中有广泛的应用，限于篇幅，本书不作相关介绍。

3）40个发明原理和11个分离原理

40个发明原理是在众多专利分析基础上提炼出来的，是解决技术冲突的操作性原理。在TRIZ中，将需要解决的问题用工程参数来描述。在经典TRIZ中，反映系统物理、几何和技术性能的参数有39个。用2个或多个相互冲突的参数描述系统的技术冲突。用系统功能对一个参数的相反要求来描述系统的物理冲突。解决技术冲突的工具为40个发明原理，以及由39个参数组合而成的“矛盾矩阵”；解决物理冲突的工具是11个分离原理。

4）物－场分析法与76个标准解法

物－场分析法是针对具体问题、通过建立模型来进行分析的工具。它从技术系统的功能出发，用符号语言快速而简洁地建立与已经存在的技术系统或新技术系统问题相联系的功能模型（物－场分析模型），并根据模型的类型，运用76个标准解法和其他TRIZ工具加以解决。76个标准解法排列的先后顺序反映的是技术系统进化的过程和方向。因此，技术系统进化论是物－场分析法和ARIZ的基础。

5）ARIZ

在 TRIZ 中，发明问题分为两类：标准问题和非标准问题。标准问题通过物－场分析法求解。非标准问题则通过 ARIZ 得到解决路径。ARIZ 是基于技术进化法则的一套完整的问题解决程序，也可以说是 TRIZ 的各种工具的集成。ARIZ 的最早版本出现在 1956 年，后经多次修改，最近的版本是 ARIZ-85。它包括 9 个主要步骤：①最初情景分析，包括规范技术冲突和创建问题模型；②问题模型分析，包括创建空间、时间、物质和场的资料列表；③IFR 和物理冲突的确定；④动用空间、时间、物质和场的资源；⑤信息资源的应用；⑥转换和替代问题；⑦分析所获得方案的品质；⑧所获得方案的应用；⑨解决方案程序分析等。

6）科学效应和现象知识库

TRIZ 的魅力不仅在于基于人类专利分析提炼出 TRIZ 的原理、参数、程序等，还在于它动态而开放地调动数学、物理、化学、几何、生物等各学科的知识，来帮助发明问题的解决。TRIZ 对人类知识库的应用有两条途径：一是通过专业创新软件［如本书在后面介绍的引导式头脑风暴工具包（guided brainstorming toolkit，GBT）］适时与世界专利进展同步；二是从以往专利中归纳出“科学效应和现象清单”，按照需要实现的 30 种功能，列举出 100 种经常用到的科学效应和现象知识库。这实际上是利用全人类的知识和智慧来帮助我们解决在过去看来不可能解决的技术系统的难题。

0.3　TRIZ 与其他创新方法之间的关系

人类可以有多少方法进行创新？大概没有人可以精确地统计出来。有人说，创新方法有 300 多种，这也只是极言其多的说法。

这些众多的创新方法可以分为两大类：一是思维技法类；二是方法工具类。思维技法类创新方法又可以分为逻辑思维型和非逻辑思维型。如图 0-4 所示。

方法工具类创新方法更加接近于工程实践、团队组织和项目管理。现有文献中各种创新方法或工具有 200 多种，如 DeBono 的水平思考法（lateral thinking），六顶思考帽（6 Thinking Head），神经语言程序学（neuro-linguistic programming），KT 矩阵法（Kepner Tregoe matix），心智图法（pugh analysis 或 mind mapping），质量功能展开法（QFD）、田口方法（Taguchi method），QC Story 等。

一方面，TRIZ 体系包含着思辨色彩很浓的矛盾哲学和理想化方法，这显然得益于传统思维技法类方法的影响，甚至还得益于辩证思维和传统中国易学思维的影响；另一方面，TRIZ 体系也具有明显的操作层面的工具价值，这又与工具类的创新方法在实际功用上有交叉和重叠之外。虽不能说 TRIZ 体系集创新方法

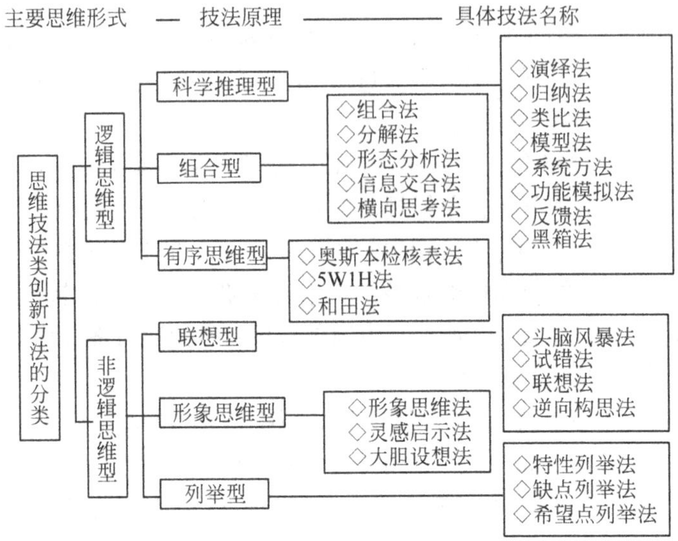

图 0-4　思维技法类创新方法的结构

之大成，但是却可以说，TRIZ 体系兼具创新思维与方法工具的双重属性，因而使得 TRIZ 体系在方法大系中独树一帜。

TRIZ 的优势和独特的价值，不必在与其他创新方法的比较中来认识。TRIZ 与其他创新方法的关系是相互衔接、相互补充、各有特色、各有价值的。同时，任何一种方法都有自己的有效适用范围和条件，TRIZ 体系也是一样。TRIZ 特别适合解决工程项目、产品设计、功能发展等技术体系的冲突问题。如果把创新描述成一个由问题搜寻与确认、机会或问题选择、问题的识别、问题选择、解决方案产生、解决方案选择、计划执行、应用探索 8 个部分组成的过程，TRIZ 工具主要在问题的识别和解决方案的产生过程中，表现出强大的实用价值。而相对于创新的全过程，TRIZ 及其工具并没有在所有阶段发挥作用。比如，在问题选择中，TRIZ 及其工具几乎没有任何作用，也就是说，TRIZ 及其工具不具备对问题进行价值判断的功能。我们知道，TRIZ 及其工具可以帮助人们“正确地解决问题”，但是却没有涉及“解决正确的问题”。“问题选择”是战略和方向，“解决问题”是策略和技巧。在“问题选择”阶段，一些非 TRIZ 工具，如六顶思考帽、水平思考法、质量功能展开法、田口方法等，却可以发挥很好的作用。

多种创新工具的交叉、综合使用，是解决复杂创新问题的需要。TRIZ 及其工具本身的发展也呈现出与其他创新方法集成的趋势。如 TRIZ 与以下方法已经出现在实际应用中的集成：6 西格玛、质量功能展开法、田口方法等，以及鲁棒设计、加工设计/装配设计、多准则决策分析（MCDA）、自明设计（Axiomatic

De-sign)、失效模型和影响分析（FMEA）等。

0.4　TRIZ发展的动态与趋势

从TRIZ 60多年的发展历史看，TRIZ的发展是建立在工程而不是心理学的基础之上的，它可以和大多数其他发明问题的解决方法结合使用。目前，TRIZ的研究重点是加强TRIZ的基础研究，以及如何开发和集成各种有关TRIZ的软件工具。TRIZ的发展有以下特点。

0.4.1　TRIZ自身的完善和简化

虽然TRIZ经过了60多年的发展，但是作为一种技术本身，从一定意义上说目前它仍处于“婴儿期”，还远未达到纯粹科学的水平，称之为“方法学”是合适的。也正如James Kowalick（1990）指出的，“TRIZ虽然对于西方国家来说比较新，但它已经是一个欠发展且应用了50多年的旧系统，处在S曲线的成熟位置”，应该有一个新的突破性的方法来取代TRIZ方法的全部或部分。从TRIZ的发展历史来看，它是在苏联计划经济体制的社会环境下形成的，计划经济下企业间很少存在竞争。但是对于今天的企业来说，随着经济的全球化和新经济的崛起，企业不得不面临更为残酷而激烈的竞争。传统TRIZ对于那些急于学习创新性方法并展开应用的企业工程师来说，显得过于庞杂。另外，传统TRIZ还存在一些没有完全解决的环节或缺陷，例如，在目前的TRIZ知识库中，还没有纳入当前十分盛行的信息技术和生物技术的成果。因此，为了适应现代产品设计的需要，TRIZ不得不面临自身现代化的建设问题，这是当前国际上TRIZ研究的重点之一。在推动TRIZ体系的简化方面，本书将介绍一个网络版的TRIZ学习软件——GBT。该软件的开发小组已授权我们将该软件汉化，以方便中国读者学习和使用（见本书附录6）。

0.4.2　TRIZ学术研究进入建制化发展

TRIZ学术研究目前已经形成三大权威的非营利组织，包括MATRIZ（http：//www.matriz.ru/）、ETRIA（http：//www.etria.net）、Altshuller Institute（http：//www.altshuller.ru/）。还有三大权威杂志以及网站，包括*Journal of* TRIZ（www.triz-spb.ru）、阿奇舒勒研究机构（www.aitriz.org）、*TRIZ Journal*（www.triz-journal.com）。这些机构和组织不仅推动了TRIZ学术研究的迅速建制

化，而且也起到不可替代的普及作用。在美国、欧洲和日本每年都举办 TRIZ 国际会议。

0.4.3 TRIZ 在企业中的迅速导入

在苏联发展时期，TRIZ 的商业化发展尚不明显。在进入美国后，TRIZ 在企业中的导入发展迅速，据不完全统计，从事 TRIZ 咨询、培训、出版的公司美国有 19 家，德国 10 家、法国 5 家、荷兰 4 家、英国 3 家、以色列 3 家、芬兰 1 家、新加坡 2 家、日本 1 家，在爱尔兰、阿拉伯国家、澳大利亚、丹麦、土耳其、奥地利、马来西亚、印度、墨西哥、中国香港、中国台湾等国家和地区，越来越多的公司专门从事 TRIZ 的商业化咨询和服务工作。

美国应用 TRIZ 技术的公司较多，如波音、福特、通用汽车、克莱斯勒、罗克维尔、强生、摩托罗拉、惠普、宝洁、施乐、礼来等，都有 TRIZ 的导入。日本的索尼、松下、富士、施乐、理光等，都在技术和产品开发中研究和应用 TRIZ。德国所有名列世界 500 强的大企业都采用了 TRIZ，西门子、奔驰、宝马、大众、博世等著名公司，都有专门机构及专人负责 TRIZ 的培训和应用。目前，TRIZ 的应用范围包括成套设备制造、采掘技术、动力技术、家用电器、仪器仪表、航空航天、自动化机械制造、化工、医疗技术、电气技术、食品、电子技术、制药、汽车、包装、精密机械等，并出现向工商管理、财务管理及社会管理等领域渗透的趋势。

0.4.4 TRIZ 软件品种繁多

基于 TRIZ 的计算机辅助创新（computer aided innovation，CAI）软件，在发达国家的企业特别是大企业应用效果较好。最先开发软件的是 Dr. Valery Tsurikov 和苏联 TRIZ 专家 Filkosky。Dr. Valery Tsurikov 在苏联明斯克经过 7 年研究，终于在 1980 年开发了“发明机器”的软件。苏联解体后，他移居美国，创办了“发明机器公司”，并承包了摩托罗拉 300 万美元的设计项目。1997 年 TechOptimizer 推广问世，使全世界充分地认识到 TRIZ 和 CAI 软件的重要性。Filkosky 于 1980 年开发了系统创新思考（systematic inventive thinking，SIT）软件。Invention Machine 公司现在开发了比较先进的 Goldfire 软件。Ideation International 公司开发了创新工作台（innovation work bench，IWB）软件。德国的 TriSolve 公司开发了 TirSolver 2.1。荷兰的 Insytec B. V 公司开发了 TRIZ Explorer 软件。北京亿维讯科技有限公司（以下简称亿维讯）的 Pro/Innovator 是创新开发平台，CBT/NOVA 是学习 TRIZ 的培训平台。河北工业大学开发了 Invention Tool 2.0，中国台湾的友环股份有限公司开发了 CREAX Innovation Suite 3.1。System Innovation 公司的 CreaTRIZ 2.2 和 Ideation International 的 Knowledge Wizard，是用于解决商业管理领域的问题的软件。

0.4.5　TRIZ 和方法在中国的推广应用

在 20 世纪 80 年代中期，中国内地的个别科研人员在研究国外专利时，已经了解到了 TRIZ；在 1997 年前后，中国内地少数学者在参加国际会议的时候再次接触了 TRIZ，并自发予以研究，在某些专业开设了小范围的 TRIZ 选修课。2001 年亿维讯将 TRIZ 培训引入了中国内地，逐渐推广；2002 年，亿维讯建立了中国公司和研发基地；2003 年，亿维讯在国内推出了 TRIZ 培训软体 CBT/NOVA 和成套的培训体系，同时推出了基于 TRIZ、辅助企业技术创新的 Pro/Innovator 软件；2004 年，该公司与国际 TRIZ 协会合作，将 TRIZ 国际认证引入中国，并资助在西南交通大学出版社出版 TRIZ 科普书籍《哇……发明家诞生了》；2005 年，它们引进并组织翻译了最新版的 TRIZ 教材《怎样成为发明家——50 小时学创造》；2006 年，建立了专业的培训中心与符合国际标准的培训体系。

2007 年，中央政府把创新方法工作作为重大科技专项开始推进。科技部批准黑龙江省、四川省、江苏省为国家技术创新方法试点省。2008 年 4 月 23 日科技部、国家发展和改革委员会、教育部、中国科学技术协会公布了《关于加强创新方法工作的若干意见》，确定中国推进创新方法工作的重点是面向企业、科研机构、教育系统三个群体，“针对企业为主体的技术创新体系的重大需求，推进 TRIZ 等国际先进技术创新方法与中国本土需求融合；推广技术成熟度预测、技术进化模式与路线、冲突解决原理、效应及标准解法等 TRIZ 中成熟方法在企业的应用；加强技术创新方法知识库建设，研究开发出适应中国企业技术创新发展的理论体系、软件工具和平台”。2008 年 11 月 28 日，创新方法研究会成立，标志着中国创新方法的研究和推广进入了一个新的发展时期。2009 年 10 月全国首次召开创新方法高层论坛。2008 年和 2009 年海峡两岸创新方法（TRIZ）研讨会成功举办。

0.4.6　TRIZ 发展展望

技术的发展进程可以归纳为三个阶段：研发中试阶段、企业推广阶段和产业扩散阶段。虽然不是所有的技术都会沿着这条路径推进，但是能够显著提升产业品质、优化产业结构、延长产业发展周期的技术（如信息技术），一定会经过这样的发展过程。如果把 TRIZ 也看做一个技术研发推广的过程，那么 TRIZ 已经有了半个多世纪的发展，但由于 TRIZ 体系本身的技术成熟度、产业适应性、学习难度等方面的原因，我们认为，TRIZ 的发展在目前仍然处在“中试”到“部分企业推广”的阶段，处于“技术”发展的早期。因而，推动 TRIZ 的普及、TRIZ 的教育导入、TRIZ 的企业推广和产业扩散等工作，仍然有很长的路要走。本书的编写和出版，就是开展这项工作的一种努力。

1　技术系统与技术系统进化法则

技术系统进化理论是TRIZ方法的核心内容之一。该理论强调所有技术系统一直处于进化之中，进化过程中会产生很多不可预知的矛盾或冲突，每解决一次技术矛盾或冲突，就意味着技术系统的进化发展，即解决冲突是进化的唯一方法。

阿奇舒勒在分析大量技术专利的过程中发现，技术系统是不断进化的，而技术系统进化的动力源于技术子系统的不均衡性，这与哲学上的对立统一规律相对应。技术系统的进化总是遵循从量变到质变的规律，由点到线、由面到三维空间；在系统层面上，则由单系统向双系统和复合系统方向演变。这些演变促进了事物从低级系统向高级系统进化，表现在产品上，是由单功能向多功能、由低效率向高效率的转化，这些转化的极限就是理想化。理想化则是TRIZ的最高准则，产品的进步过程始终反映在产品的性能价格比的不断改善中。

阿奇舒勒明确地指出："技术系统的进化不是随机的，而是遵循一定的客观规律；同生物系统的进化一样，技术系统也有自然选择、优胜劣汰的过程。"（赵敏等，2009）阿奇舒勒和他的合作者们在长期的研究过程中，逐渐总结出若干规律和可操作程序，提出历久弥新的技术系统进化理论，清晰地论证了八大技术系统进化法则。只要人们很好地掌握和灵活运用这些规律和法则，不仅可以大幅度地提高发明创造的效率，还能对产品或技术系统的未来发展趋势做出准确的预测和判断。

1.1　技术系统

1.1.1　技术系统的概念

技术系统是TRIZ方法中最重要的核心概念之一。从人类技术发展的现状来理解，技术系统是指能够提供人们所需功能的相互联系的要素的组合，即技术系统是多个要素的集合，能够实现某种功能或多种功能，这些功能是人们所需的。例如，手机是键盘、电池、芯片、显示屏、机壳等要素的组合，它既可以满足人们通话所需，也能够提供照相、录音、录像、视频音频播放等多种不同的功能。

原则上，我们可以把一台计算机、一辆汽车、一栋楼房、一部电梯、一个交通系统等都看做技术系统。组成技术系统的各要素也可以看做是技术系统的子系统，这些子系统分别实现某种功能或配合其他子系统共同实现某种功能。

当技术系统置身于更大系统时，它作为子系统，而更大的系统则是超系统。例如，一辆汽车在整个交通系统中，交通系统是超系统；一部手机在整个无线移动通信系统中，移动通信系统是超系统。超系统可以被认为是技术系统所隶属的外部环境。超系统的存在有着重要的意义，站在超系统的层面看待和处理问题，会让问题更容易理解和解决。

1.1.2 技术系统的进化

技术系统的进化是指实现技术系统功能的各要素从低级到高级、从低效到高效，系统功能从单一到集成不断演化的过程。就具体的技术系统而言，设计者对某个或某些子系统的改进和完善，都提高了整个系统的性能；同时，也有可能降低了价格，即提高了性价比。这个不断提高的过程就是技术系统的进化过程。

1.2 技术系统的进化法则

1.2.1 技术系统进化的 S 曲线法则

阿奇舒勒通过对大量发明专利的分析，发现技术系统是沿着一条 S 形的曲线有规律地进化的。技术系统的进化程度主要是依靠设计者来推进的，如果没有引入新的技术或技术的新组合，它将停留在当前的技术水平上，而新技术的引入将推动技术系统的进化。

在实际应用中，研发人员和管理者也可以把 S 曲线看做一条技术系统成熟度预测曲线，以此来判断技术系统的发展阶段，从而在恰当的时机做出正确的决策，以实现企业的技术升级和完成企业的战略转型，占领行业和市场的制高点。

图 1-1 是一条典型的技术系统进化的 S 曲线。S 曲线描述了一个技术系统的完整生命周期和技术系统各项重要性能参数的发展变化规律。图 1-1 中的横轴代表时间，纵轴代表技术系统的某个重要性能参数。比如，在汽车这个技术系统中，行驶速度、安全性就是其重要性能参数，性能参数随时间的延续而呈现 S 形的发展曲线。

任何一个技术系统的进化都会经历 4 个阶段，分别是婴儿期、成长期、成熟期、衰退期，技术系统的各重要性能参数也同样会经历这 4 个阶段。技术系统和各重要性能参数所经历的4个阶段会呈现出不同的特点（图1-2）。

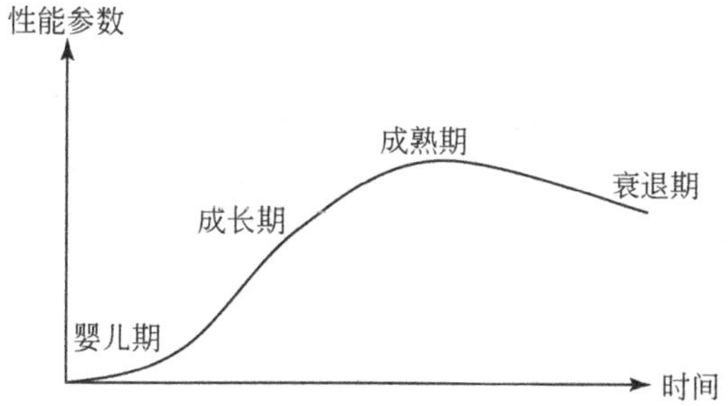

图1-1 技术系统进化的S曲线

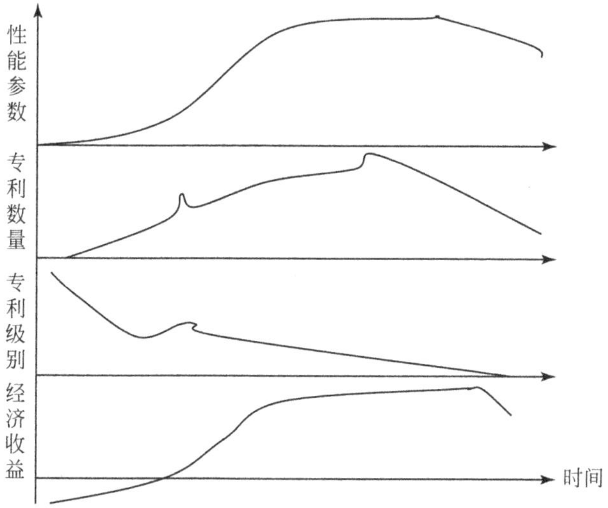

图1-2 S曲线对应的性能参数、专利数量、专利级别和经济收益曲线

1.2.1.1 技术系统的诞生和婴儿期

技术系统的产生来源于社会需求。有一个新需求，而且满足这个需求是有价值的，当这两个前提同时具备时，一个新的技术系统就必然会诞生。由这个需求所催生的新的技术系统一般会作为一个更高水平的发明成果面世。

处于婴儿期的技术系统，尽管已经能够提供前所未有的新功能或产品性能的新改进，但该系统毕竟还处于初级阶段，存在着效率低、可靠性差或一些尚未解决的问题等不确定性风险；而且由于普通消费者对它未来的风险难以把握，缺乏信心，只有少数眼光独到者（市场领先者或企业家）才会进行谨慎的投资。因此，处于婴儿阶段的技术系统难以获得大量人力、物力、财力等资源投入，发展就显得非常缓慢。

TRIZ 从性能参数、专利数量、专利级别、经济收益 4 个方面，描述了技术系统在各个阶段所表现出来的特点，使人们可以直观、准确、有效地了解和判断一个技术系统所处的阶段，从而有利于制定有效的产品策略和企业发展战略。

处于婴儿期的系统所呈现的特征是：性能的完善非常缓慢，此阶段产生的专利级别很高，但专利数量较少，系统在此阶段的经济收益为负。

1.2.1.2 技术系统的成长期（快速发展期）

技术系统的成长期也称为技术系统的快速发展期。在这一时期，人们已经比较清晰地认识到新的技术系统的价值和市场潜力，系统中原来存在的各种问题逐步得到解决，效率和产品可靠性得到较大程度的提升，企业和社会都乐于为新的技术系统的发展提供更大的人力、物力和财力，大量资金的投入会推进技术系统高速发展。

从图 1-2 可以看出，处于成长阶段的技术系统，性能得到急速提升，专利数量开始快速上升，但专利级别开始下降。系统在此阶段的经济收益加速上升，在企业的账面上明显体现出来。这时候会有更多投资者踊跃介入，进一步促进了技术系统的快速完善。

1.2.1.3 技术系统的成熟期

在大量资源投入的推动下，系统会从成长期快速进入第三阶段，即成熟期。这时，技术系统已经日趋完善，性能水平基本达到最优，所进行的工作大多只是系统的局部性能改进和完善；同时，企业所获利润也达到最大，并开始呈现下降趋势。

从图 1-2 可以看到，处于成熟期的系统性能水平达到最优。此阶段大量投入所产生的研究成果，多是一些较低水平的系统优化和性能改进，也产生了大量的专利，但专利级别会更低，此时需要警惕垃圾专利的大量产生，以有效使用专利费用。处于此阶段的产品已进入大批量生产，并获得巨额的财务收益，此时，需要知道系统将很快进入下一个阶段——衰退期，需要着手布局新一代的技术系统，制定相应的企业发展战略，以保证在本代产品淡出市场时，有新的产品来支撑企业的永久持续发展。否则，企业将面临巨大的经营风险，业绩会出现大幅下滑。

1.2.1.4 技术系统的衰退期

成熟期之后，技术系统便进入衰退期。此时应用于技术系统的各子系统的技术性能已达到极限，不会再有进一步的突破；该技术系统也会因不再有更大需求的支撑而面临市场的淘汰，被新开发的技术系统所取代。从图 1-2 可以看出，处于第四阶段的系统，其性能参数、专利数量、专利级别、经济收益 4 个方面均呈现快速下降的趋势。

当一个技术系统的进化达到一定程度，进入第四个阶段以后，原有的技术极限就会被突破，往往会有一个新的技术系统来替代它。例如，汽车的发展表现为燃油汽车→混合动力汽车→燃料电池汽车→太阳能电动车的过程，后一技术系统逐步取代前一技术系统。每个新的技术系统都将有一条更高阶段的 S 曲线。如此不断地替代，生生不息，就形成了 S 形曲线族，如图 1-3 所示。

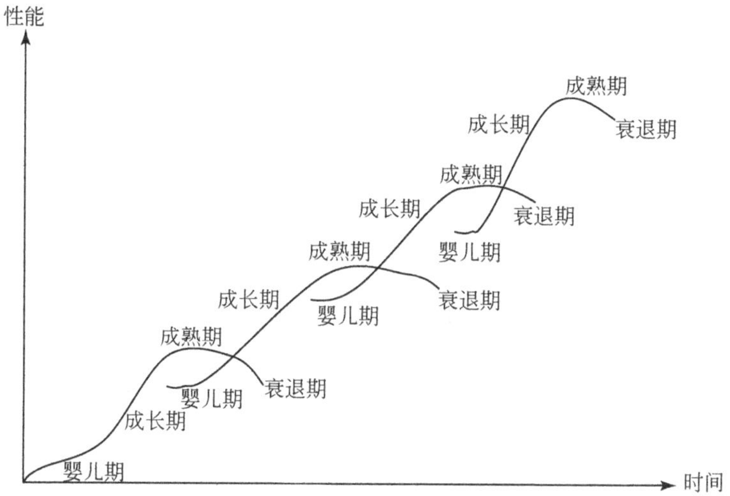

图 1-3　技术系统进化的 S 形曲线族

在企业研发和管理决策中，S 形曲线族（每个 S 曲线都代表一代技术系统）不仅可以用于一定历史时期内某个技术系统发展变化的预测，也可以用来对某一时刻的多项技术系统进行综合评估，以便企业准确判断自己产品的竞争力，适时部署新技术系统的研发。

1.2.2　提高理想度法则

技术系统的理想度法则认为，技术系统是朝着提高技术系统理想度的方向发展进化的。理想度用公式表达为

理想度 = 所有有用功能/(所有有害功能 + 成本)

按照这个公式，我们可以得出结论，产品物理实体并不存在，也不消耗任何

资源，但其所有有用功能都能实现的产品是最理想的产品，即所谓“功能俱全，结构消失”，也就是物理实体趋于零，功能却无穷大。最理想的产品是设计师和发明家们追求的终极目标，但也许我们永远也达不到。所以，技术系统的理想度可以理解为它的定性特征，它反映了一个实际技术系统对于相应理想系统的近似程度。可见，理想化是推动系统进化的主要动力。

提高技术系统理想度的法则，是技术系统进化的最基本法则；其他进化法则揭示了提高技术系统理想度的具体方法和途径。

提高理想度法则是 TRIZ 解决冲突的关键出发点。首先，理想化的最终结果意味着，在技术系统中的每个功能仅且只需花费系统内部已有的资源，自我实现；其次，在技术系统中，所需的操作仅仅在必要的位置和时间进行。

提供理想度可以从以下 4 个方向予以考虑：①增加系统的功能；②把尽可能多的功能传输到工作元件上；③将系统的部分功能移转到超系统即外部环境中；④利用系统内部或外部已存在的可利用资源。

案例 1.1　手机的发展

1844 年 5 月 24 日，莫尔斯发明的电报机成功地从华盛顿向巴尔的摩发出了人类历史上第一份电报。

1875 年 6 月 2 日，贝尔在实验中第一次通过电话机传出了一句话，这标志着电话真正诞生。

1831 年，英国的法拉第发现了电磁感应现象，麦克斯韦进一步用数学公式阐述了法拉第等人的研究成果，并预言了电磁波的存在。而 23 年后赫兹在实验中证实了电磁波的存在。电磁波的发现，成为“有线电通信”向“无线电通信”的转折点，也成为整个移动通信的发源点。

1973 年 4 月的一天，摩托罗拉公司的工程技术人员马丁·库珀，用他发明的约有两块砖头大的无线电话——手机实现了通话。这是当时世界上第一部移动电话。

1975 年，美国联邦通信委员会（FCC）确定了陆地移动电话通信和大容量蜂窝移动电话的频谱，为移动电话投入商用做好了准备。

1979 年，日本开放了世界上第一个蜂窝移动电话网。

1982 年，欧洲成立了移动通信特别组（GSM）。

1985 年，第一台现代意义上的可以商用的移动电话诞生。它将电源和天线放置在一个机子里，重达 3 千克。

与现代形状接近的手机，则诞生于 1987 年。其重量仍有大约 750 克，与今天仅重 60 克的手机相比，就是一块大砖头。

此后，手机的“瘦身”越来越迅速。1991 年，手机重 250 克左右。1996 年秋出现了体积为100厘米^3、重100克的手机。此后，手机又进一步小型化、轻型化，到1999年已小于60克。

手机诞生之初只能执行一种功能，到2007年手机的功能已经超过100种：短信息、彩信、显示时间、日历、蓝牙、通信录、名片信息、备忘录、记事本、计算器、收发电子邮件、上网、游戏、照相、录像、MP3播放器、电子地图、GPS导航系统等。功能还在不断地增加。在功能增加的同时，手机的重量降到不足原来的10%。

资料来源：综合改编自佚名．手机发展史．http：//zhidao.baidu.com/question/173163232.html [2010-08-08]；http：//wenku.baidu.com/view/5a61ed4d2b160b4e767fcf3a.html [2009-12-15]．

1.2.3 子系统的不均衡进化法则

技术系统由多个实现各自功能的子系统（元件）组成，每个子系统及子系统间的进化都不均衡一致。不均衡性在技术系统发展和进化的各个阶段普遍适用。

技术系统的每个子系统都有自己的S曲线，都沿着自身的进化规律演变。不同子系统达到自身固有的自然极限所需的次数是不同的，这就决定了子系统之间的不均衡性进化，任何一个子系统在自己的时间点上达到自己的极限，都将导致子系统之间矛盾的产生。

一般来说，技术人员需要对技术系统的某个特定参数进行改进，这就使实现这一参数的那个子系统更加完善，如此一来，这个子系统的进化就比其他子系统更迅速。在整个技术系统中，最先达到极限的子系统将抑制整个系统的进化，它将成为系统中最薄弱的环节，即最不理想的子系统。在这个薄弱环节没有得到改进之前，整个系统的改进也会受到限制。因此，技术系统的进化水平取决于该子系统，只有系统的持续改进才能消除矛盾。

子系统的不均衡进化法则提示研发人员，技术系统的整体进化速度取决于该系统中最不理想的子系统的进化速度。利用这一法则可以帮助研发人员及时发现并改进系统中最不理想的子系统，从而以最小的成本提升整个系统的进化阶段。

设计人员一般容易犯的错误是耗费大量精力和时间于系统中已经比较理想的重要子系统，而忽略了“木桶效应”中的短板，结果导致系统发展缓慢。比如，飞机设计中曾经单方面专注于飞机发动机，而轻视了空气动力学的制约影响，从而导致飞机整体性能的提升比较缓慢。

案例1.2 飞机机翼的进化

机翼之于飞机，正如翅膀之于飞鸟。它的形状直接关系到飞机的性能，与飞机的发展紧密相连。从 1903 年第一架飞机诞生至今，在不到 100 年的时间里，飞机的机翼已随着气动理论的完善、制造工艺的提高以及新材料的应用，而几经进化。

平直翼

早期的飞机机翼都是平直的。最初是矩形机翼，很容易制作。但由于其翼端宽，会给飞机带来阻力，严重地影响了飞机的飞行速度。为此，人们曾设计了一种椭圆形机翼。这种新机翼的翼端虽然窄了，但其制作工艺却十分复杂，很难制作。后来，人们又设计出了梯形机翼。梯形机翼兼具矩形和椭圆形机翼之长，制作也比较方便，尽管仍有一个小小的翼尖，但阻力还不算大。

后掠翼

1939 年 8 月，德国率先将涡轮喷气发动机装上了飞机；1941 年 5 月，英国也进行了喷气式飞机试飞；1942 年 10 月，美国喷气式飞机上了天。飞机开始进入喷气式时代，其飞行速度迅速提高，很快接近音速。但这一时期却先后发生了两起飞机空中解体的惨剧。原来飞机接近音速时，机翼上出现“激波”，使机翼表面的空气压力发生变化，同时，飞机的阻力骤然剧增，比低速飞行时大十几倍甚至几十倍。这就是所谓的“音障”。为了突破“音障”，许多国家都在研制新型机翼。德国人发现，把机翼做成向后掠的形式，像燕子的翅膀一样，可以延迟“激波”的产生，缓和飞机接近音速时的不稳定现象。

三角翼

20 世纪五六十年代，人们设计飞机的指导思想是越高越快就越好。为了达此目的，机翼的后掠角越来越大。而为了保证飞机的安全，又要加重钢梁，加厚蒙皮。但飞机重量增加了，又直接影响飞机的速度和高度。怎么办？人们把后掠机翼的前缘和平直机翼的后缘结合起来，设计制作出三角机翼。从俯视角度看，三角机翼飞机的两只机翼连接起来是一个等腰三角形，刚度明显增强。

变后掠翼

飞机机翼采取向后掠的形式后，又出现了新问题。向后掠的机翼比不向后掠的平直机翼，在同样的条件下产生的升力小，这对飞机的起飞、着陆和巡航都带来了不利的影响。能否设计一种可以根据飞行速度大小来改变后掠角、具有快慢兼顾特点的机翼呢？20 世纪 60 年代初，美国开始研制世界上第一种变后掠翼飞机 F-111。这种飞机在起飞、着陆和低速飞行时，两翼尽量伸直，后掠角只有 16°，从而具备了平直机翼升力大的特点；而在高速飞行时，它的两翼又尽量后掠，后掠角可达 72.5°，变得像三角机翼一样，因此能够轻易突破“音障”。

边条翼

要想改变机翼的后掠角，其实是很难的。然而，随着气动力学的发展，人们发现边条机翼可以为其后方的基本机翼提供升力。所谓边条机翼，就是在基本机翼根部前缘，加装一条后掠角大于70°的边条。边条机翼既具有变后掠翼高低速兼优的性能，又具有重量轻、构造简单的特点，难怪今天许多新式飞机都采用了边条机翼。边条机翼的应用使许多重型战斗机的起飞、着陆性能大幅度提高。

飞翼

人们在发现边条机翼优越性的同时，也认识到了翼身融合的优点。机翼和机身融合为一体，可大幅度地降低阻力，提高整机的升力，减轻结构重量。飞机还可由此得到更大的机内空间，使其载油量增加，从而具有更长的航时和航程。

前掠翼

1997 年 9 月 25 日，俄罗斯试飞了一架形状怪异的隐形战斗机 S-37。其最大特点是机翼前掠。俄罗斯飞行员戏称，这是设计人员喝多了伏特加，把机翼装反了。其实，早在 1981 年 1 月美国就开始了前掠机翼验证机 X-29 的设计。1984 年 12 月 X-29 试飞。结果表明，前掠机翼具有后掠机翼的所有优点。但由于这种机翼对飞机的结构强度、刚度要求很高，因此 X-29 并未批量生产。俄罗斯后来居上，把前掠机翼与翼身融合体巧妙结合，有效地改善了飞机的机动性，减小了飞机雷达反射面积，使其隐形性能有较大幅度提高。目前，俄罗斯的 S-37 与美国的 F-22 一起被列入世界最先进战斗机的行列。

飞机机翼不断发展进化是因为发动机与机翼不匹配，即二者进化不均衡一致，从而形成了交替发展态势。

资料来源：改编自乐俊淮，赵淑芬．不断“进化”的飞机“翅膀”．中国国防报．http：//www. people. com. cn/GB/junshi/63/20010814/534506. html［2001-08-14］．

1.2.4 动态性和可控性进化法则

动态性和可控性进化法则，揭示了技术系统向提高可移动性、柔性和可控性等三个方向的进化，即增加系统的动态性，以更大的柔性和可移动性来实现所需的功能，同时增加系统的动态性要求，增加可控性。

增加系统的动态性和可控性的路径很多，主要有以下三个方面。

第一，向移动性增强的方向转化的路径。此路径反映了的技术系统的进化，应该沿着技术系统整体可移动性增强的方向发展，其过程是：固定的系统→可移动的系统→随意移动的系统。例如，电话的进化：固定电话→子母机→手机。

第二，增加自由度的路径，即提高技术系统的柔性。技术系统将会从刚性体，逐步进化到单铰链、多铰链、柔性体、液体/气体，最终进化到场的状态，也就是无动态的系统→结构上的系统可变性→微观级别的系统可变性。例如，手机的进化：直板机→翻盖机。门锁的进化：挂锁→链条锁→密码锁→指纹锁。

第三，增加可控性的路径。技术系统的进化沿着增加系统内部各元件可控性的方向发展。实际的技术进化过程是无控制→直接控制→间接控制→反馈控制→自我调节控制的系统。比如，城市街灯，为增强控制，经历了以下进化路径：专人开关→定时控制→感光控制→光度分级调节控制。

在自我控制系统中，自动控制系统和各种物理、化学效应的应用，提供了自我可控性，而反馈装置是技术系统实现自我控制一个必要条件。

1.2.5 向超系统进化法则

超系统是超出系统之外但又包含该系统的其他系统，如汽车与该汽车所在的交通系统，飞机和为该飞机加油的空中加油机。技术系统在进化的过程中，可以和超系统的资源整合成一个整体，也可以将某个子系统从原有技术系统中分离出来，形成超系统，即向超系统进化有两种方式：原有技术系统与超系统的资源整合；分离技术系统中的子系统，使它进入超系统。

在技术系统进化的任意时点都可以出现向超系统的进化。

案例 1.3　空中加油机

空中加油机是专门用来在飞行中为其他飞机补充燃油的飞机。加油机多由大型运输机、战略轰炸机改装而成。空中加油机可使受油机增大航程，延长续航时间，增加有效载重，以提高航空兵的作战能力。空中加油机的产生则是飞机超长距离飞行所要求的。

飞机在长距离飞行时，需要消耗很多油。早期的飞机必须携带一个非常笨重的燃油箱，以便在飞行过程中为飞机供油。这时，燃油箱是飞机的一个子系统。后来燃油箱脱离了飞机，进化至超系统，以空中加油机的形式给飞机加油。飞机系统简化了，不必再随身携带庞大的燃油箱。

资料来源：改编自佚名．空中加油机的诞生与发展．http：//www. ndcnc. gov. cn/datalib/2003/Science/DL/DL-66370［2010-08-10］．

1.2.6 子系统协调性进化法则

技术系统协调性进化法则表明，技术系统向着内部各子系统各参数相协调、系统参数与其所在超系统参数相协调的方向进化。进化到高级阶段的技术系统的总特征是各子系统充分发挥其功能，各子系统之间有目的地相互协调或反协调，以实现子系统之间动态调整和配合，从而使技术系统整体的所有功能得以高效呈现。

在技术系统的进化过程中，子系统的匹配和不匹配往往交替出现，以改善性能或补偿不理想的作用。也就是说，技术系统的进化是沿着各个子系统相互之间更协调的方向发展，即系统的各个部件在保持协调的前提下，充分发挥各自的功能。(杨清亮，2006)

子系统各参数的协调表现在结构上的协调、各性能参数的协调、工作节奏/频率上的协调，包括材料性质、几何结构和尺寸、质量的相互协调等。例如，耳机和耳机插孔之间的协调就是结构形状的协调；网球拍需要考虑两个性能参数的协调，将球拍整体重量降低以提高其灵活性，同时增加球拍头部重量以保证产生更大的挥拍力量；为提高混凝土强度，建筑工人在浇注施工中，一面灌混凝土，一面用振荡器进行振荡，以确保混凝土的密实，这是工作节奏/频率上的协调。

1.2.7 向微观级和场的应用进化法则

技术系统沿着减小其元件尺寸的方向发展，从最初的尺寸向原子、基本粒子的尺寸进化，同时能够更好地实现相同的功能，这就是技术系统向微观级进化的法则。技术系统的元件在进化中倾向于达到原子和基本粒子的尺度，其最终的发展方向是技术系统的元件不作为实体存在，但能实现其必要的全部功能。

技术系统趋向于从宏观系统向微观系统转化，在转化中使用不同的能量场来获得更佳的性能或控制性。

(1) 向微观级转化的路径。①宏观级的系统；②通常形状的多系统平面圆或薄片、条或杆、球体或球；③来自高度分离成分的多系统（如粉末、颗粒等）→次分子系统（如泡沫、凝胶体等）→化学相互作用下的分子系统→原子系统；④具有场的系统。

(2) 转化到高效场的路径。应用机械交互作用→应用热交互作用→应用分子交互作用→应用化学交互作用→应用电子交互作用→应用磁交互作用→应用电磁交互作用和辐射。

(3) 增加场效率的路径。应用直接的场→应用有反方向的场→应用有相反方向的场的合成→应用交替场→振动→共振→驻波等→应用脉冲场→应用带梯度的场→应用不同场的组合作用。

(4) 分割的路径。固体或连续物体→有局部内势垒的物体→有完整势垒的物体→有部分间隔分割的物体→有长而窄连接的物体→场连接零件的物体→零件间用结构连接的物体→零件间用程序连接的物体→零件间没有连接的物体。

案例1.4　电子元件的进化

1947年，美国电报电话公司的贝尔实验室的三位物理学家巴丁、布赖顿和肖克莱，制成了第一支晶体管，开启了以晶体管代替电子管的时代。晶体管的出现可以说是集成电路登台的序幕。晶体管出现后，一些科学家发现，把电路元器件和连线像制造晶体管那样做在一块硅片上，可以实现电路的小型化。于是，晶体管制造工业经过10年的发展后，于1958年出现了第一块集成电路。

微电子技术的发展、集成电路的出现，首先引起了计算机技术的巨大变革。现代计算机多把运算器和控制器做在一起，叫微处理器。由于计算机的心脏——微处理器（计算机芯片）的集成化，微型计算机应运而生，并在20世纪70～80年代得到迅速发展。特别是IBM的个人计算机出现以后，打开了计算机普及的大门，促进了计算机在各行各业的应用。20世纪50～60年代，价格昂贵、体积庞大、耗电量惊人的计算机，只能在少数大型军事或科研设施中应用，今天由于采用了大规模集成电路，计算机已经进入办公室和普通家庭。

标志集成电路水平的指标之一是集成度，即在一定尺寸的芯片上能做出多少个晶体管。集成电路从出现到今天仅40余年，发展的速度却是惊人的，芯片越做越小，这对生产和生活影响深远。埃尼亚克ENIAC计算机占地150米^2，重达30吨，耗电功率几十千瓦，其所完成的计算，今天高级一点的袖珍计算器皆可完成。这就是微电子技术和集成电路所创造的奇迹。

资料来源：佚名．计算机的发展史．http：//zhidao. baidu. com/question/71040742. html [2008-11-24]．

1.2.8　向自动化方向进化法则

发展技术系统是用来实现那些枯燥的功能，以解放人们去完成更具有智能性、挑战性的工作的系统。

（1）实现自动化的一般路径，包含人工动作的系统→替代人工但仍保留人工动作的方法→用机器动作完全代替人工。

（2）在同一水平上实现自动化的路径，包含人工作用的系统→用执行机构替代人工→用能量传输机构替代人工→用能量源替代人工。

（3）不同水平间实现自动化的路径，包含人工作用的系统→用执行机构替代人工→在控制水平上替代人工→在决策水平上替代人工。

1.3　技术系统进化法则的应用

技术系统的八大进化法则是TRIZ中解决发明问题的重要指导原则，掌握好进化法则，可有效提高发明问题解决的效率。同时，进化法则也可以应用到以下几个方面。

1.3.1 产生市场需求

产品需求的传统获得方法一般是市场调查，调查人员基本聚焦于现有产品和用户的需求设计调查问卷。但由于缺乏对产品未来趋势的有效把握，所以问卷的设计和调查对象的确定在范围上非常有限，而且很可能有比较大的偏差，导致市场调查所获取的结果往往有很大的出入。由此得出的调查分析结论对新产品市场定位的参考意义不大，甚至出现错误的导向。

TRIZ 的技术系统进化法则是通过对上百万项专利的深入研究得出的，具有客观性和跨行业领域的普适性。技术系统的进化法则可以帮助市场调查人员和设计人员，从进化趋势确定产品的进化路径来设计问卷，易于引导用户提出基于未来的需求，实现市场需求的创新，从而立足未来，抢占市场先机，成为行业的领跑者。

1.3.2 定性技术预测

分析 S 形曲线族有助于研发人员和管理者了解技术系统的成熟度，帮助企业作出恰当的研发决策。

针对目前的产品，技术系统的进化法则可为研发部门提出如下预测。

第一，对处于婴儿期向成长期转化的产品，企业应从对当前产品所作的原理实现的研究，转入商品化开发，在结构、参数上进行优化，促使其尽快成熟，为企业带来利润。同时，也应尽快申请专利来进行产权保护，以使企业在今后的市场竞争中处于有利的地位。

第二，对处于成熟期的产品，在继续研究和优化当前产品核心技术的同时，要避免再进行改进设计的投入或进入该产品领域，还应关注开发新的核心技术以替代现有的技术，推出新一代的产品，以便将来在合适的时机转入下一轮竞争，保持企业的持续发展。

分析 S 曲线可以帮助企业合理评估现有技术系统的技术成熟度；适当安排研发资源的投入，合理配置人力、物力、财力；辅助企业决策者做出正确的技术研发或技术引进决策。

1.3.3 专利布局

技术系统的进化法则，可以有效确定技术系统的未来走势，对于当前还没有现实市场需求的技术，可以提前进行恰当的专利布局，以保证企业未来的长久可持续的发展空间和专利许可发放所带来的可观收益。

在知识创造利润的知识经济时代，很多企业正是依靠有效的专利布局来获得高附加值收益的。在通信行业，美国高通公司是 CDMA（code division multiple access）数字通信标准的制定者，它以 CDMA 数字技术为基础，开发并提供富于创意的数字无线通信产品和服务。如今，美国高通公司正积极倡导全球快速部署 3G 网络、手机及应用。高通公司以其领先的技术实现了高速发展，其高速成长就是基于预先的大量的专利布局，在 CDMA 技术上的专利几乎形成了在全世界范围内的垄断。我国的大量企业，每年会向国外的相关公司支付大量的专利使用许可费，这不但会大大缩小产品的利润空间，而且经常还会因为专利诉讼而官司缠身，我国的众多 DVD 厂商的遭遇就是一个典型代表。

最重要的是专利已经成为当代企业打击竞争对手的重要手段。我国的企业正行进在国际化的道路上，几乎全都遇到了国外同行在专利上的狙击，虽然有些官司最后以和解结束，但被告方却在诉讼期间丧失了大量重要的市场机会。

同时，拥有专利权也可以与其他公司进行对等专利许可使用的互换，从而节省资源，节省研发成本。因此，专利布局正成为创新型企业的一门必修课。

1.3.4 选择企业战略制定的时机

八大进化法则，尤其是 S 曲线，对一个企业选择和制定发展战略具有关键的指导意义。一个企业也是一个技术系统，一个成功的企业战略相当于一次恰当提前的技术升级，能够将企业带入一个快速发展的时期。当这个战略进入成熟期以后，面临的将是衰退期，所以企业必须提前进行下一个战略的制定。

很多企业无法实现 10 年或 20 年的持续发展，正是由于在一个 S 曲线的四个阶段的完整进化中，企业没有及时进行有效的下一个发展战略的制定和实施，没有完成 S 曲线的顺利交替，以致被淘汰出局。所以企业在一次成功的战略制定并有效实施后，在获得成功的同时，不要忘记 S 形曲线族的规律，需要在成熟期就开始着手进行下一个战略的制定和实施，从而顺利完成下一个 S 曲线的启动，将企业带入下一个辉煌。

本章小结

S 曲线准确地描述了一个技术系统中的各项性能参数的发展变化规律，比较客观地反映了技术系统的进化过程。

在技术系统向新的技术系统进化的过程中，必须遵循一定的演变规律，这就是技术系统进化法则。

TRIZ 的创立者阿奇舒勒提出了八大技术系统进化法则，这些法则的运用可以帮助人们判断当前研发的产品处于技术系统进化的哪个阶段，更好地预测技术系统的未来发展方向。

思考题

1. 请用技术系统进化法则分析交通工具（马车→汽车→飞机→宇宙飞船）的进化过程。

2. 如果你是汽车厂首席执行官（CEO），请拟定你的企业的发展战略，并说明这个战略的可行性。

3. 请用相关技术系统进化法则说明手机功能不断增加这一技术现象。

4. 请预测“笔”的未来发展趋势。

参考文献

杨清亮 . 2006. 发明是这样诞生的：TRIZ 理论全接触 . 北京：机械工业出版社：20.

赵敏，史晓凌，段海波 . 2009. TRIZ 入门及实践 . 北京：科学出版社：35.

2 TRIZ 创造性思维方法

思维是一种极为复杂的心理现象，泛指理性认识或理性认识过程，是人脑对客观事物能动的、间接的和概括的反映。创造性思维是指那些能产生新颖成果、有创见的思维活动。与常规思维相比，创造性思维的最大特点是它的流畅性、变通性和独创性。这种思维灵敏迅速，能在短时间内表达更多的概念；这种思维思路开阔，能多角度、多方位地考虑问题；这种思维鼓励独立思考、大胆怀疑，不盲从，不迷信权威，是以前所未有的新角度、新观点去认识事物，提出不为一般人所有的、超乎寻常的新观念。

在发明创造中，TRIZ 创造性思维就是要求我们不断克服思维定式，打破技术系统原有的阻碍模式，在遵循客观规律的基础上，引导人们沿着一定的维度来进行思考。例如，从横坐标时间上的“过去、现在、将来”三种时态和纵坐标“超系统、系统、子系统”三个层次来看，TRIZ 系统就有了九屏幕法；从宏观与微观的关系来看，可以在尺寸、成本、资源等多个维度上，从零到无穷大来进行思考，这样，TRIZ 就有了 STC 算子；另外，TRIZ 还有抽取异想天开想法中有效成分的“金鱼法”、化整为零的“小人法”等。

而这些创造性思维的目的都是帮助我们在解决问题的时候，暂时抛开各种客观限制条件，通过理想化来确定问题的 IFR，以明确最终的理想方案所在的方向和位置，保证在问题解决的过程中始终向着此目标前进，提升创新设计的效率。同时，在创新设计中的可用系统资源对创新设计起着重要的作用，问题的解越接近理想解（ideal final result，IFR），系统资源就越重要。任何系统只要还没有达到理想解，就应该还有系统资源可以开发。对系统资源进行必要的详细分析和深刻理解，对设计人员而言是十分必要的。

本章我们将介绍九屏幕法、STC 算子、“金鱼法”、“小人法”、IFR 法和资源分析法 6 种 TRIZ 中常用的创新思维方法。

2.1 九屏幕法

TRIZ 创造性思维的九屏幕法，具有可操作性、实用性强的特点，可以更好地帮助使用者质疑和超越常规，打破思维定式，为解决生活和工程中的疑难问题，提供清晰的思维路径。因此，这种思维方法被 TRIZ 创始人阿奇舒勒称为“天才思维九屏图”（贝尔多诺索夫·维克多等，2008a）。

系统论创始人美籍奥地利生物学家贝塔朗菲指出，系统是“处于一定的相互关系中并与环境发生关系的各组成部分（要素）的总体（集）”（贝塔朗菲，1981）。一般认为：运动变化着的若干部分，在相互联系、相互作用之中组成的具有某种确定功能的整体谓之系统（陈文林等，1988）。系统是自然界物质存在的普遍形式，也是一个技术发明设计的存在形式。任何一种技术系统都是包含若干子系统的整体，它本身又是某个更高系统（超系统）的组成部分。

九屏幕法是指由当前系统（又称为技术系统）、子系统、超系统，以及这三个系统的过去、现在、未来组成的九个屏幕的思维方法，如图 2-1 所示（赵敏等，2009）。

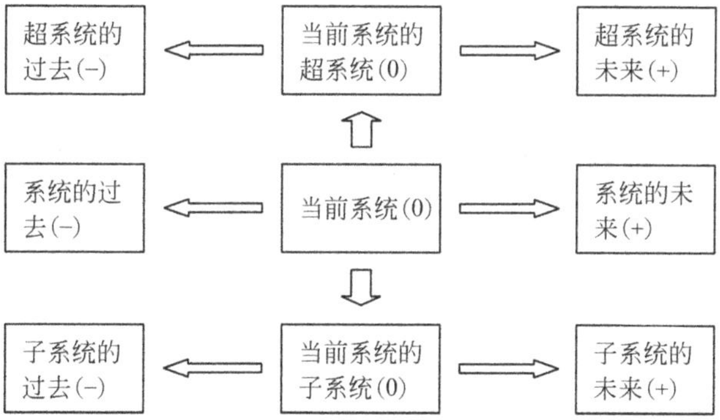

图 2-1　九屏幕法

我们以自行车为例，来说明当前系统、子系统、超系统的组成以及彼此之间的关系。如果把自行车作为一个当前系统，那么车架、鞍座、轮胎、脚蹬和车把都是自行车的子系统。因为每辆自行车都是整个道路交通系统的一个组成部分，道路交通系统就是自行车的一个超系统。当然，道路、车棚等也是自行车的超系统。

当前系统是一个相对概念。这里，我们是以自行车作为当前系统，如果我们以车把作为当前系统来研究的话，那么车把的铃铛、刹车把、把套等就是车把的子系统，而自行车、骑车人、道路、车棚等就都是自行车的超系统。

作为 TRIZ 创造性思维的九屏幕法，是指在分析和解决问题的时候，不仅要看到系统本身（即当前系统），还要看到宏观的超系统和微观的子系统；不仅要考虑系统的现在，也要考虑当前系统的过去和将来，还要考虑超系统和子系统的过去、现在和将来，从而打破思维的局限，实现对系统的全面认识。为了便于理解，我们把前面列举的自行车的例子，用九屏幕法来作一分析，如图 2-2 所示（贝尔多诺索夫·维克多等，2008a；赵敏等，2009）。

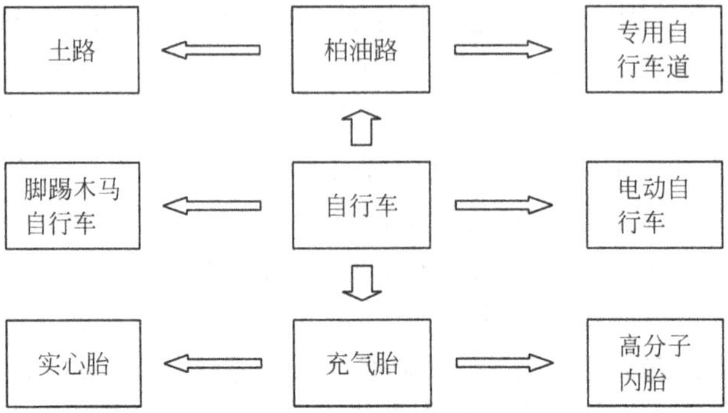

图2-2　九屏幕法——自行车

九屏幕法能够帮助我们从结构、时间以及因果关系等九个维度，对问题进行全面、系统的分析，即该方法不仅研究问题的现状，而且考虑与之相关的过去、未来和子系统、超系统等多方面的状态，可以帮助我们重新定义任务或矛盾，也可以帮助我们找出解决问题的新途径。

“系统的过去”屏幕是指要考虑发生当前问题之前该系统的状况，包括系统之前运行的状况、其生命周期的各阶段情况等，考虑如何利用过去的各种资源来防止此问题的发生，以及如何改变过去的状况来防止问题发生或减少当前问题的有害作用。

“系统的未来”屏幕是指要考虑发生当前问题之后该系统可能的状况，考虑如何利用以后的各种资源，以及如何改变以后的状况来防止问题发生或减少当前问题的有害作用。

“当前系统的超系统”屏幕，可以是各种物质、技术系统、自然因素、人与能量流等。人们通过分析如何利用超系统的元素及其组合，来解决当前系统存在的问题。

“当前系统的子系统”屏幕，同样可以是各种物质、技术系统、自然因素、人与能量流等。人们通过分析如何利用子系统的元素及其组合，来解决当前系统存在的问题。

当前系统的“超系统的过去”屏幕和“超系统的未来”屏幕，是指分析发生问题之前和之后超系统的状况，并分析如何利用和改变这些状况来防止或减弱问题的有害作用。

系统的“子系统的过去”屏幕和“子系统的未来”屏幕，是指分析发生问题之前和之后子系统的状况，并分析如何利用和改变这些状况防止或减弱问题的有害作用。

进行这些分析之后，再来寻找这个问题的解决方案，我们就会发现一系列完全不同的观点：新的任务定义取代了原有任务定义，我们产生了一个或若干个考虑问题的新视角，我们发现了系统内没有被注意到的资源等。

作为一种分析问题的手段，九屏幕法体现了如何更好地理解问题的一种思维方式，也确定了解决问题的某些新途径。九个屏幕显示的信息，并不一定都能引出解决问题的新方法。如果实在找不出好的办法，可以暂时先空着它。但不管怎样说，每个屏幕对于问题的总体把握，肯定是有所帮助的。

总之，练习使用九屏幕法，可以锻炼人们的创造力，也可以提高人们在系统水平上解决任何问题的能力（赵敏等，2009）。关于九屏幕法的拓展介绍见本书第3章。

2.2 STC 算子

STC 算子又被称为尺寸（size）-时间（time）-成本（cost）分析，它是将尺寸、时间和成本因素进行一系列变化的思维实验方法。STC 算子的目的是：克服由于思维惯性产生的障碍，迅速发现对研究对象最初认识的误差，重新认识研究对象。具体来讲，STC 算子从物体的尺寸、时间、成本三个角度考虑问题：假定研究对象的尺寸无穷大或无穷小，假定研究对象工作过程的时间（或者对象运动速度）无穷大或无穷小，假定工作成本（允许的支出）无穷大或无穷小，以求打破固有的对物体的尺寸、时间和成本的认识，突破思维定式，产生更好的创新效果。

例如，使用活梯采摘苹果的常规方法，劳动量是相当大的，如何使这个采摘工作变得方便、快捷和省力呢（赵敏等，2009；赵敏和胡钰，2008）？为了解决这个问题，我们可以使用 STC 算子方法，从尺寸、时间、成本这三个角度来考虑问题。事实上，这三个角度为我们的思考提供了一种思维的坐标系，使问题变得容易解决。这一坐标系具有很强的普示意义，可以在很多解决问题的过程中运用。在 STC 算子思维坐标轴系统中，我们以尺寸、时间、成本三个角度做6个维度的思维尝试。

尝试1：假设苹果树的尺寸趋于零高度，这种情况下是不需要活梯的，因此我们的解决方案是种植矮的苹果树。

尝试2：假设苹果树的尺寸趋于无穷高，这种情况下是无法制造常规活梯的，可以设法将苹果树树冠变成方便人攀登可以摸到苹果的形状，以树冠代替活梯就能解决。

尝试3：如果收获时间趋于零，即所有苹果必须同时成熟，那我们可以借助轻微爆破或压缩空气喷射。

尝试4：如果收获时间是无限的，我们的方法就是任其自由掉落，那我们的方法就是在树下放一个软薄膜，防止苹果摔伤。

尝试5：假设收获成本费用是不花钱，收获方法就是摇晃苹果树。

尝试6：如果收获成本费用允许无穷大，而没有任何限制，那我们就可以发明一种带有电子视觉系统和机械手控制的智能型摘果机。

可以看出，STC 算子属于一种多角度看待问题的思维方式，可以帮助人们按照有规律的6个方向进行考虑，针对某一特定元素进行创新，从而使得整个技术系统变得更有效率，避免试错法的低效或失效。STC 算子的思考对象是当前系统中的每一个元素，例如，我们可以专门找一些个子在2米以上的人来摘苹果，这样就省去了活梯的费用；假如成本无限高，可以雇用更多人来摘苹果等。

2.3 金鱼法

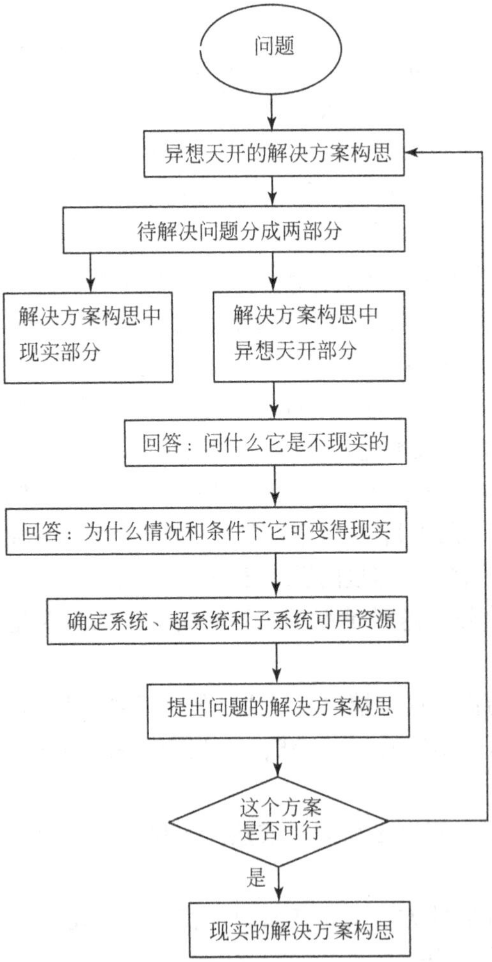

图2-3　金鱼法流程

金鱼法来源于俄国伟大诗人普希金的童话诗《渔夫和金鱼的故事》。金鱼法是从幻想式解决构思中区分现实部分和幻想部分，再从解决构思的幻想部分分出现实与幻想两部分。这样的划分不断地反复进行，直到确定问题的解决构思能够实现时为止。因此，从形式上看，金鱼法是一个反复迭代的分解过程，其本质是将幻想的、不现实的求解构思，变为可行的解决方案。它的解决流程如图2-3所示（赵敏等，2009）。

具体来看，金鱼法的应用可以分为5个步骤：①将问题构思分解为现实和幻想两部分；②提出问题并回答，幻想部分为什么不现实；③提出问题并回答，在什么条件下幻想部分可变为现实；④列出子系统、系统、超系统的可利用资源；⑤从可利用资源出发，提出可能的解决方案。

如果方案不可行，再次回到第一步，再将幻想构思部分进一步分解为现实和幻想两种。如此反复进行，直至得到完全的、能实现的解决方案。

埃及神话故事中会飞的魔毯，曾经引发我们无数遐想，现以“神话中的飞毯”为例，解释一下运用金鱼法解决问题过程的 5 个步骤（宋保华，2004）。

（1）首先将问题分解为现实部分和不现实部分。现实部分：毯子、地球引力、空气、飞翔的想法；不现实部分：让毯子飞起来。

（2）回答为什么“让毯子飞起来”是不现实的。现实生活中虽然有毯子，但毯子都不会飞，原因是地球具有引力，毯子具有质量，而且毯子又比空气重。

（3）回答在什么条件下毯子可以飞翔。我们可以施加向上的力，或者让毯子的质量小于空气的质量，或者希望重力不存在。

（4）确定系统、超系统和子系统的可利用资源。如果我们分析一下毯子及其周围的环境，会发现这样一些可以利用的资源。超系统：空气中的中微子流、空气流、地球磁场、地球重力场、阳光等；系统：毯子质量；子系统：毯子本身，也包括其纤维材料、形状、质量等。

（5）可能的解决方案构思。毯子的纤维与中微子相互作用可使毯子飞翔；在毯子上安装提供反向作用力的发动机；毯子在没有来自地球重力的宇宙空间；毯子由于下面的压力增加而悬在空中（气垫毯）；利用磁悬浮原理；毯子比空气轻等。

在这些方案构思中，有的比较现实，有的仍然看似不可能。比如，毯子即使很轻，也比空气重，对这一点我们还可以继续分析。比如，毯子之所以重是因为其材料比空气重，解决的办法就是采用比空气轻的材料制作毯子，或者毯子像空气中的尘埃微粒一样大小等。

通过上面这一简单分析过程，我们会发现，神话传说中会飞的毯子逐渐走向现实，从中或许可以得到很多有趣甚至十分有用的创意。这个简单的应用展示了金鱼法的创造性问题分析原理，即它首先从幻想式构想中分离出现实部分，对于不现实部分，通过引入其他资源，使一些想法由不现实变为现实，然后继续对不现实的部分进行分析，直到全部变为现实。因此，这种反复迭代的办法，常常会给看似不可能的问题带来一种现实的解决方案。可见，金鱼法能够引导我们从理想境界出发，发现现实中存在的问题。

2.4 小人法

小人法也被称为小矮人模型，指的是当系统内的部分物体不能完成必要的功能和任务时，就用多个小人分别代表这些物体，而不同小人表示执行不同的功能或具有不同的矛盾，重新组合这些小人，使它们能够发挥作用，执行必要的功能。小人法类似于一种拟人类比方法（即认同方法），其实质在于，在使用这种方法的过程中，把研究对象（物体）以很多小人的形式表现出来。这些小人有眼睛能看，有大脑能想，有手能动作。科学史上有很多自发运用小人法的事例，如德国化学家凯库勒发现苯的环状结构和麦克斯韦气体动力想象实验等。

具体来看，应用小人法应该有以下几个步骤：①将研究对象中达不到理想解的两个相互作用的区域加以区分，并以小人的形式将其表示出来；②把小人分成按课题设计条件作用（移动）的组；③研究重建所得模式，使它能完成矛盾的作用（阿奇舒勒，1990）。

我们以机场安检门的案例来说明小人法在具体应用时解决问题的过程①。为了防止旅客身上携带枪支、匕首等金属武器和物品，机场进行严格安检时会产生问题：一方面，要准确、高效地探测人身上是否携带金属物品和金属武器，但这往往需要较长时间；另一方面，又不能占用很长时间来检查每个旅客，因为这会影响旅客通过的速度。

现在我们借助小人法来模拟这个矛盾：

（1）首先将这一矛盾视为一个系统，这一系统中分布着多个小人。

（2）按照各自的功能指向，将这些小人进行分类组合。假设金属武器是小黑人，需要系统检测出来；假设旅客衣物是小红人，它将小黑人团团包围起来，尽量避免被系统检测出来；假定有一种检测设备或材料是小蓝人，它负责穿透小红人，方便快速地将小黑人检测出来，不让危险品被带上飞机。

（3）可能的解决方案构想。回答如何使小蓝人发挥作用，解决矛盾。例如，可以选择一种材料，即小蓝人，当它与小红人（材料为衣物已知）相遇时不会改变前进的方向，而与小黑人相遇时则改变前进方向。又如，可以选择一种交变磁场，即小蓝人，当它与小红人（材料为衣物已知）相遇时不会产生电涡流，而与小黑人（金属物品）相遇时，则会在该金属导体表面产生电涡流，进而产生一个新的微弱磁场。

（4）实际的解决方案。在实用中，选择交变磁场作为小蓝人，将它安置在一个安检门上，安检门内部有若干个发射线圈和若干个接收线圈，分别发射和接收音频信号。一旦发现新的微弱磁场，可以在接收线圈中感应出电压，并通知计算机发出报警信号。

可见，小人法主要是对一个矛盾系统进行分析的方法，其中，当某些组件难以完成人们期望的功能时，我们用一组小人来代表这些不能完成特定功能的组件，通过能动的小人，实现预期的功能然后再根据小人模型对结构进行重新设计。

---

① 此案例受“建立磁物场”（贝尔多诺索夫·维克多等，2008b）和“快速检测集装箱是否藏匿核原料”（赵敏等，2009）启发

2.5 IFR 法

IFR 法是一种最基本的自然科学方法。在解决问题之初，如进行产品设计时，首先不是采用传统的、折中的方法，而是抛开各种客观限制条件，通过理想化来确定问题的 IFR，该方法因此被称为 IFR 法。它以明确最终的理想方案所在的方向和位置，来保证在解决问题的过程中始终向着此目标进行，提升创新设计的效率（杨清亮，2006）。

IFR 法最为关键的部分是思想实验和设立理想模型。在科学史上，很多科学家都是通过 IFR 法获得划时代的科学发现和成就的。按照理想化涉及的范围大小，TRIZ 系统分为部分理想化和全部理想化两种方法（檀润华，2002；赵敏和胡钰，2008）。

部分理想化是指在选定的原理上，考虑通过各种不同的实现方式使系统理想化。部分理想化是创新设计中最常用的 IFR 法，贯穿于整个设计过程之中。例如，自电风扇诞生以来的数十年间，其设计大多离不开贝伦斯最初的设计原形，这主要是因原理一致、结构功能差不多导致的，只是增加了一些功能，如遥控、感应等。部分理想化常用到以下 6 种模式。

（1）加强有用功能。通过参数优化、采用更高级的材料、引入附加调节装置等加强有用功能。这种模式比较适合变量设计，变量设计又称改型设计，是指改变产品某些方面的参数，如尺寸、形态、材料、操控方式等，从而得到新的产品，它不改变原有产品的结构，即原有系统不变，而只对其中的子系统作相应调整。这种方式常常用于系列产品及相关产品装置设计。如对上面所提到的电风扇，可采用更高级的材料，引入调节风向和定时等装置或遥控装置加强有用功能，从而从局部进行理想化。

（2）降低有害功能。通过对有害功能的补偿，减少或消除损失或浪费，采用更便宜的材料、标准零部件等，同样也适合上文提到的变量设计。例如，机动车尾气排放污染空气和环境，通过对其有害功能的补偿，可以提高效率减少排污量，可以采用新的清洁能源。现在资源能源消耗严重，而绿色设计中提倡“少量化设计原则”、“再利用原则”和“再生原则”等，就是要尽量减少物质和能源的消耗，也属于局部理想化。

（3）功能通用化。采用多功能技术增加有用功能的个数。例如，MP4 既可以听音乐，又可以看图像，比 MP3 增加了有用功能，提高了理想化水平。现在手机也越来越向多功能化发展，拥有接听电话、记事、闹铃、摄像等功能，理想化水平提高。

（4）个别功能专用化，突出功能的主次。例如，以前的椅子是通用的，而现在专用化突出，有专门的阳台椅、客厅椅等。再如，以前工厂生产与销售一体，现在销售从中分离出来，成立了专门的销售公司进行市场运作，提高了其专用化。

（5）增加集成度。集成有害功能，使其不再有害或者有害性降低，甚至变害为利，以减少有害功能的数量，节约资源。

（6）增加柔性。系统柔性的增加，可提高其适应范围，有效降低系统对资源的消耗和空间的占用。比如，以柔性设备为主的生产现在越来越多，以适应当今市场变化和个性定制。弹性专精就是柔性生产的一种方式，正在逐步取代刚性生产。

全局理想化是指对同一功能，通过选择不同的原理使之理想化。全局理想化有以下 4 种模式：

（1）功能禁止。在不影响主要功能的条件下，去掉中性的及辅助的功能。例如，高压锅具有煮饭、炖汤和烤箱的功能，但是人们很少用高压锅来烤食物，这一功能显得多余，可去掉此项功能。

（2）系统禁止。如果采用某种可用资源后可省掉辅助子系统，一般可降低系统的成本。例如，太阳能热水器利用太阳能量资源，可省掉用电或煤气烧水的子系统，降低了系统成本。

（3）原理改变。改变已有系统的工作原理，可简化系统或使用过程，使用更方便。例如，新工作原理的激光技术的应用使得激光打印机比喷墨打印机更加方便快捷。

（4）系统换代。依据产品的进化法则，当系统进入第四个阶段——衰退期，需要考虑用下一代产品来代替当前的产品，完成更新换代。

设计人员在设计过程开始时需要选择目标，需要决定是将问题局部理想化，还是将其全局理想化。通常首先考虑局部理想化，所有的尝试都失败后，才考虑全局理想化。

理想化的最终目标是达到理想状态，在 TRIZ 中这个状态称为 IFR，也叫理想系统。处于理想状态的技术系统不消耗任何能源，无任何有害功能，却能完成系统的主要功能。绝对的理想状态的系统是不存在的，但各条演化趋势和路线的最终目标却是指向理想状态的。尽管在产品进化的某个阶段，不同产品进化的方向各异，但如果将所有产品作为一个整体，低成本、高功能、高可靠性、无污染就是产品的理想状态。TRIZ 解决问题之初，就首先确定 IFR，以 IFR 为终极目标而努力，大大提高了解决问题的效率。

IFR 可采用与技术及其实现无关的语言，对需要进行描述。创新的重要进展往往通过对问题的深入理解而获得。确认系统中非理想状态的元件是创新成功的关键。IFR 有 4 个特点：保持了原系统的优点、消除了原系统的不足、没有使系统变得更复杂、没有引入新的缺陷。

当设定了产品或者系统的 IFR 后，可以用这 4 个特点去检验产品系统是否接近或者处于理想状态。在运用 TRIZ 进行创新设计的过程中，在对多种方案进行比较选择时，可根据公式进行理想化水平的计算，并将理想化水平按从高到低的顺序进行排列，作为方案选择的依据。

IFR 的确定是问题解决的关键所在，很多问题的 IFR 被正确理解并进行描述，问题就得到了直接的解决。设计者的惯性思维常常让自己陷入问题当中而不能自拔，问题大多被采用折中的方法表述，结果问题时隐时现。而 IFR 可以帮助设计者跳出思考问题的怪圈，直达问题的理想状态。确定 IFR 有以下 5 个步骤：设计的最终目的是什么？IFR 是什么？障碍是什么？出现折中障碍的结果是什么？不出现这种障碍的条件是什么？创造这些条件存在的可用资源是什么？具体流程如图 2-4 所示。

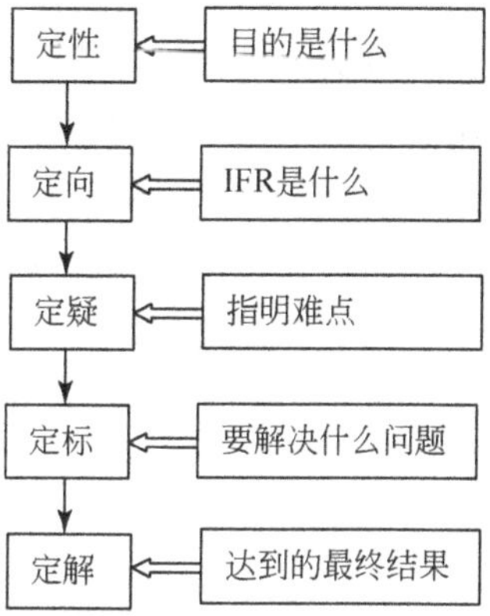

图 2-4　确定 IFR 的流程图

2.6　资源分析法

理想的系统需要资源，为了能够达到目标中的任何一个目标，系统能够选择出最有效的方法。必要的资源需要寻找或创造。在需要的时候，系统会有能力利用全部学识和周围环境选择正确的资源。在发明创造设计过程中，可用系统资源起着重要的作用，问题的解越接近理想解，系统资源就越重要。只有具备并使用资源才能解决所有问题。实用技术资源是提高理想度最重要的手段之一。有人相对简单地将资源分为物质资源、能量资源、信息资源、空间资源、时间资源、功能资源等类型，然后再将其分为现成资源和派生资源；有人则将资源分为直接应用资源、导出资源及差动资源三类，然后再分为物质资源、能量资源、场资源、信息资源、空间资源、时间资源、功能资源等。二者基本上是一致的，为了方便理解，我们分别叙述。

2.6.1　物质资源、能量资源、信息资源、空间资源、时间资源、功能资源

具体来看，物质资源、能量资源、信息资源、空间资源、时间资源、功能资

源等类型，各自又可以分为现成资源和派生资源。如果解决问题所需要的资源在系统中是以方便使用的方式存在，那就是现成资源；使用已有物质的物理、化学特性，作为完善技术系统和解决发明问题的资源，就是派生资源。我们来分析一下完善技术系统时最常用的资源（贝尔多诺索夫·维克多，2008a）。

（1）现成物质资源：可以是构成系统及其周围环境的任何材料，或系统产品、原则上可补充使用的废料等，如在北方用雪作为过滤燃料、净化空气。派生物质资源：作用于现成物质资源获得的物质，如为了保护输油管道不被炼油生产的含硫废料破坏，人们提前注油，然后吹热气氧化内壁形成的油膜，使之形成漆状物。再如，家庭用碱水代替肥皂清洗餐具上的油污。

（2）现成能量资源：系统及其周围尚未储备的所有能源。例如，为了使喷雾人员行走时产生液压，把水泵固定在工作人员的靴子上。派生能量资源：现成的能源资源转变为其他形式的资源，或者改变其作用方向、强度和其他特性时形成的能源，如利用焊工面罩上镜子反射的弧光照亮焊接点。

（3）现成信息资源：利用系统散射场和脱离系统的物质而获取的系统信息，如藏医通过脉搏跳动可诊断近200种疾病。派生信息资源：利用各种物理及化学效应，将难于接受或处理的信息改造成有用的信息，如为了在难于接近的部位研究压力分布情况，在上述部位放入白色复写纸，纸上可显现压力分布的痕迹。

（4）现成空间资源：系统及其周围存在的尚未被占用的空间。实现该资源的有效方法是使用空缺代替资源，如利用天然的地穴储存气体。派生空间资源：利用几何效应产生的再生空间，如使用梅比乌斯条，可将任何环状构件的有效长度至少提高一倍。

（5）现成时间资源：工艺过程之中、之前或之后，以及之前未使用或部分使用的过程中的时间间隔，如油船在运油时，同时对石油进行加工。派生时间资源：加快、减慢、中断或转变发生过程中的时间间隔，如根据速度的快慢进行测量，加快或放慢测量。

（6）现成功能资源：系统及其子系统兼有履行补充功能，如相近的主要功能、新功能和意外功能。例如，阿司匹林具有抗血小板聚集的作用，在某些情况下会产生副作用，这一特性可用于预防和治疗梗死。派生功能资源：系统在经历一系列变化后，兼有履行补充功能的能力。例如，维修时，起重机借助简单装置就能吊升较重部件。

2.6.2 直接应用、导出及差动资源

任何系统，只要还没达到理想解，就应该具有系统资源。系统资源可分为内

部资源与外部资源。内部资源是在冲突发生的时间、区域内存在的资源。外部资源是在冲突发生的时间、区域外部存在的资源。二者均可分为直接应用资源、导出资源及差动资源三类（赵新军，2004）。

2.6.2.1 直接应用资源

直接应用资源是指在当前存在状态下可被应用的资源。例如，物质、场（能量）、空间和时间资源，都是可被多数系统直接应用的资源。

（1）物质资源。木材可作为燃料。

（2）能量资源。汽车发动机既驱动后轮或前轮，又驱动液压泵，使液压系统工作。

（3）场资源。地球上的重力场及电磁场。

（4）信息资源。汽车运行时所排废气中的油或其他颗粒，表明发动机的性能信息。

（5）空间资源。仓库中多层货架中的高层货架。

（6）时间资源。双向打印机。

（7）功能资源。人站在椅子上更换屋顶的灯泡时，椅子的高度是一种辅助功能的利用。

2.6.2.2 导出资源

通过某种变换，使不能利用的资源成为可利用的资源，这种可利用的资源称为导出资源。原材料、废弃物、空气、水等，经过处理或变换都可在设计的产品中采用，从而变成有用的资源。在变成有用资源的过程中，物理状态变化或化学反应是必要的。

（1）导出物质资源：由直接应用资源（如物质或原材料）变换或施加作用所得到的物质。例如，毛坯是通过铸造得到的材料，相对于铸造的原材料已是导出资源。

（2）导出能量资源：通过对直接应用能量资源的变换，或改变其作用的强度、方向及其他特性所得到的能量资源。例如，变压器将高压变为低压，这种低电压的电能成为导出资源。

（3）导出场资源：通过对直接应用场资源的变换，或改变其作用的强度、方向及其他特性所得到的场资源。

（4）导出信息资源：通过变换设计不相关的信息，使之与设计相关。例如，地球表面电磁场的微小变化可用于发现矿藏。

（5）导出空间资源：由几何形状或效应的变化所得到的额外空间。双面磁盘比单面磁盘存储信息的容量更大。

(6) 导出时间资源：由加速、减速或中断所获得的时间间隔。被压缩的数据在较短时间内可传递完毕。

(7) 导出功能资源：经过合理变化后，系统完成辅助功能的能力。锻模经适当修改后，锻件本身可以带有企业商标。

2.6.2.3 差动资源

物质与场的不同特性，是一种可形成某种技术特征的资源，这种资源称为差动资源。差动资源一般分为差动物质资源和差动场资源。

1) 差动物质资源

各向异性是指物质在不同的方向上物理特性不同。这种特性有时是设计中实现某种功能的需要。

(1) 光学特性。金刚石只有沿对称面做出的小平面，才能显示出其亮度。

(2) 电特性。石英板只有当其晶体沿某一方向被切断时，才具有电致伸缩的性能。

(3) 声学特性。一个零件内部由于其结构有所不同，表现出不同的声学特性，使超声探伤成为可能。

(4) 力学性能。劈木材时一般是沿最省力的方向劈。

(5) 化学性能。晶体的腐蚀往往在有缺陷的点处首先发生。

(6) 几何性能。只有球形表面符合要求的药丸，才能通过药机的分检装置。

(7) 不同的材料特性。不同的材料特性可在设计中用于实现有用功能。例如，合金碎片的混合物可逐步加热到不同合金的居里点，然后用磁性分拣的方法将不同的合金分开。

2) 差动场资源

场在系统中的不均匀可以在设计中实现某些新的功能：

(1) 梯度的利用。例如，在烟筒的帮助下，地球表面与 32 米高空中的压力差使炉子中的空气流动。

(2) 空气不均匀的利用。例如，为了改善工作条件，工作地点应处于声场强度低的位置。

(3) 场的值与标准值的偏差。例如，患者的脉搏与正常人不同，医生通过对这种不同的分析，来为患者看病。

系统新的特性或功能，可以在子系统间关系变化或新的系统组合方法中获得，而产生系统资源。在设计中认真分析各种系统资源，将有助于开阔设计者的眼界，使其能跳出问题本身，这对设计者解决问题特别重要。

本章小结

本章我们简要介绍了九屏幕法、STC 算子、“金鱼法”、“小人法”、IFR 法和资源分析法等 6 种 TRIZ 中常用的创新思维方法。可以看出，TRIZ 中的这些创造性思维方法，不是僵化静止的，也不是盲目的，而是力求揭示事物的本质和现象、原因和结果、整体和局部、过去和未来的内在关系，是灵活的、富有想象力的。它一方面能够有效地打破我们的思维定式，提高我们的创新思维能力，另一方面又提供了科学的问题分析方法，保证我们按照合理的途径寻求问题的创新性解决办法。

思考题

1. TRIZ 创新思维方法主要有哪些，各有什么特点？
2. 列举现实中某一产品或者系统存在哪些缺陷？并给出你的最终理解。

参考文献

阿利赫舒列尔 G S. 1990. 创造是一门精密的科学 . 吴光威，刘树兰译 . 北京：北京航空航天大学出版社：76.
贝尔多诺索夫・维克多、多洛托夫・鲍利思，巴赫马托夫・巴维尔 . 2008a. 发明问题解决理论（TRIZ）培训教材之一 . 黑龙江省科学技术厅 . 黑河市科学技术与信息产业局译 . 内部资源版：41，46-49.
贝尔多诺索夫・维克多 . 多洛托夫・鲍利思，巴赫马托夫・巴维尔 . 2008b. 发明问题解决理论（TRIZ）培训教材之二 . 黑龙江省科学技术厅，黑河市科学技术与信息产业局译 . 内部资料版：73，74.
贝塔朗菲 L V. 1981. 普通系统论的历史和现状//中国社会科学院情报研究所（编译）. 科学学译文集 . 北京：科学出版社：315.
陈文林等 . 1988. 自然辩证法词典 . 南京：江苏教育出版社：320.
宋保华 . 2004. TRIZ 理论中的创造性问题分析方法，CAD/CAM 与制造业信息化，(6)：109.
檀润华 . 2002. 创新设计：TRIZ 发明问题解决理论 . 北京：机械工业出版社 .
杨清亮 . 2006. 发明是这样诞生的：TRIZ 理论全接触 . 北京：机械工业出版社：25-31.
赵敏，胡钰 . 2008. 创新的方法 . 北京：当代中国出版社出版：38-41，210-211.
赵敏，史晓凌，段海波 . 2009. TRIZ 入门及实践 . 北京：科学出版社：19-21，25-26，29，31.
赵新军 . 2004. 技术创新理论（TRIZ）及应用 . 北京：化学工业出版社：24-26.

3 系统算子分析法

TRIZ 的主要应用工具大多是启发法与应用工具（heuristics and instruments），它们都是从大量高水平专利数据库中提炼出来，并且经常应用于发明性问题解决过程之中的内容导向性工具（content-oriented tool）（Sheu，2007）。然而在应用这些工具之前，必须对原始技术问题进行初步分析，方可决定在何种层次、何种框架内解决和处理这些问题，TRIZ 的系统算子分析法（system-operator approach）正是进行这些初步分析的必经操作步骤之一。

系统算子分析法还是破除心理惰性（psychological inertia）的利器。众所周知，心理惰性是阻碍人们解决创造性问题的绊脚石，但是正如阿奇舒勒在《创造是一门精密的科学》（*Creativity as an Exact Science*）一书中所指出的那样："有些人认为对付心理惰性并不难，只要记住它的存在就够了。果真如此，那就好了！实则并非如此。心理惰性是根深蒂固的。单记住它的存在是不够的，而应该采取具体操作步骤克服它。"（阿奇舒勒，1990）通过建立一个系统化的多屏幕可视化窗格（window）体系，系统算子分析法提供了一种系统性看待问题的可行途径，它可以开阔人们的视野，帮助人们突破习惯性的思想樊篱，引导人们向创造性问题的理想解决方案方向快速前行。

由于在发明性问题解决过程中心理惰性始终困扰着人们，因此，为获得技术难题的高水平解决方案，系统算子分析法的应用应当贯穿于解决发明性问题的全过程。灵活地运用系统算子分析法，将使人们像天才般高明的发明家那样，游刃有余地解决某些创造性问题。正因为如此，系统算子分析法被阿奇舒勒称为"天才思维结构"（Savransky，2000）。

本章从破除心理惰性的角度出发，详细介绍了系统算子分析法的多屏幕框架与主要内容，并采用大量案例全面阐述了系统算子分析法在解决发明性问题过程中的应用方法。此外，本章还从理论层面系统地分析了系统算子分析方法和发明原理、技术系统进化理论等 TRIZ 启发法与应用工具之间的关系。最后，本章简要介绍了系统算子分析法的最新研究进展状况。

3.1 系统算子分析法基本思想及模型

系统算子分析法，也称系统思考算子分析法（system thinking operator approach）或者多屏幕法（multi-screen approach）。它是由 TRIZ 的创始人阿奇舒勒在《创造是一门精密的科学》一书中引入的。该方法的主要特点是通过构造一个可视化多屏幕框架，将技术系统从过去到未来的发展过程与技术系统“从元素到超系统”的层次结构结合起来，引导工程技术人员破除专注于当前技术系统的心理惰性，拓展人们解决创造性问题的视野。

3.1.1 系统算子分析法的基本思想

任何技术系统都从属于一定的超系统（上级系统），并且不可避免地包含某些子系统（下级系统），同时任何技术系统既是某个历史发展过程的结果，又是新的发展过程的起点，各类层级、各个发展阶段的系统之间存在着千丝万缕的联系。然而，工程技术人员通常具体地（或者说片面地）而不是系统地思考问题。当问题陈述完毕之后，工程技术人员经常将他们的精力放在需要改进的具体目标上。例如，如果问题描述的是一棵树，那么工程技术人员仅仅考虑一棵树；而在系统性思考框架中，我们不仅需要想象这棵树本身（正在被研究的系统），而且需要同时考虑森林（超系统）和树枝与树叶（子系统）（Savransky，2000）。此外，将气候（森林的超系统）、木材（树的另一个子系统）以及叶片（树的组成元素）的细胞等因素考虑进来，也是非常有用的。从时间维度上看，工程技术人员也很少会联想到这棵树的过去——种子、树苗状态，也不考虑这棵树的未来状态——树木的用途或其“归宿”，而实际上，将这些状态纳入分析框架，可能会收到事半功倍的效果。

一般而言，受心理惰性的影响，当我们试图解决一个技术问题时，呈现在脑海中的通常只是待改善的技术系统图景，或者待改善系统的当前状态图景。然而，在许多情况下动态地考虑更广阔的系统图景，比单纯考虑当前系统要有效得多；甚至在某些情况下片面地考虑当前系统，根本无法有效地解决技术问题。如下例所述（阿奇舒勒，1990）。

案例 3.1　家具永久着色问题

家具上的油漆经常被小朋友们揭下去或刮下来，如何给家具着上永不脱落的油漆呢？工程技术人员若是“不幸”——其实这是经常发生的事情——陷入木料“本身”这一死胡同，那么即使他们冥思苦想，成千上万次地将木料浸泡在油漆中，也往往会徒劳无功。但是，如果动态地考虑木料这一技术系统，情况就会变得豁然开朗。其实，问题的解决方案相当简单：我们只需要给树浇上加了染色剂的液体，使颜色进入树木的细胞，即可为日后的“木料”成功着上永不脱落的油漆！

上述案例反映了系统算子分析法的主要思想：为给木料着上永不脱落的油漆，常规的思维将我们分析的焦点局限于“木料”这一当前系统，它试图通过浸泡的方式使油漆逐步渗透至木料内部，然而其效果非常不理想；创造性思维却允许我们将分析范围延伸至木料系统的过去状态及其子系统层次，给存活的树木（木料系统的过去状态）浇上染料液体，即可使树木的毛细管系统（树木的子系统）自行将颜色“运送”至树木的每一个细胞（树木的另一子系统）。由此木料（当前系统）自然成为一个内部外部充满着油漆的连续体，这一技术问题就得到了成功解决！提醒和启发工程技术人员系统地、动态地——而不是孤立地、静态地——考虑技术问题，正是系统算子分析法的主要功能。

系统算子分析法是帮助人们跳出心理惰性陷阱的有效工具，其精髓就是引导人们的思维在由超系统、系统、子系统三个层次和过去、现在、未来三个过程组成的总体框架内，进行快速的自由转换，寻求高效解决创造性问题的切入点。其他 TRIZ 工具主要涉及解决创造性问题的诀窍或具体途径，而系统算子分析法则提供了一种从时间过程和空间层次两个维度观察和分析创造性问题的全局性视角，它是一种“组织创造性思维”的工具。

3.1.2 系统算子分析法的主要框架模型

3.1.2.1 系统算子分析法的框架模型及作用

1）系统算子分析法的框架模型

简而言之，系统算子分析法是一种帮助用户从时间和空间两个维度进行思考的思维拓展方法。其运作的基本原理是将“世界”划分为 9 个部分，每一个部分用一个窗格［或者称“屏幕”（screen）］表示。纵向轴表示系统的层次，从下到上依次包括子系统、系统和超系统；横向轴表示系统的发展阶段，从左至右依次包括过去、现在与未来①，如图 3-1 所示（Mann，2001a）。图中直观的多窗格（多屏幕）框架表述方式，也使系统算子分析法常被称为“多窗格分析法”或者“多屏幕分析法”。

处于 9 个系统中央的窗格——现在，是我们不论碰到何种问题时自然会想到的系统，其余 8 个窗格一般则需要借助系统算子破除心理惰性之后才能被人们想起。例如，当被问及“如何设计一支更好的钢笔”时，我们的脑海中可能会直

① 当然上述纵轴还可以根据需要进一步细分为子－子系统、子－子－子系统……，超－超系统，超－超－超系统……；类似地，横轴也可以进一步细分为遥远的过去、较近的过去……，较近的未来，遥远的未来……不过最常用的是上述 9 窗格表述方法

接呈现一支现在正在使用（“现在”）的钢笔（“系统”）图景（Mann，2001a）。而系统算子则会帮助我们从更广阔的背景中考虑钢笔，包括使用钢笔的人、纸张、桌子等；或者从更狭窄的范围考虑，如钢笔的组成部分、墨汁分子等；钢笔的“过去/历史”——生产、运输、拆卸、准备书写等；以及钢笔的“未来”——当书写完之后直到它报废之前，将怎样处理钢笔。图3-2描述了当我们更加具体地考虑钢笔的设计问题时，所涉及的主要时间过程和空间层次特征（Mann，2001a）。

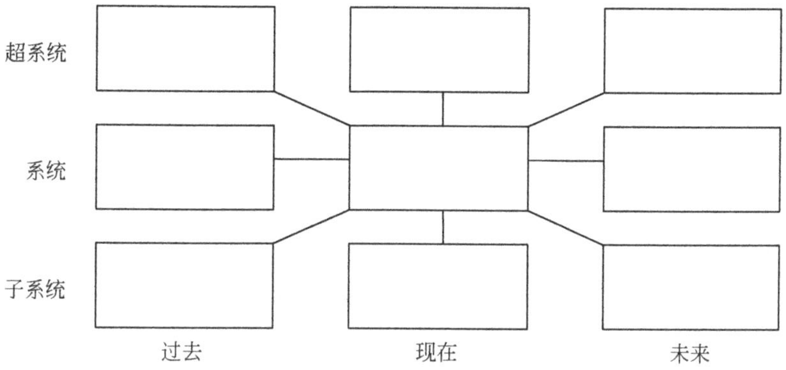

图3-1　系统算子的“9个窗格”

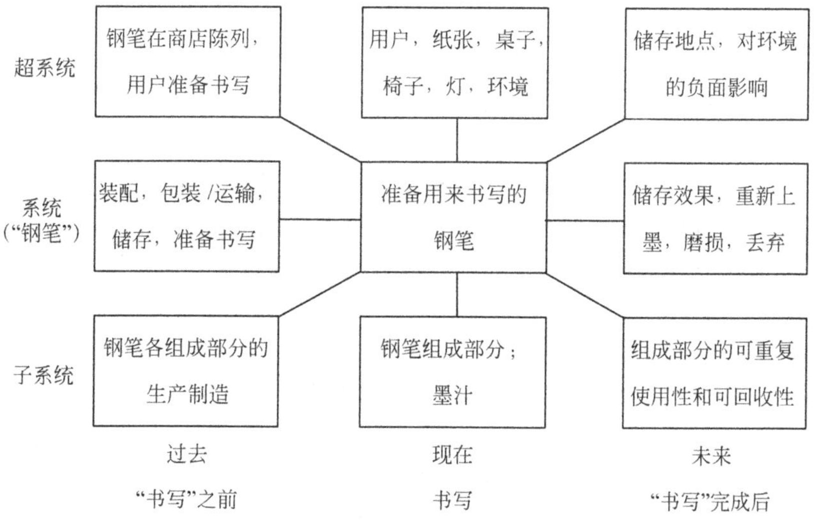

图3-2　系统算子的“9个窗格”

就“钢笔设计”案例而言，系统算子分析法试图鼓励人们采取一种整体的方法，对设计任务进行思考；因此，设计钢笔不仅仅是用户书写时所发生的问题，而是图 3-2 中所有涉及的各方面的问题。这表明系统算子分析法的出发点在于帮助我们分析问题时，克服仅仅考虑当前状况和系统层次的心理惰性（Mann，2001a）。

2）系统算子分析法的主要作用

作为一种克服心理惰性的分析方法，系统算子分析法既可拓展人们的创造性思维能力，又可在创造性问题解决的全过程中，发挥持续的支撑和辅助作用。在某些情况下，利用系统算子分析法还可直接获得创造性问题的解决方案。

（1）克服心理惰性，拓展创造性思维能力。关于系统算子分析法的作用，阿奇舒勒本人对其给予了高度评价，他将系统算子称做“天才般思考的窗格”（screens of talented thinking）。通常人们仅看到一个窗格——目前的系统；而一个天才思考者则至少看到 9 个窗格：一个系统，一个宏观系统（超系统），一个微观系统（子系统）以及它们各自的三个状态——过去、现在与未来；而且天才思考者善于在这些窗格内进行迅速转换，从而在短时间内产生众多闪亮的思想火花。在解决创造性问题过程中，系统算子分析法的可视化框架模型图 3-1 启发人们像天才发明家那样，时刻注意利用相关分析对象的系统层次特性和发展过程特性，推陈出新，摆脱心理惰性的影响。

（2）支持创造性问题解决全过程。系统算子分析法是一个具有多种使用方式的独立工具集，它既可以增强人们对问题的理解程度，也可以帮助人们扩大寻找问题解决方案的范围。著名 TRIZ 专家 Mann（2001a）认为，不管是解决技术类问题，还是非技术类问题，系统算子分析法几乎与 TRIZ 应用的任何一个方面都存在着密切关系。因为系统算子分析法对于从“问题初始定义”到“最佳解决方案的评价”全过程的任一环节，均可发挥非常显著的作用。系统算子分析法的应用至少应该贯穿解决问题的全过程，包括整个问题的定义、问题的解决、机遇的发现等。例如，在问题定义阶段，寻找资源、识别约束条件、明确设计要求都必须应用系统算子；思路形成阶段和解决方案评价阶段，也同样离不开系统算子。

（3）直接获得创造性问题解决方案。某些高水平解决方案之所以不易被察觉，其直接甚至唯一的原因就是由于人们习惯于静态地、孤立地思考相关问题——“只见树木，不见森林”，或者“只知其一，不知其二”。因此，系统算子分析法提供的系统性和动态性分析思路，有时也可直接导出创造性问题的解决方案。阿奇舒勒在《创造是一门精密的科学》（1990）、《哇……发明家诞生了》（2004）等 TRIZ 著作中，屡次提及的“利用普通温度计给小甲壳虫测量体温的问题”，便是一个极其简单但颇为经典的案例。更详细的应用案例参见下一小节。

3.1.2.2　几个简单案例

如前所述，系统算子分析法不但可以拓展我们的创造性思维能力，支撑创造性问题解决全过程，而且在某些情况下可以利用系统的层次和发展过程特性，直接获得问题的解决方案。关于这一点，*TRIZ Journal* 杂志主编、国际知名 TRIZ 专家 Domb Ellen 等（Rantanen and Domb，2002），通过两个案例详细说明了在系统算子分析法中，从系统发展过程和层次性出发，解决创造性问题的全过程及相关操作步骤。以下对相关案例加以摘录，并进行进一步分析，以揭示系统算子分析法的基本应用步骤。

案例 3.2　胡萝卜种植密度控制问题

以种植胡萝卜为例，我们一般考虑系统（胡萝卜）的目前状态和过去状态。那么未来会怎么样呢？如果胡萝卜种植过密，其根茎就会长得很小。（系统算子的问题定义功能）

如果我们能够使用“微型胡萝卜”，那么种植密度便不是问题。而在宏观层次即“非微型胡萝卜”层次上，又如何解决这一问题呢？（系统算子的问题分析功能）

虽然无法直接实现胡萝卜自身可以适合密度生长的目的，但是系统算子分析法告诉我们，可以从系统的“过去”状态即胡萝卜种子入手，寻找问题的解决方案，因为如果种子播种密度比较合适，那么胡萝卜生长密度也会比较合适。但是采取什么样的方式才能方便地实现胡萝卜种子的均匀播种呢？我们可以结合“抛弃与再生”发明原理解决这一问题：将种子均匀地放置于一个日后可以自动消失的物质上。因此，综合上述分析并运用系统算子分析法，我们可以得到胡萝卜种植问题的一个解决方案。该方案是：先将胡萝卜种子用胶水匀称地粘贴在可生物降解的纸带上，然后将该纸带放入犁沟之中，随后纸带逐步降解，而胡萝卜则以先定的适合密度继续生长，如图 3-3 所示，这是一个从时间维度出发，利用过去（超）系统解决当前系统问题的典型案例（Rantanen and Domb，2002）。

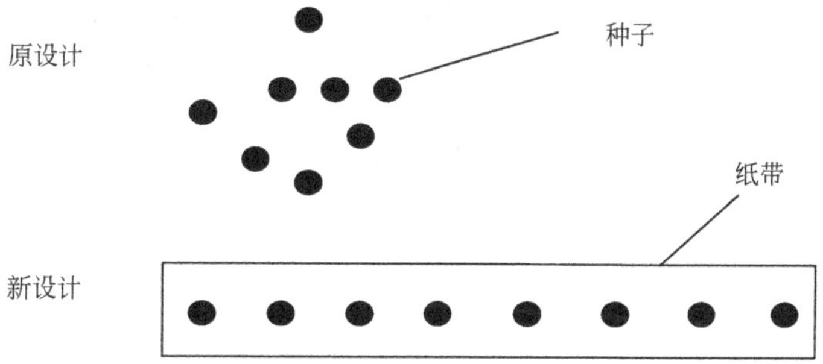

图 3-3　种子固定在可生物降解纸带上

特别值得注意的是，案例 3.2 似乎是“预先作用”发明原理①的简单运用，其实不然。在该案例中，从系统发展过程出发将密度控制过程提前至种子播种阶段的处理方式，确实与后续章节中所要介绍的“预先作用”发明原理有几分相似之处。然而，除了明显的时间发展轴线外，系统算子分析法在该案例中，还巧妙地运用了系统层次轴线，即“过去的超系统”窗格——装有胡萝卜种子且日后会自动降解的纸带（如图 3-4 左上方窗格所示）（Rantanen and Domb，2002）。类似地，案例 3.1 也不是“预先作用”发明原理的简单运用，该案例涉及的“树木毛细管”和“树木活细胞”，明显是系统算子分析法中“过去的子系统窗格”的运用，该问题只有在系统层次轴线上得到一定展开之后，才可成功解决。这两个案例也表明，发明原理等 TRIZ 启发法和应用工具是相对抽象简洁的发明诀窍或单一途径，而系统算子分析法则是一个综合性极强的创造性思维拓展工具，它的灵活运用不但可以引申出众多发明原理，而且可以借助时间发展轴线和系统层次轴线，巧妙地将相关发明原理纵横交错地串联起来，产生更加新颖的创造性问题高水平解决方案。

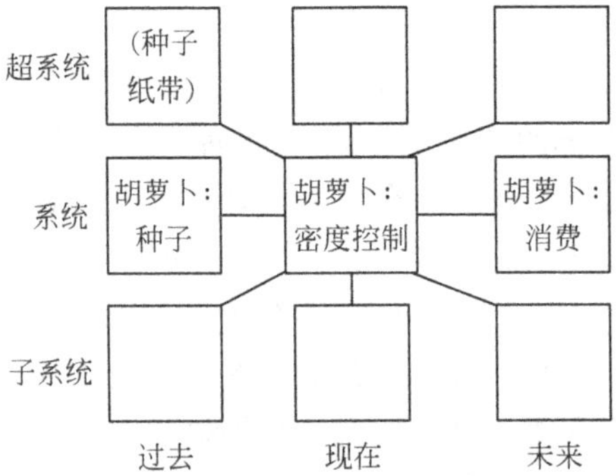

图 3-4　胡萝卜种植

在时间发展过程轴线上除利用过去系统外，也可以利用未来系统解决一些创造性问题。例如，美国专利第 3160950 号（Savransky，2000）指出：为减少火箭起飞期间电子元器件所受到的重力影响，电子元器件可以熔化于日后将在外太空中挥发的塑料之中。

另一个应用系统算子方法的经典案例，是利用系统的层次性消除割草机噪声。

① 发明原理的详细内容请参见本书第 5 章

案例 3.3　消除割草机消声器噪声问题

在该问题中，割草机是系统，消声器是其子系统，整个花园则是一个超系统。我们可以从每一个层次尝试解决噪声问题的方法，如图 3-5 所示（Rantanen and Domb，2002）。在子系统层次，人们可以考虑利用一个起抵消作用的振动波消除噪声，从而降低消声器的厚度。在系统层次，我们可以考虑将割草机的包装外壳作为消声器本身，但是该方法目前难以实现。最令人激动的解决方案来自"超系统"层次，它主要包含两个解决方案：第一个解决方案是将割草机的排管直接插向地面，以草地本身作为吸收噪声的材料，同时还能起到烘干草坪以免草坪粘住割草机的作用；第二个解决方案则是种植一种生长到一定高度就不再长高的草，或者直接将地面刷成绿色（当然这主要取决于"草坪"的用途）。在这些"超系统"中，割草机本身都可以不必出现，因而这一方案在漂亮地解决问题的同时大大简化了整个系统！这就是利用系统算子进行纵向分析的巧妙之处！

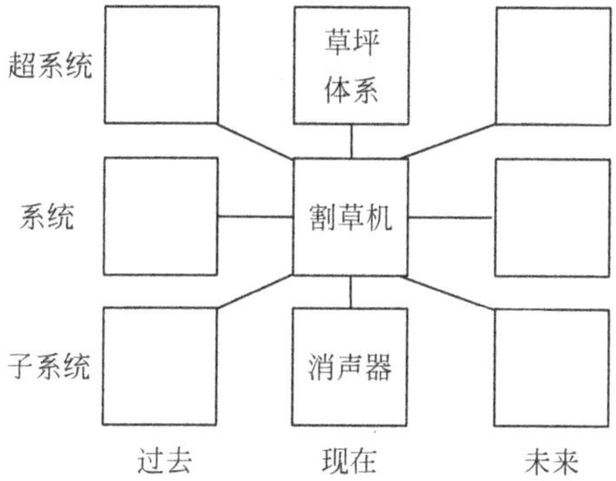

图 3-5　割草机消声器

必须强调的是，在系统算子分析法系统层次轴线的运用过程中，子系统的确定相对容易，因为系统所包含的组成部分大多显而易见。然而，超系统的确定却比较麻烦，因为同一个系统在不同的情境下，可以处于甚至同时处于若干迥然不同的系统环境中。因此，确定系统算子分析法中具体涉及的超系统窗格，需要进行较为详细的分析。

3.2　系统算子分析法的综合应用

系统算子分析法作为一种破除心理惰性、组织和拓展创造性思维的专门工具，既可以单独运用，又可以结合其他 TRIZ 工具综合运用；人们既可以应用其中的某一个窗格或某一条轴线进行创新，又可以将多个窗格或两条轴线同时展开，以便取得更加新颖的解决方案，或者处理较为复杂的创造性问题。由于高水平的解决方案往往是多种 TRIZ 方法灵活运用的结果，它们很难通过简单地应用某个 TRIZ 工具而得到，因此系统算子分析法的综合应用，对成功地解决创造性问题显得尤为重要。

系统算子分析法综合应用的主要表现形式是：①作为 ARIZ 的一个重要分析步骤的系统算子分析法；②多个“窗格”的综合分析与运用；③系统算子分析法与物－场分析法的综合应用；④系统算子分析法与“聪明小矮人”等工具的综合应用。以下将对上述综合应用方法逐一进行简要介绍。

3.2.1 作为 ARIZ 的一个重要分析步骤的系统算子分析法

较为复杂的创造性问题一般需要经历较为详细的分析与鉴别过程之后，方可转化成为标准的 TRIZ 问题。在这一分析鉴别过程中，系统算子分析法是一个必不可少的操作步骤。因此，阿奇舒勒很早就将系统算子分析法的应用纳入 ARIZ。例如，在 1977 年版的 ARIZ（阿奇舒勒，1990）中，第二个步骤便是“试验一下迂回方法”，“将问题过渡到上位系统（超系统）或下位系统（子系统），重新表述课题”，以检验创造性问题是否可以在超系统或子系统层次得到解决。

如果上述回答是肯定的，那么不但问题能得到较圆满的解决，而且后续的 ARIZ 分析步骤大多可以略去。如在案例 3.3 割草机消声器中，若建设草坪的主要目的是提供观赏性“绿地”，则可在超层次系统上解决该问题，即种植“聪明草”或者将相关地块涂抹成绿色；即便回答是否定的，系统算子分析法的应用也使人们在后续步骤中，对相关系统层次和系统状态的特性及可用资源拥有充分的了解，从而为成功解决创造性问题、提高相关技术系统的理想度奠定坚实的基础。

3.2.2 多个“窗格”的综合分析与运用

前述系统算子分析法的应用，主要涉及系统算子框架中的某个“窗格”。然而，当问题比较复杂或外部约束条件较多时，一般需要同时利用该框架中的多个“窗格”，方可取得有效的解决方案。例如，在 2008 年北京奥运会开幕式的夜空中缓缓升起的梦幻五环，是用 2000 颗蓝色和 44 794 颗白色（共 46 794 颗）LED（发光二极管）灯，通过特殊工艺编制在一张宽 16.5 米、长 36 米巨型网上完成的。其中，设计过程中奥运五环设计问题的解决方法，与 TRIZ 中的经典理论不谋而合，其中最关键的问题是如何让“五环”载体“隐身”。通常情况下 LED 灯都是焊接在不透明的电路板上的，但为了实现预计的梦幻效果，要求 LED 灯的载体必须在使用时几乎不可见，即要求载体既透明而又整体柔软，这是一个很大的难题。在这个问题中，奥运五环本身可视为TRIZ意义上的技术系统。为保证奥运五环在缓缓上升的过程中不发生变形，并由平铺状态最终转变到竖立状态，设计人员事先将“五环”（其实是约4.5万个LED灯）固定在一张“无色”（黑色）的纤细铁丝网上，这张铁丝网便构成了奥运五环的“超系统”。只要让超系统（铁丝网）竖立起来，系统（奥运五环）也会随之竖立起来，只要让超系统上升，系统也会随着上升。这一过程就像揭起黑板薄膜，会将写在薄膜上的字一同揭起的过程一样。该案例同时还巧妙地利用了奥运五环的“子系统”（微小的LED灯），大家看到的五环其实并不是一个“真实的、固定不变”的五环。所谓的“五环”实际上是通过点亮不同的LED灯组成的，这些点亮的灯泡次第上升的过程在视觉上产生了“五环”缓缓爬升的效果。由细铁丝网构成的五环“超系统”和由众多LED灯构成的五环“子系统”的综合运用，为全世界观众展示了一个精彩绝伦的“梦幻五环”图景。

3.2.3　系统算子分析法与物－场分析法的综合应用

在应用物－场分析法时，经常需要引入一种物质或者另外一个场，来强化原有系统的有用效应或者消除有害效应，那么对于特定的问题而言，应该在哪一个系统层次引入物质或者场呢？对于这一问题，物－场分析法无法做出任何回答，甚至在某些情况下由于受心理惰性的影响，人们可能连对物－场分析法这一工具本身都无从想起。而系统算子分析法则可借助其特有的框架模型，对上述问题进行“解构”，并最终为物－场分析法的应用提供决策依据。

案例3.4　动画片拍摄重复轮廓线问题（阿奇舒勒，1990）

摄制卡通影片需要制作一系列反映被摄物体运动相位的图片。每一卷胶卷得制作52张图片，而长度300米的影片（银幕时间10分钟）就需要制作15 000多张图片，而且还必须把这么多的图片排列准确无误，以便摄制的图像不颤动、不跳跃。这种摄制工作量很大，必须成百倍地提高工作效率。怎么办?

初看起来这一问题似乎无从入手，因为改变整个图片的状态和形状是相当麻烦的，除了重新绘制之外别无他法！然而，如果采用系统算子分析法对上述问题重新进行剖析，那么情况就会明朗得多（阿奇舒勒，1990）。该问题的系统就是图片或者画面，它在系统层次上的主要任务是怎样更快地从画面A过渡到画面B。通过运用系统算子分析法将焦点转移至子系统层次之后，原问题就会发生根本性的变化，物质的微粒（一小滴颜料）、一小段铅笔涂画的线条，总之是少量的物质构成了画面。如何控制该物质的移动呢?

经过上述视角转换工作之后，我们可以马上联想到物－场分析法的应用：在物质中加入铁磁粉末并利用磁场来移动该物质，即可实现所需结果；我们无须每次重新绘制不同的线条，我们仅需移动同一条线，并根据需要改变它的形状就可以了。

苏联发明证书 No. 234862 号发明，正是巧妙地应用上述思想，为该问题提供了一个比较理想的解决方案。该专利的具体内容如下（阿奇舒勒，1990）：“拍摄动画片时复制轮廓线方法的特征是，为了减小工作量，物像的轮廓线以在磁板上镶铁氧体软线的方法形成，沿磁板移动铁氧体软线即可使轮廓线在物像相对视点移动时变化。”

案例 3.4 中所述解决方案最显著的创新之处在于，可控性较高的铁磁粉末与磁场的灵活运用，然而仅仅动用物－场分析法无法成功地解决这一问题。该方案之所以能够最终实现，关键在于当事人事先运用系统算子法破除了心理惰性，将图片这一宏观层次的“过渡”问题，转化为物质微粒和线条这一微观层次的“移动”问题，从而为物－场分析法中铁磁粉末和磁场的应用提供了前提条件。

可见，在很多较为复杂的情况下，如果没有系统算子分析法扫清相关障碍，并重新界定核心问题，物－场分析法的应用便会迷失方向；反之，如果脱离物－场分析法，系统算子分析法得出的某些概念性方案与思路也会变成无米之炊。

当然，我们也可以应用系统算子分析法，从超系统层次解决案例 3.4 所述技术问题。例如，阿奇舒勒在《创造是一门精密的科学》一书中指出，我们可以设想通过频繁移动摄影机和照明设备拍摄固定不动的玩偶来制作动画电影。

3.2.4 系统算子分析法与“聪明小矮人”等工具的综合运用

系统算子分析法为人们提供了一种从不同系统层次、不同发展状态观察和分析技术系统的有效工具。这一观察视角独立于系统算子“窗格”本身（Mann，2001b），即观察主体始终以一种“局外人”的态度审视超系统、系统及子系统，这些系统总是被动地接受主体的观察活动或者其他指令。然而，这种“局外人”的地位有时会阻碍对问题实质的理解，从而使观察主体无从获得解决创造性问题的新颖思路。这一缺陷可以由阿奇舒勒引入的另一 TRIZ 工具——“聪明小矮人”（smart little people，SLP）模型加以克服。该模型的主要特征是让观察主体以“聪明小矮人”的方式成为问题的一部分进入技术系统，并“感同身受”地对系统内部的各种情况作出适当的反应，从而得出某些具有突破性的创新方案①。

---

① 对“聪明小矮人模型”感兴趣的读者，可以进一步参阅《创造是一门精密的科学》第 72 ~ 81 页，或者《哇……发明家诞生了》第 24 章第 129 ~ 135 页

案例 3.5　抗沙直升机问题（Mann，2001b）

直升机在沙尘或灰尘条件下低空飞行时，螺旋桨叶片高速旋转并激起大量空气。如果飞机接近地面，这些空气将会把沙粒带入空中，然后被高速旋转的螺旋桨击打。直升机螺旋桨的相对尺寸和强度可能阻止某些问题的产生，但是该问题的实质是速度高达每秒数百米的硅石性沙粒，将使由塑料与纤维组成的螺旋桨使用寿命锐减好几个数量级。怎样才能解决这个问题呢？

国际知名 TRIZ 专家 Mann（2001b）在分析这一问题时指出，传统的系统算子分析法告诉我们，可以从 9 个系统算子窗格来观察这一技术系统，但是由于观察主体与窗格本身截然分开，我们不易抓住抗沙问题的实质；而“聪明小矮人”模型则引导我们仅将重心放在子系统层次，对其他层次的系统视而不见。因此，得出的解决方案是在易受损的螺旋桨表面外部，包裹一层保护性材料，这一解决方案过于一般化，因为它没有很好地解决技术系统面临的矛盾。如果将二者综合起来，如图 3-6 所示，我们不仅可以作为“小矮人”方便地观察子系统层次发生的状况，也可以清楚地观察系统层次的“巨变”（Mann，2001b）。

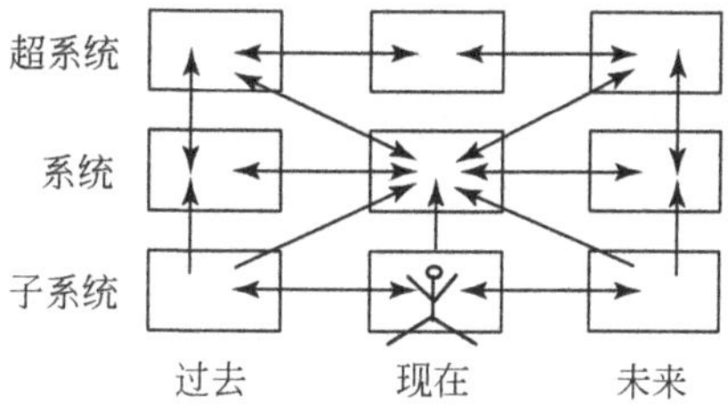

图 3-6　S-O 与 SLP 的综合应用

在图 3-6 所示框架下，我们变成一群坐在螺旋桨上的“小矮人”，这群“小矮人”看到巨大的高速飞行的岩石向我们接近。当人们看到一个巨大的锋利物体飞向自己时，一般有三种反应情况：①用某种东西掩护自己；②找周围的人帮助自己；③自己和它们相互拥抱，然后试着吸收抛射物的能量并使其产生偏离（变害为利）。试想自己被邻居包围（“我”处于系统之中，并对周围系统进行观察），最后“我”设想出一种如图 3-7 说明的那种情形（Mann，2001b）。

图 3-7　抗沙直升机问题的解决方案示意图

将上述 TRIZ 语言翻译成实际语言可表述为，叶片由包裹用的外层盔甲层和内层组成，其中内层具有弹性吸收能力，它能用所积蓄的能量改变沙粒的运动方向，从而使其偏离叶片本身。这一硬－软层概念实际上也是在自然界被广泛使用的一种保护技术。

3.3 系统算子分析法的进一步发展

近年来，系统算子方法得到了进一步发展，这些发展主要体现在三个方面：一是关于系统算子分析法的新型表述方式；二是关于系统算子窗格数量的拓展研究；三是关于系统算子分析法与其他方法的综合应用研究。

3.3.1 系统算子分析法的新型表述方式

Savransky（2000）认为，原始的矩形窗格形式无法增添新的系统层次，因此，他开发了一种新型的“钻石型”系统算子表述方式，如图 3-8、图 3-9 所示。除使用更加方便外，新型图案可与技术系统进化中两种最常用的趋势——“扩展”（expansion）趋势和“卷积”（convolution）趋势——紧密结合起来：在图 3-8 中添加一条自左下方延伸至右上方的对角线，表示“扩展”进化趋势，即过去的“子系统”逐步发展成为未来的“超系统”；添加一条自右上方延伸至左下方的对角线，表示“卷积”进化趋势，即未来的“超系统”功能直接由过去的“子系统”承担，而当前的“超系统”在未来将会消失。因此，这一新型表述方式可以使系统算子分析法与其他 TRIZ 工具之间的联系得到直观展示。

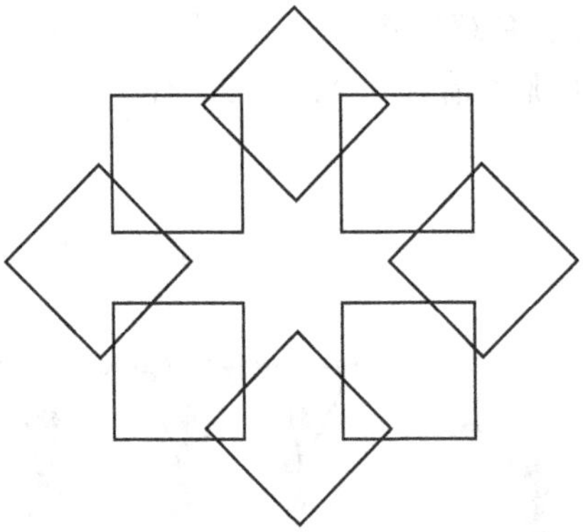

图 3-8　多屏幕方法模版

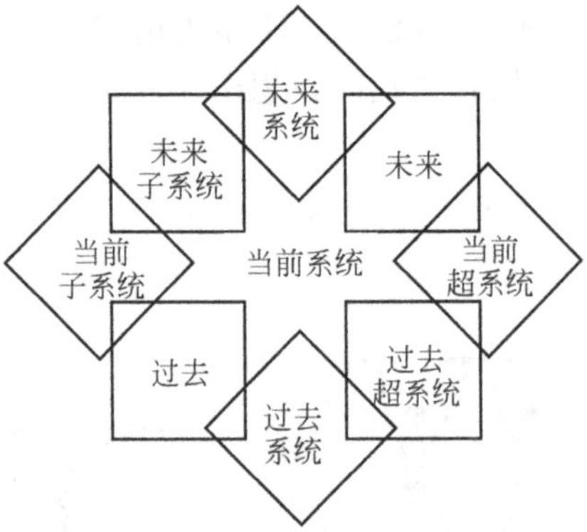

图 3-9　技术系统进化 9 屏幕简图

3.3.2 系统算子窗格数量的拓展研究

Savransky（2000）认为，除考虑超系统、系统、子系统三个系统层次外，在系统算子工具中，还可添加逆系统（anti-system）、共生系统（co-system，即与当前系统具有互补功能的系统）、非系统（non-system，即与当前系统具有同等功能但不存在直接关联的系统）三个层次。因此，原有的系统算子“9 窗格”图案，可以扩充为“18 窗格”图案。较之“9 窗格”图案，“18 窗格”图案能为问题解决人员，提供更加广阔的思考空间。例如，应用逆系统窗格可以成功地解决某些创造性问题（阿奇舒勒，1990），案例 3.4 就可以考虑逆系统窗格的应用，原问题要求在白底上划黑色线条，如果从逆系统出发，我们就可以通过在整个黑底上去掉多余的线条、留下需要的线条的方式达到预期效果。

同样，应用非系统也可以得出某些特别新颖的解决方案。

案例 3.6　天平称量的精确与快速问题（Savransky，2000）

实验室的天平通常需要称量质量仅为数微克的微小物质，显然测量的精确度随着砝码种类的增多而提高。然而砝码的准确选择过程大大延缓了称量过程，因此我们面临着下述矛盾：精确的称量需要大量砝码（理想的状态是无数砝码），但是快速的称量却需要少量砝码（理想的状态是没有砝码）。为解决上述问题，美国 3590932 号专利认为，可以采用光（砝码系统的“非系统”）的压力解决这一矛盾：一束由激光产生的光子（可视为“微型砝码”），可以对天平托盘产生机械压力，从而随时将天平带回平衡状态。

除此以外，Mann（2001c）等 TRIZ 专家，也对系统算子工具窗格的数量拓展进行了一些研究。

3.3.3 系统算子分析法与其他方法的综合应用

这一方面的工作主要由 Mann（2001b）等完成。他们分析了系统算子分析法与价值网概念（value-net concept）、系统算子分析法与优势 - 劣势 - 机会 - 威胁（SWOT）分析法、系统算子分析法与结合/分离方法（association/disassociation）、系统算子分析法与 VAKOG 方法等工具的集成应用问题，有兴趣的读者可以进一步参阅相关文献（Mann，2002）。

本章小结

系统算子分析法为我们解决创造性问题提供了强大的思想武器。它促使我们的视野突破“当前待改善系统”的范围，引导我们从“时间”和“空间”两个维度去综合、动态、系统地考察和分析问题，并找到解决问题的最有效方案。作为一种破除心理惰性的有效方法，系统算子分析法的应用，贯穿于创造性问题解决的全过程，它在TRIZ中具有举足轻重的作用。因此，全面掌握并灵活运用该方法，对我们解决创造性问题大有裨益。

思考题

1. 简述系统算子分析法的基本概念及其主要作用。

2. 试运用系统算子分析法，分析白炽灯的子系统、超系统及各个系统层次的过去与未来发展状态。

3. 请运用系统算子分析法，分析圆珠笔的发展状况。

4. 针对您所熟悉领域的特定技术或者管理问题，尝试运用系统算子分析法，分析和解决其中存在的某些问题。

参考文献

阿利赫舒列尔 G S. 1990. 创造是一门精密的科学. 吴光威，刘树兰译. 北京：北京航空航天大学出版社：26，81，62，193，70，156.

根里奇·阿奇舒勒. 2004. 哇……发明家诞生了. 范怡红，黄玉霖译. 成都：西南交通大学出版社：39.

Mann D. 2001a. System operator tutorial-1）9-Windows on the world. TRIZ Journal. http：//www. triz-journa/. com/archives/2001/09/c/index. htm［2008-08-25］.

Mann D. 2001b. System operator tutorial-2）between the boxes-changing perspectives. TRIZ Journal. http：//www. triz-journa/. com/archives/2001/12/b/index. htm［2008-08-25］.

Mann D. 2001c. System operator tutorial-3）another dimension. TRIZ Journal. http：//www. triz-journa. com/archives/2001/12/b/index. htm［2008-08-25］.

Mann D. 2002. System operator tutorial-4）integrating other perspectives. TRIZ Journal，（1）.

Rantanen K，Domb E. 2002. Simplified TRIZ：New Problem-Solving Applications for Engineers and Manufacturing Professionals. Boca Raton，Florida：St. Lucie Press：42-43，38-39.

Savransky S D. 2000. Engineering of Creativity—Introduction to TRIZ Methodology of Inventive Problem Solving. Boca Raton，Florida：CRC Press LLC：172-177.

Sheu D D. 2007. Body of knowledge for classical TRIZ. TRIZ Journal. http：//www. triz-journa/. com/archives/2007/10/02［2008-08-25］.

4 理想度与 IFR

提高理想度法则是任何技术系统进化过程都必须遵循的客观规律，该法则是所有技术系统进化法则的基础与最终落脚点，因此，理想度被誉为 TRIZ 的四大理论支柱之一（Mann，2001）。理想度提升的终极状态称为 IFR，若能高屋建瓴地逆向运用 IFR 这一概念，往往会使创造性问题的解决峰回路转、柳暗花明，问题解决者的脑海里随时可能迸发出一些不同凡响的高水平解决方案。因此，理想度和 IFR 又共同构成 TRIZ 哲学层面的基本元素（Sheu，2007），只不过前者侧重于技术系统客观趋势的刻画，后者则是一个与之相关的主观构念。

同系统算子分析法一样，理想度和 IFR 概念（特别是后者），也是 TRIZ 帮助人们克服心理惰性的有力武器。虽然它们在大多数情况下无法直接给出创造性问题的最终解决方案，但是它们却时刻为人们有效摆脱思维惯性的困扰、成功解决创造性问题指明方向。故而，以 IFR 为目标、不断提高理想度，是人们运用诸如发明原理、矛盾矩阵、分离原理、标准解法、资源分析等 TRIZ 其他方法与工具的题中应有之义。

4.1 理想度概念及其提升方法

在诸多技术系统进化法则中，最基本的一条就是理想度提高法则。简而言之，技术系统的理想度就是系统的功能与所耗成本之比，这一比值越大，表明理想度水平越高；反之，这一比值越小，则理想度水平越低。技术系统进化的过程就是系统朝着功能逐步增强、耗费日益减少的方向发展的过程。为进一步理解技术系统理想度提高法则，以下将对理想度的基本内涵及其提升方法进行详细阐述。

4.1.1 理想度的基本内涵

众所周知，自然界进化过程中存在着“物竞天择，适者生存”的客观规律。在技术系统进化过程中也存在类似的机制：主要性能指标日趋下降的技术系统立即会遭到社会的无情淘汰；依靠不断增加新部件来改善系统性能，从而导致成本、耗费及随之而生的其他负面影响不断攀升的技术系统，也迟早会因不适应日益提升的社会需求而退出历史舞台。为了刻画技术系统在进化过程中对于社会需求的适应程度，TRIZ创造了一个全新的概念——理想度。

尽管TRIZ学界对于理想度的具体界定方法多种多样，然而他们几乎无一例外地认为，理想度就是从技术角度对技术系统的有益功能与有害作用（包括成本与耗费）之间综合效益的一种考量。

一些学者直接从技术系统功能分类的角度，对其理想度界定方式进行了探讨。他们认为，技术系统的功能大体可以分为三类：有用功能（useful function，UF）、有害作用（harmful function，HF）和中性功能（neutral function，NF）（Savransky，2000）。

有用功能包括系统的主要功能、辅助功能和附加功能。主要功能指系统中的物体或物体元素完成特定功能来满足超系统的需要；辅助功能用于提高主要功能的性能，或提供系统的完整性，如从环境中保护系统、供应和转换能量、在同一系统中与其他元素相联结等；附加功能则是指除上述主要功能及相关辅助功能外，技术系统所具有的其他有用功能。有害作用包括所有与给定元素相关的花费，包括多种负面影响（锐边、噪声、缺损等）以及不想要的参数（质量、尺寸等）。中性功能是指仅在一定时期内系统提供的功能可为企业增加效益（包括在一定时期可提高主要功能性能的辅助功能，在一定时期可提供额外收益的附加功能），以及既可提高主要功能性能或提供额外收益，但同时也会在一定时期内产生不能去除的有害功能。典型的中性功能有：多余或重复的功能等；不必要的强度、精确性、固定装置等；执行有用功能的元素因为系统的更改或改变而变得不必要，也可称为中性功能（吕桂志，任工昌，2009）。以燃烧煤炭取暖这一简单问题为例，技术系统（“供暖系统”）的有用功能是，燃烧的煤炭散发热量，帮助人们抵御寒冷；有害作用则是煤炭燃烧过程释放了一些有毒物质和烟尘，既影响人们的健康又污染周边的环境；而中性功能则是煤炭的发光功能，这一功能虽然本身无害，但也并非人们在取暖过程中所需要的功能，它之所以存在仅仅是因为在现有的条件下，人们缺乏排除煤炭发热时伴随发光现象的有效机制。

根据理想度的基本含义，结合上述技术系统功能分类方法，可以得到一个非常简单的理想度界定公式（Savransky，2000）

$$\text{Ideality} = \sum \text{UF} / \sum \text{HF} \tag{4.1}$$

显然，技术系统的有用功能越多（越强），有害作用越低（越弱），理想度水平越高；反之，有用功能越少（越弱），有害作用越多（越强），则理想度水平就越低。

然而，这一界定公式过于粗略，因为它仅仅考虑了技术系统的有用功能和有害作用，但并未反映功能分类中中性功能数量的多少及质量的高低，以及对于技术系统理想度的影响。为此，TRIZ 专家 Savransky（2000）构造了一种考虑技术系统中性功能的理想度界定方法。他认为，技术系统的各类功能对于理想度影响的基本方式是：①有用功能数量越多、质量越高，则技术系统理想度水平越高。因此，有用功能对于技术系统理想度而言是正向指标。②有害作用数量越少、强度越弱，则技术系统理想度水平越高。因此，有用功能对于技术系统理想度而言是负向指标。③中性功能数量越少，则技术系统理想度水平越高。因此，中性功能对于技术系统理想度而言也是负向指标。

若将上述规则中的负向指标分别进行正向化，则可以构造一个包括有用功能、有害作用、中性功能三个维度，以及时间维度在内的一个坐标图形，直观地刻画理想度，如图 4-1 所示（Sarvansky，2000）。

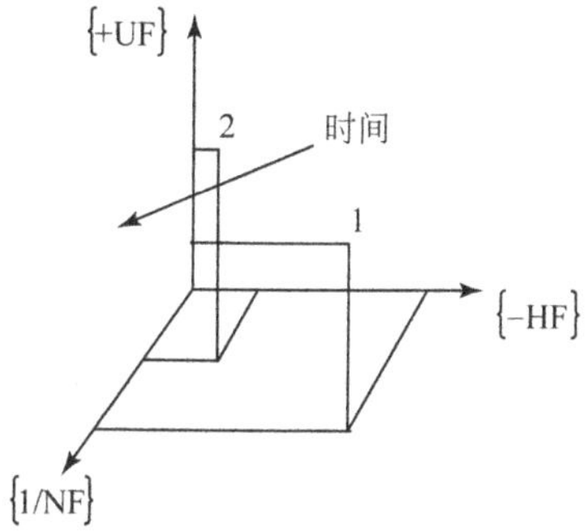

图 4-1 基于技术系统功能分类的理想度界定

在图 4-1 中，{+UF} 表征有用功能的正方向，它是指技术系统有用功能的数量以及质量集合，它的提升表示有用功能的种类增加，或者是在种类不变的情况下有用功能的对应工作参数得到进一步改善；{-HF} 表征有害作用的正方向，它是指已正向化的技术系统有害作用的数量以及强度集合，它的提升表示有害作用数量减少，或者是在数量并未减少的情况下有害作用的对应工作参数得到改善；{1/NF} 表征中性功能的正方向，它是指已正向化的技术系统中性功能的数量集合，它的提升表示中性功能的数量减少。因此，可以用一个四维数组刻画技术系统的理想度，即 $\{+UF, -HF, 1/NF, t\}$ 就表示技术系统在 t 时刻的理想度水平。当满足下列公式，即

$$\{+UF_2\} > \{+UF_1\} \text{ and/or } \{-HF_2\} > \{-HF_1\} \text{ and/or } \{1/NF_2\} > \{1/NF_1\}$$

时，表示技术系统在 t_2 时刻的理想度高于 t_1 时刻的理想度。值得注意的是，任何关于技术系统理想度的比较，都只能针对处于不同发展状态或不同发展模式的同一技术系统进行，而不能对根本不同的技术系统进行所谓“理想度水平”的比较。例如，我们可以比较当代汽车这一技术系统与 20 世纪 80 年代汽车的理想度水平，甚至可以对比评价同一时刻分别处于不同技术发展模式的汽车的理想化水平，但是我们无法直接对汽车和手机的理想度进行评比。

基于技术系统功能分类的理想度界定方式，虽然较为直观，但处理过程颇显繁杂，因此，目前大多数 TRIZ 专家采用以下更为精练的公式，界定技术系统的

理想度（Savransky 2000；Rantanen and Domb，2002；Slocum et al.，2003）

$$I = \frac{\sum \mathrm{UF}}{\sum C + \sum \mathrm{HF}} \tag{4.2}$$

式中，I为理想度；UF为有益功能；C为成本耗费；HF为有害功能。该公式的基本含义是：理想度就是技术系统所有有用功能与成本和有害作用之和的商值。根据上述商式计算公式可以得知：①分母不变，分子越大，则理想度越高，即在保持技术系统成本和有害作用一定的情况下，其有用功能数量越多或者质量越高，则技术系统的理想度越高；②分子不变，分母越小，则理想度越高，即在保持技术系统有用功能数量和质量水平一定的情况下，其成本越低或者有害作用越小，则技术系统的理想度越高；③分子越大，分母越小，则理想度越高，即在技术系统有用功能数量增加或者功能质量提升的情况下，技术系统成本或者有害作用反而有所降低，则理想度越高。

4.1.2 提升理想度的基本方法

不论是基于技术系统功能分类的理想度界定方法，还是精练的理想度商式计算公式，它们都表明，提升技术系统理想度有三种基本方法（贝尔多诺索夫·维克多等，2008）（Savransky，2000）：第一，提高技术系统的有用功能，包括增加技术系统的有用功能数量和改善有用功能所对应的工作参数；第二，降低技术系统成本和有害作用，包括减少技术系统成本和有害作用数量，以及改善有害作用对应的工作参数；第三，提高技术系统有用功能的同时，降低成本和有害作用。

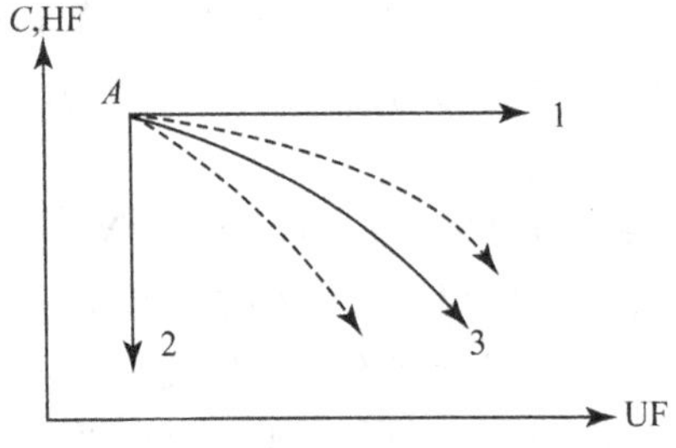

图4-2　提高理想度的三个方向

根据上述三种基本方法，可以构建一个提升技术系统理想度水平的二维图形，如图4-2所示。

在图4-2中，横轴正方向表示技术系统有用功能的提高方向，纵轴正方向表示成本和有害作用的增加方向，A点为技术系统的当前状态。从A点出发提升技术系统的理想度，存在以下三种方式：①由A点变换至点1，表示在不改变技术系统的成本和有害作用的前提下，增加技术系统的有用功能；②由A点变换至点2，表示在不改变技术系统有用功能的前提下，降低技术系统的成本和有害作用；③由A点变换至点3的扇形发展方式，表示在增加技术系统有用功能的同时，降低其成本和有害作用。

按第一种方式进行变换的典型技术系统就是计算机的硬盘。在几十年间，计算机硬盘的大小（即质量和尺寸等有害作用参数）事实上没改变，而容量（技术系统有用功能参数）却从百兆字节扩大到千亿兆字节。计算器——非工程类普通计算器则是按第二种方式进行变换的一个技术系统。最初计算器的电源用电网作为能量供给，并有很大外形尺寸，利用新替换的电池，如小电池组和蓄电池组作为能量供给之后，计算器尺寸显著缩小；而当后来用光电池作为能量元件时，计算器的尺寸缩小到银行卡那么小；最后计算器变成了手机的一个组成部分。在这一发展过程中，计算器的有用功能依然如故，而尺寸、成本耗费等有害作用参数却呈现跳跃性的缩小趋势。手机（移动电话）则是按第三种方式进行变换的最常见的技术系统。最早的手机（移动电话）必须在使用的城市地区架设大量专用的信号发布和接受装置，且仅仅只能在较小的地域范围内使用，其功能局限于通话；当发展至模拟信号阶段，手机应用范围大大拓宽，且增加了数字传输功能，但手机机身十分笨重，价格高达上万元，且通信质量较差；现在的手机尺寸大大缩小，价格也已降至几千元乃至几百元，至于功能方面，即使是现在最便宜的手机，也已具备拍照、网络、游戏等通话和短信之外的附加功能（贝尔多诺索夫·维克多等，2008）。

在这三种基本方法中，采用第二种方法提高技术系统理想度，相对而言是容易实现的。主要原因是，增加技术系统的有用功能通常较为简单，但是如果在保持技术系统成本和有害作用不变甚至有所降低的情况下，增加技术系统的有用功能却绝非易事。除了需要运用现有技术系统中的资源即“闲置”部件外，更需要对技术系统的工作原理作出较大幅度调整和优化，方可实现技术系统有用功能的“零代价”增加。因此，第一种基本方法和第三种基本方法大多是由高水平的发明（TRIZ 意义上的三级以上发明）实现的。至于第二种基本方法，则主要在于应用技术系统中的现有资源，并通过“功能裁剪”（trimming）的方式将有用功能在“闲置”部件之间重新配置，然后去除多余的部件即可。在 S 曲线的各个阶段，特别是 S 曲线的成熟期，技术系统的主要功能日臻完善，相应的组成部件日趋繁杂，甚至出现了部件“冗余”的现象，因而为技术系统“功能裁剪”方法的应用，提供了大量潜在的可用资源。

案例 4.1　可多次充填牙膏的牙刷

中国发明专利 CN1415258 公告了一种可多次充填牙膏的牙刷：“将牙膏装填于中空的牙刷柄中，经由推挤装置使该牙刷可供给牙膏，牙刷柄即为牙膏存放的腔体，刷柄前端部的刷毛杆具有引导孔，刷柄后端部套设一可供转动的转环盖，转环盖的内部中央设有一螺杆，该螺杆穿有一挤压块容置于中空刷柄内，当该转环盖旋转时可连动该挤压块前后移动，进而推挤刷柄中牙膏，使牙膏经由刷毛杆中的引导孔流溢于刷毛间，供使用者使用；充填时，旋转转环盖先将推挤块退至后端，打开转环盖的封盖，将一般条型牙膏接上即可将牙膏挤入，完成充填，甚为方便实用。由于将牙膏及牙刷结合一体，既便于携带，又可准确拿捏牙膏用量，牙膏再充填也非常方便，并兼顾卫生安全，可长久方便使用。”在这一发明中，发明人巧妙地运用了牙刷现有的“牙刷柄”资源，并将它进一步改造成中空状态，从而成功地裁剪掉了牙膏壳，提高了“牙刷－牙膏”这一技术系统的理想度。

4.1.3 提升理想度的常用途径

虽然从上述三种基本方法可以引申出大量操作方法，使各类技术日趋理想化，但是在实际发明活动中，人们经常采用如下几种途径提升技术系统的理想度。

4.1.3.1 运用技术系统及系统环境中的资源实现有用功能

所谓资源，就是技术系统及各种超系统内一切应用潜力尚未消耗殆尽的物质、能量、信息、空间、时间等客观存在的事物，也包括那些在一般情况下非常容易获得的“免费”或“廉价”物质，如大气、阳光、水等。由于这些资源仍然存在进一步应用的空间，因此，若由它们取代原本需要新添加的组件来完成某些需要的功能，即可在不增加成本和有害作用的前提下，“无偿”获得新功能，从而显著提高技术系统的理想度。

案例4.2 熔化矿渣运送装置的“泡沫盖子”（阿奇舒勒，2004）

在炼铁炉熔化矿石过程中产生的熔化的矿渣是很好的建筑材料，但是冷却的矿渣却很难派上用场。不幸的是，在运用轨道交通工具运送高达1000℃的液态矿渣时，会因为冷却的缘故在矿渣表面形成坚硬的外壳，需要用大型工具才能将其打碎。但即使这样做，也只有2/3左右的矿渣可以最终使用。如何解决这一问题呢？一些人主张制造一个巨大的盖子对熔化的矿渣进行绝热，但是姑且不论这种做法的制造成本，单就装卸盖子这一任务而言，就已令整个工作繁重不堪。最后，一位发明家提出了一个“将水浇到热矿渣表面结成一层泡沫盖子”的方案，成功地解决了这个问题。较之打碎外壳的方案，泡沫盖子大大减少了矿渣的浪费数量，从而大大节约了成本；较之固体盖子，泡沫盖子在实现“绝热”功能的同时，也使矿渣的装卸工作能方便地进行，有用功能的质量得以大大提升。因此，巧妙地运用廉价的水资源和由水派生的“泡沫”资源，使“熔化矿渣运送装置”这一技术系统的理想度显著提高。

当然，运用资源提高技术系统理想度的最理想途径是“变害为利”，即将某些有害作用本身当做一种资源加以应用。例如，现代城市街头及其他地方普遍存在的噪声就是一种资源（尤里·萨拉马托夫，2006），荷兰的飞利浦公司生产的交通信号灯自带储蓄电池，可以利用噪声这种免费资源给自己充电，甚至还有要将家里的噪声有效利用起来的设想，用聚合压电的薄膜来做壁纸（这种薄膜可以将振动力转化为电力），那么，邻居的噪声越大，自家生产的电能就越多！

4.1.3.2 通过裁剪去除部分元件来简化技术系统

从某种程度上说，这一途径是资源应用途径的进一步延伸。技术系统内业已存在的元件除完成自身的基本工作之外，如若可以实现目前暂时由其他元件完成的有用功能，那么完全可以剔除第二种元件。

案例 4.3　一举两得之科学仪器代替压舱物（阿奇舒勒，2004）

在一个探索金星的宇航项目临近启动之时，一位非常有影响力的科学家要求在航天器上安装他的一台科学仪器，该仪器重达 10 公斤，然而航天器上已再也无法承受任何额外负荷。怎么办呢？最后，那位科学家发现航天器上有质量约为 16 公斤的压舱物，于是他建议用这 10 公斤的科学仪器代替同等质量的压舱物。如此一来，科学仪器既可实现自身进行科学试验的功能，也可实现压舱功能，而且丝毫没有突破航天器的负荷限制，整个航天器技术系统的理想度得以提高。

案例 4.4　一举两得之液态氧作制冷剂（阿奇舒勒，1990）

矿山井下救援人员的特殊服装，除需要配备较重的呼吸装置之外，也需要一套防热设备使人能在高温下坚持工作。为保证高温工作时间，必须携带大量制冷剂，从而导致装置质量大大增加，但增加装置质量会使工作人员不堪重负，因此会影响其正常工作。一个合理的解决方案是用液态氧作制冷剂，裁剪掉整个呼吸装置：液态氧的吸热过程保证了装置的制冷作用，同时液态氧的蒸发和放热过程又为工作人员提供了大量氧气。在总体质量保持不变甚至略有下降的前提下，井下服装技术系统放热和供氧的两个主要有用功能得以更好地完成。

当然，在提高技术系统理想度的过程中，有些裁剪工作与资源应用并无直接关系，而是人们成功克服心理惰性的结果。例如，在进行某项探测月球的太空活动中，需要一个电灯，但是电灯的玻璃外壳会因为火箭发射时产生的震动和加速时的冲击而受损。如何消除电灯玻璃外壳破损这一有害作用呢？答案很简单，直接去掉电灯玻璃外壳即可，因为在月球上缺乏空气，根本不会存在灯丝氧化的问题，只是由于人们脑海中现有电灯的形象已经根深蒂固，因此这种提高技术系统理想度的方式往往被人们所忽略。

4.1.3.3 过渡到另一个系统层次实现所需功能

一些技术系统的有害作用很难在人们所熟悉的系统层次上消除，但是如果运用系统算子分析法将问题转换到另一个系统层次，则可以在不增加任何成本的情况下，实现所需的有用功能或者消除有害作用，从而提高技术系统理想度。

案例 4.5 锡液“滚轴”确保玻璃板平整（阿奇舒勒，2004）

在玻璃板制造流程中，通常运用传送带传送炽热的玻璃板，玻璃板从一个轴传送到另一个轴直到冷却下来。然而炽热的玻璃板是软的，它会在轴与轴之间的空隙处自然下垂，这样生产出来的玻璃板表面凹凸不平。为了解决这一问题，工程师们提出了缩小轴的直径以减小轴与轴之间存在空隙的方案。如果将轴的直径缩小至像细线一样小，那么基本上就不存在玻璃板表面凹凸不平的现象了，然而即使上述方法在工艺上可行，其制造成本也是不可接受的。这个问题的最终解决方案是：运用锡液作为“传送带”，将锡原子作为“滚轴”即可确保玻璃板的平整度。将现有的“滚轴”宏观层次过渡到物质原子微观层次后，传送带的成本并未发生变化，但软玻璃板下垂的有害作用却被完美地消除掉了。

4.1.3.4 运用科学效应提高技术系统理想度

所谓科学效应，简单地说，就是技术功能与科学知识之间的一种匹配对应关系。对大量发明专利库的深入研究表明，高水平的发明创造往往是由于应用了某些鲜为人知的科学知识。虽然人们在中学和大学学习过程中接触了大量的物理、化学、几何等科学知识，但是他们大多注重于对这些科学知识基本原理、推导过程和在本领域应用方法的学习和理解，至于本领域科学知识在其他领域的巧妙应用，或者外领域科学知识在本领域的应用则知之甚少。为了帮助人们创造性地应用物理、化学、几何等科学知识，解决其面临的发明问题，TRIZ 专家编制了基于“技术功能 - 科学知识”匹配关系的科学效应索引表①。在许多情况下，运用科学效应可以迅速完成许多看似不可能解决的问题，使技术系统所需的有用功能更理想、更简单地实现。

案例 4.6 新材料巧防高压线冰层

2008 年年初和 2009 年年底，我国南方地区和欧美地区分别发生了罕见的雪灾。恶劣的天气使高压线上经常覆盖着一层薄冰，以致线路不堪重负而断裂，造成大面积停电。其实这一问题很早以前便已存在。如何解决这一问题呢？有人提出用加热的办法除冰，即每隔一段距离便在高压线路上安装一个铁氧化环，铁氧

① 关于科学效应索引表，可进一步参考本书附录

化环通电后发热，这些热量足以使高压线的温度升至冰点以上。然而，铁氧化环持续的通电损耗了大量电能，高压输电技术系统的有用功能并未得到大幅度提高。问题的一个最佳解决方案是：应用居里点为零摄氏度的材料取代铁氧化环制作加热器，当外界温度降低至零摄氏度以下时，材料获得铁磁性质成为导体，从而接通电路给高压线加热以防形成冰层；当外界温度升高至零摄氏度时，材料铁磁性质消失成为绝缘体，因此不损耗任何电能，但此时外界温度超过冰点，高压线上也不会形成冰层。如此一来，高压输电系统的输电功能得以显著增强，而能量损耗则明显降低。

案例 4.7　一举两得之铁磁效应阀门（Yang and Zhang，2008）

现有电磁控制风门包含一个关闭通风导管的磁控阀，该风门的缺陷是装置过于复杂、设计的可靠性较低。应用铁磁效应可以很好地解决这一问题。应用可由磁场控制的铁磁粉末制作阀门，将其安装在通风导管的漏网之间，即可完成控制风门开关的有用功能，并大大简化装置的复杂性。

4.2　IFR

如前所述，技术系统理想度提升的终极状态就是达到 IFR。对于 IFR 而言，技术系统所有成本和有害作用都已经完全消失，甚至物质意义上的系统本身也已经不存在，然而技术系统所要求的有用功能却都能够自动实现。因此，IFR 经常是一种可望而不可即的抽象状态。然而，在解决发明问题时，事先确定问题的 IFR，却可以打破思维惯性和心理惰性，迅速排除大量平庸和无效的解决方案，引导人们沿着问题的正确解决方向进行创造性的思考和探索。

4.2.1　IFR 及其相关概念

常规工程思维的特征是如果需要实现某项功能或去除某项有害作用，就必须开发某一套技术系统或技术过程，其约束条件仅仅只是尽可能降低系统开发成本。TRIZ 则认为，对于创造性思维而言，实现有用功能或去除某项有害作用的最完美、最富创造性的途径，却是无须开发技术系统，相应的任务却奇迹般地自动完成了，这就是所谓的 IFR。

从进化的角度看，IFR 是技术系统不断提升理想度的极限状态；从发明的角度看，IFR 对于迅速获得创造性问题的高水平解决方案起着明确的导向作用。依靠传统的诸如试误法等思维方式，循规蹈矩地寻找创造性问题的解决方案就像“大海捞针”；而若反其道而行之，事先确定问题的 IFR，再分析其实际解决方式，那么就犹如拟人化的“大头针从海底自动寻找出路”一样简便。

在 TRIZ 中，除 IFR 本身之外，还有一些与 IFR 紧密相关的基础性概念（Savransky，2000）。

（1）理想机器。不存在物质形式或不占据任何空间，但是却能完成需要的工作的“机器”。

（2）理想方法。不需要耗费任何能量和时间，但是却能以一种自我组织方式得到所需结果的“方法”。

（3）理想过程。仅仅存在过程的结果而不存在过程本身，即瞬间得到结果的过程。

（4）理想物质。不存在实际的物质，但物质功能却可以实现。

（5）理想技术。不占据任何空间，没有任何质量，不需要任何人力或维修，并可以无害地实现所需功能的技术。而且这一技术是“自动实现”的，它不需要任何额外的能量、机制或者原材料。

IFR 及其相关概念均是一种抽象状态，在现实生活中很难完全实现。不过在少数情况下，确实可以得到类似 IFR 的解决方案。例如，通过功能裁剪和资源应用的方式，将现有技术系统中某个部件的所有功能，重新配置给其他部件或者超系统，以致完全取消第一个部件。如若这一裁剪工作不会带来新的成本或者有害作用，那么从 IFR 的角度考虑，即可视为一种实现原有功能的“理想技术”。当然，绝大多数创造性问题的实际解决过程，都是通过不断的改进之后，尽可能地收敛至 IFR 而非真正达成 IFR，其基本过程如图 4-3 所示。

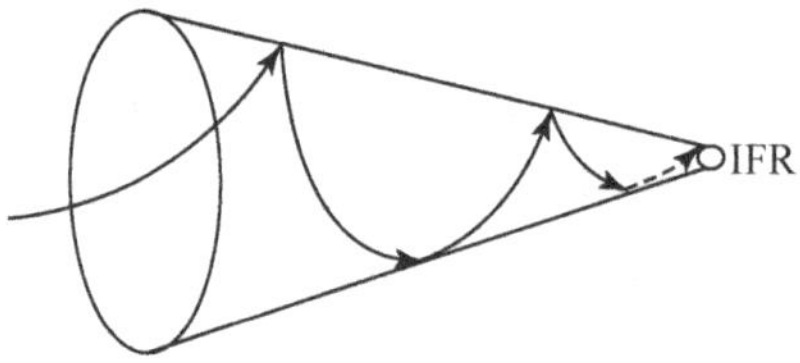

图 4-3　IFR 与创造性问题解决过程

4.2.2　IFR 的具体特征

对于任意技术系统而言，其 IFR 状态都要求不添加任何额外的东西（包括物质、能量、时间等），即可实现所必需的功能。著名 TRIZ 专家 Savransky 等人认为，理想技术系统包含如下具体特征（Savransky，2000）。

（1）不论处于何时或者何地，理想技术系统的主要功能和次要功能，都仅仅在所必需的时间和所必需的地方出现。

案例 4.8　直接给植物施肥（贝尔多诺索夫 · 维克多等，2008）

我们习惯将化肥施入土壤，但要知道，化肥只用于植物的生长。如果直接给植物施肥呢？于是产生了这样的发明，从而节省了无数吨宝贵的化肥：提议在播种前将种子和化肥一起制成颗粒，播种后，土壤里的化肥只存在于需要它们的作物周围。

（2）理想技术系统仅仅完成所必需的功能，即主要功能和次要有用功能。

（3）理想技术系统仅仅由必需的部分组成，这些部分都必须是完成主要功能和次要有用功能时不可或缺的。

（4）理想技术系统不会产生任何有害作用和中性功能，即完成有用功能的子系统必须具备毫无代价地防止有害作用和中性功能产生的能力，也不需要任何支撑功能和辅助功能。理想技术系统不会浪费时间（系统可在瞬间完成主要功能和次要有用功能）、物资、能源等；在一般技术系统中必须增加支撑和辅助部件才可完成的功能，对于理想技术系统而言却是由系统部件本身完成的。

当然，上述理想技术系统的具体特征要求是非常苛刻的，在现实生活中很难实现。不过，一些技术系统在某些方面确实呈现了理想技术系统的部分特征。以去除树皮这一工作为例，以前削树皮是繁重的体力劳动，既耗时间又费体力，而现在将圆木放入真空室，导致木材细胞中的水汽蒸腾，木头自己就会瞬间脱皮。从系统工作时间的角度看，这就基本接近了去除树皮的理想技术系统。又如，为了能够轻易地发现配件表面上的细微裂缝，一般情况下，人们往往会考虑设计或引入一套精密的观察和检测仪器进行搜索和识别。理想技术系统却不需要任何观察和检测仪器，但是如若存在裂缝，则裂缝本身会明确地显示相关信息。这一理想技术系统可通过给配件涂上一层发光油漆的方法基本实现。因为擦净配件后油漆只会留在裂缝中，带油漆的裂缝在黑暗中会发亮，因而很容易被发现，这样裂缝本身就完成了检测的主要功能。

在解决发明问题时，事先构造这些苛刻的 IFR，对于破除人们的心理惰性、提高问题解决方案的创造性程度，都具有显著的导向作用。凡是与 IFR 的方向背道而驰的解决方案，几乎都是可以迅速抛弃的一般方案，人们仅仅需要考虑那些符合 IFR 发展方向的方案。由于 IFR 是在几乎不考虑现有约束条件的一种抽象状态，又是一个试图毫无代价地完成技术系统主要功能和次要功能的终极目标，因此在确定 IFR 时不应拘泥于其现实性，既不应猜测能否真正实现 IFR，也不应提前考虑用何种方式获得 IFR，否则人们又会重新陷入心理惰性的泥潭。

4.2.3 IFR 的综合应用方法

为构建 IFR，并应用 IFR 指导人们解决创造性问题，可以按照以下步骤进行设问（Apte, et al., 2008）：①解决创造性问题的最终目的是什么？②问题的 IFR 是什么？③何种障碍导致无法实现 IFR？④这些障碍以何种方式妨碍 IFR 的实现？⑤这些障碍如何才能消失？这些障碍在什么条件下消失呢？

其中，第一个问题与第二个问题分别涉及发明问题初始条件的分析和相应 IFR 的初步构建，在这一过程中抽象掉了有关发明问题的诸多现实约束条件；后三个问题则是在确定 IFR 之后，对于如何实现 IFR 进行进一步分析，采用根原因分析（root cause analysis，RCA）等方法，研究理想解实现障碍产生的根本原因。

对于一部分发明问题而言，完成上述步骤即可得到一个接近 IFR 的高水平解决方案，但对于大多数发明问题而言，还需在根原因分析的基础上运用 TRIZ 的其他问题解决工具，如矛盾矩阵、发明原理、物理矛盾、分离原理、物 - 场分析法和 76 个标准解法等，最终获取问题的实际解决方案。从另一个角度来说，在一个完整的发明问题解决过程中，TRIZ 的问题解决工具也并不是直接针对初始问题的，而是在明确构建了问题的 IFR 之后才可应用，以便摆脱心理惰性，产生高水平的解决方案。

案例 4.9　如何提高破冰船的工作效率

在北极圈附近的水上运输作业中，由于水面上常常形成厚厚的冰层，因此需要使用破冰船对冰层予以破除方可疏通航道。一般破冰船的工作原理是：破冰船首先接近需要打破的冰块，然后骑上冰块使船体前部对冰块产生压力，并将自身重心在船体前部和后部之间进行反复调整，从而将冰块“敲碎”。为提高破冰船破冰的速度和效率，人们不得不在破冰船上加载大功率的发动机和其他沉重的辅助装置，然而船上众多的装置设备不但使破冰船几乎无法装载其他货物，也会反过来影响破冰船本身的工作效率。如何才能提高破冰船的工作效率呢？请注意，应用飞机或者潜艇等现有技术系统是无法满足原问题要求的。

下面我们根据上述步骤，对这一问题的 IFR 进行分析。

第一步：解决这一问题的最终目的是什么？

显然，当前问题涉及的最终目的是让破冰船在冰块中快速前进。若去除破冰船、冰块等术语，则可以采用通用的语言将问题的最终目的转化为让一个物体（破冰船）在另一个物体（冰块）中快速地移动。

第二步：问题的 IFR 是什么？

第一步的分析表明，解决这一问题的最终目的是让物体（破冰船）快速地移动，至于初始问题中，破冰船的发动机和其他装置完成的破除冰块工作，都是支撑性和辅助性功能，在理想的技术系统中，支撑性和辅助性功能及其相关部件都不是必需的。因此，问题的 IFR 是：物体（破冰船）自身在另一物体（冰块）中快速移动，根本不需要破除另一物体。

人们通常认为，破冰船需要破碎冰块打开一条航道才能顺利向前航行，但是 IFR 却打破了这一惯性思维，声称需要在不破碎冰块的条件下让破冰船在冰块中快速航行。这一思想表面上看起来光怪陆离，然而却极富创造性和启发性，它使人们迅速摒弃“破碎冰块打通航道”的陈旧思路，并明确指出问题的创造性解决方案的所在方向。

第三步：何种障碍导致无法实现 IFR？

导致无法实现 IFR 的障碍是：物体（破冰船）在移动的过程中会受到另一物体（冰块）的强烈冲撞和阻碍。

第四步：这些障碍以何种方式妨碍 IFR 的实现？

物体（破冰船）与另一物体（冰块）接触的部位会受到冰块的冲撞，而且物体（破冰船）向前移动的动量越大、接触的部位越宽，由于反作用的缘故，这种阻碍作用就会越强，甚至导致破冰船受损。

第五步：这些障碍如何才能消失？这些障碍在什么条件下消失呢？

若要消除这些障碍，保证物体（破冰船）在另一物体（冰块）中快速移动，则必须在维持原有动力水平的前提下，尽可能地缩小二者的接触面积，直至二者的接触面积为零。不过值得注意的是，根据问题的基本要求，物体（破冰船）不能完全在另一物体（冰块）的表面移动，或者离开物体的表面移动。

在上述 IFR 中，要求物体在另一物体内产生移动，而不在二者间产生任何接触，是一种抽象的理想状态。但是我们可以得到一个接近 IFR 的解决方案：将二者的接触面积尽可能缩小，直至达到“线接触”的水平。于是，便出现了全新的破冰船设计方案：将破冰船分为上、下船舱两个部分，上下舱之间用锋利的钢条垂直连接；在破冰船行进的过程中，与冰块相接触的仅仅是钢条而不是整个船体，如此一来便可大大减少破冰船行进阻力和相应的发动机功率；而在上下船舱内，由发动机等装置设备节省下来的巨大空间，则可以装载大量的货物。

4.3 理论的新发展

理想度和 IFR 是 TRIZ 中的核心概念之一，因而一直受到许多 TRIZ 专家和创新实务工作者的重视。然而现有的理想度和 IFR 概念，特别是前者的某些问题仍然有待于进一步研究。为此，一些 TRIZ 专家对其进行了深入探讨。

尽管部分 TRIZ 专家认为，理想度界定公式只是一个定义形式而非定量的计算公式，根本无法也无需具备进行精确计算的性质。然而，如果理想度界定公式仅仅停留在定性表达的层次上，那么它就无法为人们解决创造性问题和改进技术系统提供正确的建议，其应用价值就会大打折扣。作为定量的计算和评比公式，现有的理想度界定公式又存在分子分母量纲不统一、理想度的提高容易与分子分母同步变化的折中形式相混淆等明显问题。

为解决现有理想度界定公式中分子分母单位与维度不尽相同的量纲问题，俄罗斯 TRIZ 大师 Salamatov（2002）以物质消耗（W）、时间（T）、长度（L）三个自然界的基本量值（fundamental magnitudes），对公式中分子、分母涉及的有关变量单位进行了统一，并运用布金汉定理（Buckingham's theorem）建立了消除量纲与维度差异的具体规则，从而使得理想度界定公式在理论上可以进行计算。此外，Salamatov 还提出了基本量值与被控量值（controlled magnitudes）的区别，并指出通过将一般被控量值归纳和转化为自然界基本量值的方法，即可消除现有理想度界定公式中的量纲不统一问题。

以色列 TRIZ 专家 Petrov 和 Seredinski（2005）则采取了一种更加务实的改进方式，他将现有无权重的理想度界定公式进一步修正为，分子分母的某些项目具有不同重要程度的权重式理想度计算公式，人们可以结合自己所面临技术创新问题的主要特征，界定技术系统的理想度。这一方法充分考虑了各类发明问题的具体情境，因而大大提高了理想度计算公式的针对性和适应性。他还结合式（4.2）和 TRIZ 技术系统进化理论，讨论了提高理想度的具体方式，并以简单案例讨论了分子分母同向变化时理想化水平的变化状况。然而，他并未对其背后的机理给出具体的解释，这是 TRIZ 界有待于进一步研究的问题。

本章小结

理想度和 IFR 是 TRIZ 的四大理论支柱之组成，它们在 TRIZ 中具有举足轻重的地位。简言之，理想度就是技术系统有用功能与成本及有害作用的比值，而 IFR 就是在毫无成本及有害作用的情况下，奇迹般地实现技术系统的有用功能。它们大多是一种抽象的可望而不可即的目标状态，但可以为发明问题的解决提供明确的工作方向。技术系统朝着理想度提升的方向前进是最根本的技术进化定律。在发明问题的解决过程中，必须时刻考虑技术系统理想度的变化状况，并主动构建和运用问题的 IFR，摆脱心理惰性的影响，迅速排除大量低水平的无效解决方案。在此基础上再综合运用 TRIZ 的其他问题解决工具，最终获得高水平的问题解决方案。

思考题

1. 什么是理想度？什么是 IFR？二者之间存在何种关系？

2. 提升理想度的基本方式有哪三种？请分别在您所熟悉的技术领域内各举一例，说明其理想度提升方式。

3. IFR 的具体特征是什么？构建和运用 IFR 应遵循什么原则？请分别举例说

明什么是理想机器、理想技术、理想过程、理想方法和理想物质。

4. 请针对您所熟悉领域的特定技术或者管理问题，尝试运用 IFR 和 TRIZ 其他问题解决工具分析和解决其中的某个问题，并提出较为详细的概念性解决方案。

参考文献

阿利赫舒列尔 G S. 1990. 创造是一门精密的科学. 吴光威，刘树兰译. 北京：北京航空航天大学出版社：152.

贝尔多诺索夫·维克多，多洛托夫·鲍利思，巴赫马托夫·巴维尔. 2008. 发明问题解决理论（TRIZ）培训教材之二. 黑龙江省科学技术厅，黑河市科学技术与信息产业局译. 内部资料版：17-18，14-15.

根里奇·阿奇舒勒. 2004. 哇……发明家诞生了. 范怡红，黄玉霖译. 成都：西南交通大学出版社：116，209，117-120.

吕桂志，任工昌. 2009. 基于功能分析 TRIZ 中理想解的建模. 机械设计与制造，(4)：41-43.

尤里·萨拉马托夫. 2006. 怎样成为发明家——50 小时学创造. 王子羲等译. 北京：北京理工大学出版社：202.

Apte P R，Shah H，Mann D. 2001. 5W's and an H of TRIZ innovation. TRIZ Journal. http：//www. triz-journal. com/archives/2001/09/d/index. htm [2008-08-25].

Mann D L. 2001. An introduction to TRIZ：the theory of inventive problem solving. Creativity & Innovation Management，10 (2)：123-125.

Petrov V，Seredinski A. 2005. Progress and Ideality. TRIZCON2005：The 7th Altshuller Institute TRIZ Conference. Graz，Austria.

Rantanen K，Domb E. 2002. Simplified TRIZ：New Problem-Solving Applications for Engineers and Manufacturing Professionals. Boca Raton，Florida：St. Lucie Press：42，123-124，141，151，167，191-193.

Salamatov Y. 2002. Method of definition of ideality of technical system. ETRIA World Conference：TRIZ Future 2002. ENSAIS，Strasbourg，France.

Savransky S D. 2000. Engineering of Creativity—Introduction to TRIZ Methodology of Inventive Problem Solving. Boca Raton，Florida：CRC Press LLC：47，71-72，98-101.

Sheu D. 2007. Body of knowledge for classical TRIZ. TRIZ Journal. http：//www. triz-journal. com/archives/2007/10/02/ [2008-08-25].

Slocum M S，Lundberg C，Walter K. 2003. Reangularity，semangularity，and ideality. TRIZ Journal. http：//www. triz-journal. com/archives/2003/06/a/01. pdf [2008-08-25].

Yang K，Zhang H. 2009. Two patterns of evolution for technological systems. TRIZ Journal. http：//www. triz－journal. com/archives/2009/12/02/ [2010-03-25].

5 发 明 原 理

发明原理是 TRIZ 的重要组成部分，是苏联工程师阿奇舒勒在对大量的专利进行研究、分析、总结的基础上提炼出来的。阿奇舒勒认为，发明问题的原理一定是客观存在的，掌握这些客观的原理，不仅可以提高发明的效率，而且可以使得发明具有可预见性，从而更好地指导创造发明活动。

5.1 发明原理概述

阿奇舒勒的 TRIZ 共有 40 个发明原理。如表 5-1 所示。

表 5-1 40 个发明原理

序号	原理	序号	原理	序号	原理	序号	原理
1	分割原理	11	预先应急措施原理	21	紧急行动（减少有害作用的时间）	31	多孔材料原理
2	抽取原理	12	等势原理	22	变害为利原理	32	改变颜色（拟态）原理
3	局部质量原理	13	逆向思维原理	23	反馈原理	33	同质性原理
4	非对称性原理	14	曲面化原理	24	中介物原理	34	抛弃或再生原理
5	合并原理	15	动态化原理	25	自服务原理	35	物理或化学参数改变原理
6	普遍性原理	16	不足或超额行动原理	26	复制原理	36	相变原理
7	嵌套原理	17	一维变多维原理	27	一次性用品（廉价替代品）原理	37	热膨胀原理
8	配重原理	18	机械振动原理	28	机械系统代替原理	38	加速氧化原理
9	预先反作用原理	19	周期性作用原理	29	气动与液压结构原理	39	惰性环境原理
10	预先作用原理	20	有效作用的连续性原理	30	柔性壳体或薄膜原理	40	复合材料

5.2 发明原理的主要内容

发明原理也被称为创新原理，详细梳理其内容，可以将其分为四类：提高系统效率、消除有害作用、易于操作和控制与提高系统协调性。分类如表 5-2 所示。

表 5-2 发明原理分类表

类别	提高系统效率	消除有害作用	易于操作和控制	提高系统协调性
原理序号	10、14、15、17、18、19、20、28、29、35、36、37、40	2、9、11、21、22、32、33、34、38、39	12、13、16、23、24、25、26、27	1、3、4、5、6、7、8、30、31

5.2.1 提高系统效率的原理的主要内容

TRIZ 主要思想体现在三个方面："首先，无论是一个简单产品还是复杂的技术系统，其核心技术的发展都是遵循着客观的规律发展演变的，即具有客观的进化规律和模式；其次，各种技术难题和矛盾的不断解决是推动这种进化过程的动力；第三，技术系统发展的理想状态是用最少的资源实现最大效益的功能。"（技术创新网，2008-12-03）从中可以看出，TRIZ 是通过解决处在系统中的微观矛盾，进而推动整个技术系统的进步与升级，实现资源优化配置，提高整个系统的效率。

提高系统效率原理的作用可以从三个发明原理来体现，分别是预先作用、空间维数变化、动态性。

5.2.1.1 预先作用原理

预先作用原理体现在两个方面：①事先完成部分或全部的动作或功能。②在方便的位置预先安置物体，使其在第一时间发挥作用，避免时间的浪费。

案例 5.1 TRIZ 故事 10——请你做侦探（杨清亮，2006）

一家粮油公司购买的食用油，用油罐车来运送，每罐可装 3000 升。但老板发现每次卸出的油都短缺 30 升，经过核准流量仪，检查封条和所有可能漏油部位后，没有找到短缺的原因。

没有办法，请来了侦探调查这个问题，老侦探进行了暗地跟踪，发现油罐车在运送途中没有停过车，但依然短缺了 30 升，连老板也百思不得其解。

…………

突然，TRIZ 先生出现了。

“我们只要思考一下，”他说，“就知道是司机偷了油。”

接着，他解释了这个基于预先作用原理的问题答案。

原来是司机事先在油罐内挂了一个桶，当油罐中注满食用油时，桶中也就盛满了食用油。但是卸油后，桶中的油却保存了下来。司机随后伺机取出了这一桶油。

司机真是聪明啊！

案例 5.2 高浓度、难降解有机污水超声裂解技术（芮延年等，2006）

多年来，课题组一直在探索经济高效地处理高浓度、难降解有机污水问题。受 TRIZ 启发，利用原理 18“机械振动”，即超声振动，提出高浓度、难降解有机污水处理超声裂解课题。由生物学可知：适当强度的超声波可以对 DNA 等生物大分子进行剪切（裂解），大量的试验证明生物大分子破裂的主要原因是由超声空化引起的。同样，我们也可以利用超声空化方法对污水中一些难降解的分子进行超声裂解。实验表明，空化首先从液体中强度薄弱的地方开始发生，由于热度的不均匀或其他原因，溶解在液体中的微气泡，在声波负压的作用下产生振动，当声压达到一定值时，气泡将迅速膨胀变大而产生空化，其冲击水波能在其周围产生上千个大气压力，这个压力不但可以对水中某些物质产生裂解作用，同时也会对水中其他微气泡进行轰击，使它周围的微气泡破裂，即在超声波不断作用下，污水中的微气泡会发生类似核反应中的“链式反应”。虽然，可以通过超声空化方法对污水进行裂解，但是，通常污水中存在的微小气泡数量是有限的。因此，要想提高超声空化效果，增加污水中微小气泡数量是其关键技术之一。受 TRIZ 启发，利用原理 10“预先作用”，通过加压溶气方法对污水进行溶气，以此来提高超声裂解效果。理论和实验研究都证实，采用本理论方法后，需要消耗能量大幅度降低，对高浓度、难降解有机污水的处理效果较传统方法经济安全得多。高浓度、难降解有机污水超声裂解工作原理如图 5-1 所示。

5.2.1.2 空间维数变化原理

空间维数变化原理也被称为一维变多维原理，体现在四个方面：①将物体从一维变到二维或三维空间；②用多层结构代替单层结构；③使物体倾斜或侧向放置；④使用给定表面的“另一面”。

案例 5.3 TRIZ 故事 17——会变身的自行车（杨清亮，2006）

对很多人来说，学骑自行车可能是件令人烦恼的事，经常会摔倒，尤其是儿童学骑自行车时可能会产生危险。

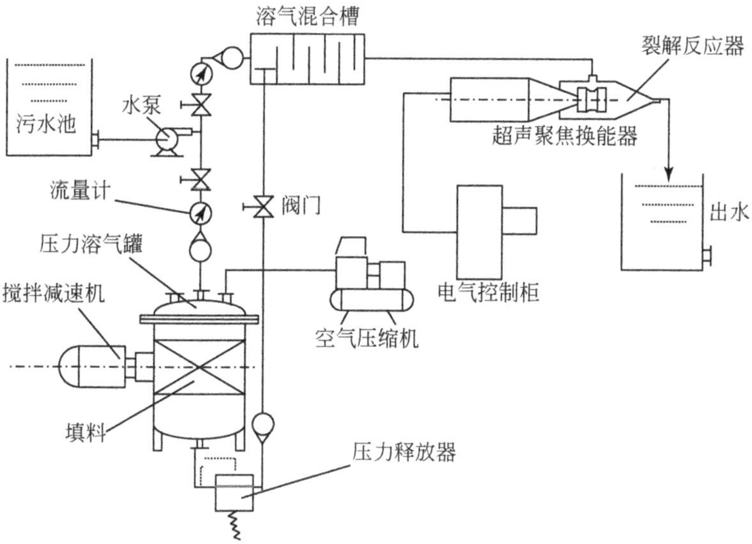

图 5-1 高浓度、难降解有机污水处理超声裂解工作原理图

现在，人们将不再有这种顾虑了。美国普渡大学的工业设计师发明了一种“变身三轮车”，当骑车者加速时，它的两个后轮会靠得越来越近，而减速或停车时，两个后轮又会分开，骑车者根本不用担心车子会侧翻。

案例 5.4 如何在不增加储能电容器尺寸的同时，提高其电容（TRIZ 技术创新方法网，2008-07-24）

应用背景：在动态存储器（dynamic random access memory，DRAM）设备中，信息是储存在 MOS（metal-oxide-semiconductor）集成电路板的半导体电容器里的。

问题描述：目前随着设备尺寸的不断减小，电容器容量受到了限制。需要寻找一种方法，能在缩小电容器尺寸的同时，提高其电容量。

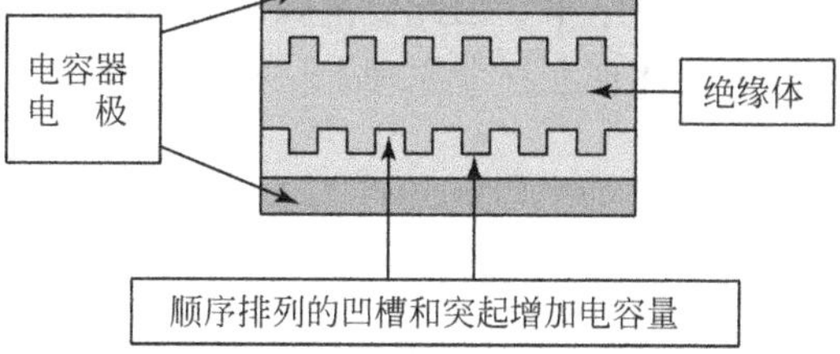

图 5-2 电容器内部结构示意图

解决方法：原理 17“一维变多维”是矛盾矩阵推荐的方案之一。如图 5-2，可以在电容器的两个电极间按一定的间隔排列一些比电容器尺寸小得多的凹槽和

突起。这就大大增加了电极的表面积，所以电容量会大大增加，而且不会多占用半导体上的空间。

5.2.1.3 动态化原理

动态化原理体现在三个方面：①使物体或其环境自动调节，以使其在每个动作阶段的性能达到最佳；②把物体分成几个部分，各部分之间可相对改变位置；③将不动的物体改变为可动的，或具有自适应性。

案例5.5 TRIZ故事15——神奇的不倒翁（杨清亮，2006）

玩具公司的总裁召集工程师们开会。

总裁问道："我们能不能在不倒翁的基础上发明一种新的玩具？"

大家说不倒翁很早就被发明出来了，还能挖掘出什么新意呢？

"这种玩具太简单了，"一位年轻的工程师叫道，"没什么可增加或减少的。"

总裁说："新专利645661号颁发给了发明家柴兹塞夫的一款新型不倒翁。"

工程师们围过来看这个新玩具，发现它与传统的不倒翁不同的是内部安装了滑槽，重物可以沿着滑槽滑动，所以，这个新的不倒翁可以倒立和平躺。

"哦，这是动态性原理，"总工程师评论道，"重物原来是固定的，现在可移动了。"

"让我们依据动态性原理，发明一个更动态的不倒翁吧！"总裁说。

于是，一个基于动态化原理的新方案产生了。

将重物分成两部分，而且都可以滑动，这样，重心会不断移动和变化，不倒翁的晃动频率会不断地变化，显得更有趣。

5.2.2 消除有害作用的原理的主要内容

在创新或发明过程中会产生技术冲突，亦即一个作用力或者说是一个系统的变化，会导致有利和有害两种结果。因此要消除有害的结果，也是消除有害的作用，而消除有害的作用主要体现在三个原理上：抽取、变害为利、减少有害作用时间。

5.2.2.1 抽取原理

抽取原理体现在两个方面：①将物体中"负面"的部分或特性抽取出来；②只从物体中抽取必要的部分或特性。

案例5.6 TRIZ故事2——三个火枪手（杨清亮，2006）

大仲马在小说《三个火枪手》中，描述了普托斯是如何在裁缝店定制新装的。

普托斯不允许裁缝接触他的身体，裁缝无法量体，僵持之中，剧作家莫里哀来到了裁缝店。

莫里哀将普托斯带到镜子前，然后让裁缝对着镜子里的普托斯进行测量，一个两难的问题得到了解决。

这里，莫里哀使用的就是抽取原理，有效地化解了普托斯和裁缝之间的矛盾。

案例 5.7 消除小游艇发动机的噪音和振动（中国萃智网，2008-12-21）

一般小游艇的照明和其他用电是艇上发动机带动发电机供给的。为了停泊时能继续供电，要安装一个由内燃机传动的辅助发电机。发动机必然造成噪声和振动。建议将发动机和发电机分置于距游艇不远的两个容器里，用电缆连接。

5.2.2.2 变害为利原理

变害为利原理体现在三个方面：①利用有害的因素（特别是对环境的有害影响）来取得积极效果；②用另一个有害作用来中和，以消除物体所存在的有害作用；③加大有害因素的程度。

案例 5.8 TRIZ 故事 22——渥伦哥尔船长的遭遇（杨清亮，2006）

渥伦哥尔船长要从加拿大乘雪橇前往阿拉斯加，一个叫“倒霉蛋”的团伙给他买了一只“鹿”和一条“狗”，但他实际收到的不是鹿和狗，所谓的“鹿”实际是牛，“狗”实际是狼。

渥伦哥尔船长并没有被难住，他巧妙地利用牛和狼之间的有害作用，顺利完成了旅行任务。

渥伦哥尔船长将牛和狼一前一后套在雪橇上，受惊吓的牛拼命地拉着雪橇向前奔，狼想扑牛也拼命地拉着雪橇向前跑。

案例 5.9 恢复冻结材料的颗粒状（中国萃智网，2008-12-20）

恢复冻结材料的颗粒状的方法，其特征是，为加速恢复材料的颗粒和降低劳动强度，使冻结的材料经受超低温作用（苏联发明证书 N ~ 409938）。

5.2.2.3 减少有害作用时间原理

减少有害作用时间原理也被称为紧急行动原理，指快速地执行一个危险或有害的作业。

案例 5.10 TRIZ 故事 21——“磁速”网球拍（杨清亮，2006）

菲舍尔公司推出的“磁速”网球拍不但不会限制你的正手击球，反而能击中最有效的击球点，你将会体验到其中的不同。在正常击球时，球拍的结构在恢复前会稍微变形。然而，一旦拥有“磁速”网球拍，安装在拍头两侧的两个单极磁铁有助于加快球拍恢复的速度，这样，球就有了更大的力量可以弹回到球网的方向。德国网球选手格罗恩菲尔德和其他著名选手都使用这种球拍进行比赛。

磁铁就是在瞬间完成了球拍恢复原位的紧急行动。

案例5.11　烘烤法加工木材（中国萃智网，2008-12-20）

产胶合板时用烘烤法加工木材，其特征是，为保持木材的本性，在生产胶合板的过程中直接用300～600℃的燃气火焰短时作用于烘烤木材（苏联发明证书338371）。

5.2.3　易于操作和控制的原理的主要内容

TRIZ的优势就是便于学习者易于操作和控制，易于操作和控制的原理主要包括自服务原理、复制原理。

5.2.3.1　自服务原理

自服务原理体现在两个方面：①使物体具有自补充和自恢复功能以完成自服务；②利用废弃的资源、能量或物资。

案例5.12　TRIZ故事25——钢珠输送管道的难题（杨清亮，2006）

在一个输送钢珠的管道中，拐弯部位在工作一两个小时后就会坏掉。根本的原因是钢珠在高速气体的驱动下，对弯曲部位的管壁进行着连续撞击，很快就会撞出一个洞来。

管道损坏后必须停止输送来进行维修，这就影响了生产效率。

“看来还需要一条管道，”工程师说，“当需要维修时，启动另一条管道来输送钢珠。”

“两条管道会增加成本，”经理说，“而且更替管道时仍然会影响生产效率。”

这似乎是一个难以解决的难题。

…………

突然，TRIZ先生出现了。

“总是修补管道不是个办法，”他说，“我有一个主意，可以保证管道永远工作而不必修补。”

于是，一个基于自服务原理的解决方案产生了。

在拐弯部位的管道外，放置一个磁铁，当钢珠到达磁场范围内时，会被磁铁吸附到管道内壁上，从而形成保护层。钢珠的冲击将作用在由钢珠形成的保护层上，并不断补充那些被冲掉的钢珠。这样，输送管道就被完全保护起来了。

案例 5.13 TRIZ 应用实例——汽车转向节的铸造问题（赵敏等，2009）

1. 应用背景

汽车转向节是连接汽车方向盘与前轮轮轴的部件，并与减震器相连。它主要有三种功能：①与前轮轴相连接，承担轴传来的力和力矩；②汽车转向的转动部件；③吸收汽车行进过程中的震荡。它是汽车中应力最为集中、最为复杂的零件，直接关系到汽车的安全性能，因此它的设计标准十分严格，制造过程和产品测试都要求符合规范。目前转向节是以球墨铸铁为主要原料铸造而成，并加入碳、硅等元素，微观上在铁原子之间形成碳或硅小颗粒以加强合金钢的延展性（韧性），宏观上提高零件的抗拉强度和疲劳强度。而且要求碳、硅元素的含量适当，过多会使合金变脆而导致强度下降。2001 年大众汽车（墨西哥）公司引进一套转向节铸造生产线，主要步骤是在感应电炉中在 1400℃ 高温下熔化铸铁，以镁作催化剂混合适量沙粒（硅）产生反应，形成熔液浇注入砂型中，冷却后打破砂型对铸件进行检测，进一步机械加工最终成品。生产线将型砂经传送带回收处理再循环利用，熔渣与不合格铸件同样用升降机回收作为原料再次放入电炉。生产初期，应用此生产线使生产效率得以大幅提高，但同时也产生了铸件废品率（主要为缩型）也大幅提高的问题。经研究发现是由熔液中沙粒含量超标（使熔液流动性差）造成的，导致生产成本升高，效率下降。

2. 有何经济效益和社会效益

应用 TRIZ 对问题进行分析和创新后，在对生产线稍加改造后，问题得以有效解决，产品不合格率由大于 10% 降到低于 3%，同时不增加任何额外投入，在生产成本不变的情况下，简化了生产线，缩短了生产周期。

3. 问题描述

使用生产线后，整个铸造过程的操作性提高了，但相应地也产生了铸件废品率增加了。研究发现，问题的产生是由于感应电炉中的熔液的沙粒含量超标，导致熔液流动性差。若提高熔液温度，可以使问题好转，但会给设备和人员带来危害。由此产生的技术矛盾是为提高熔液的适应性和由此带来的温度提高之间的矛盾。

4. 解决思路和关键步骤

1）分析沙质含量超标问题

（1）将具体生产中待解决问题的技术矛盾提取出来。由于问题的关键是熔液中沙质含量过高，熔液的流动性变差，浇铸时容易产生缩型，废件率升高。在这种情况下，若要使熔液的流动性合乎标准，就要再升高熔液的温度。但是，升高温度对设备和人员都会造成损伤，显然这对生产是很不利的。因此，想要提高的技术特性是熔液的适应性，而由此带来的问题是温度会升高。

(2) 将技术矛盾的两方面抽象为软件分析需要的技术特性。有利特性：35 适应性（adaptability），通用性；不利特性：17 温度（temperature）。

(3) 技术矛盾矩阵中得到相应的创新原理。对应第 35 行第 17 列得到四个创新原理：2、27、3、35。

(4) 根据提供的创新原理分析问题，找到解决方案。在解决本问题过程中，应用原理 3 “局部质量”（local quality）：①将均匀的物体结构、外部环境或作用改为不均匀的；②让物体的不同部分各具不同功能；③让物体的各部分处于各自动作的最佳状态。根据这个原理想到，如果能改变有害物（沙粒）的位置，不让过量的沙粒进入熔炉应该是最好的解决办法。研究发现，过量沙粒是由于回收熔渣和废件过程中，混入了大量的沙粒（来自打破的砂型），再利用时，这些附着在表面的沙粒熔入了铸液中。如果在熔渣、不合格铸件的回收过程中去除沙粒，不使其进入再次生产，就可以避开熔液的升高温度问题。实际该公司也是基于此方法解决问题的。

由此又引出另外的新问题：由于回收物夹带的沙粒分两类，黏附性和非粘附性，应分别考虑予以解决。

2) 分析非黏附性沙粒消除问题

分析生产线产生的问题可以发现，未使用此生产线时，对于废件，不直接回收放入电炉，没有沙粒含量超标的问题；使用生产线之后，废件随传送带回收，不经处理直接再利用，就出现了这样的问题。生产线的使用使生产过程的操作性提高了，但带来的问题是铸件不合格率也提高了。

(1) 提取技术矛盾。想要提高的技术特性是铸造的操作性，而随之带来的问题是回收物的量增大了。

(2) 技术矛盾的两方面抽象为软件分析需要的技术特性。有利特性：操作流程的方便性（ease of operation）。不利特性：运动物体的质量（weight of moving object）。

(3) 技术矛盾矩阵中得到相应的创新原理。由第 33 行第 1 列得到创新原理 25、2、13、15。

(4) 分析得到的创新原理，找到适用于本问题的解决方案。在解决本问题过程中，应用原理 25、13、15。原理 25 自服务：①让物体具有自补充、自恢复功能；②灵活运用废弃的材料、能量与物质。本原理启发人们考虑使用生产线本身产生的能量作为除沙装置的动力来源。在升降机上增加吸尘装置，使升降机具备除砂功能，同时将熔液散发的热能转化为电能，为升降机和洗尘装置提供能源。

5. 结论

通过以上分析，整个改进可以表述为在铸件分离时将其浸入适当浓度（不损伤铸件）的酸性溶液中，使所有黏附性沙粒脱落。然后回收物在一个升降机输送过程中利用双层筛形装置通过翻转使沙粒落入装置两层之间，分别处理原料和沙粒。为防止经过这一过程后仍不能完全去除所有沙粒，实际应用中又在装料斗上装置了筛沙层，确保了改进效果。

5.2.3.2 复制原理

复制原理体现在三个方面：①使用更简单、更便宜的复制品代替难以获得的、昂贵的、复杂的、易碎的物体。②用光学复制品或图形来代替实物，可以按比例放大或缩小图形。③如果可视的光学复制品已经被采用，进一步扩展到红外线或紫外线复制品。

案例 5.14 TRIZ 故事 26——火车将在 5 分钟内开动（杨清亮，2006）

货运列车上装满了大圆木，检查员们都正满头大汗地测量每根圆木的直径，以准确计算出圆木体积。

“看来得让火车推迟开出，”经理说，“今天我们无论如何都是测量不完的。”

“但是，火车必须在 5 分钟内开出，”站长说，“下一列火车正在等待着进站。”

如何解决这个问题？大家给出了很多建议，主要的有以下几个方法。

让更多的人来进行测量，三五百人总可以了吧！

通过测量其中一根圆木的直径，数出圆木总数，相乘后估算总的体积。

锯下每根圆木的一片，稍后进行测量。

以上所有的解决办法，都会带来另外的其他一些问题。

这个问题似乎难以解决。

…………

突然，TRIZ 先生出现了。

“这个问题应该这样解决。”他说。

于是，一个基于复制原理的解决方案产生了。

对火车上的圆木进行拍照，然后依据照片进行详细的分析测量。当然，照片需要一个精确的参照比例尺。

5.2.4 提高系统协调性的原理的主要内容

TRIZ 强调提高各个子系统的协调性，从而提高整个系统的效率。提高系统协调性的原理主要包括分割原理、局部质量原理、嵌套原理、柔性壳体原理和薄膜原理。

5.2.4.1 分割原理

分割原理体现在三个方面：

(1) 将物体分割为独立部分。

(2) 使物体成为可组合的（易于拆卸和组装)。

(3) 增加物体被分割的程度。

案例5.15 TRIZ故事1——通红的玻璃板（杨清亮，2006）

在玻璃批量生产线上，对玻璃先进行加热然后再进行加工，加工完成后的玻璃仍处于通红状态，需要将其输送到指定位置直至冷却下来。

现在的问题是，因为玻璃还处于高温，呈现柔软的状态，在滚轴传输线的输送过程中会因为重力下垂而造成变形，导致玻璃表面凹凸不平，后续需要大量的打磨工作来进行修正。

年轻的工程师提出将传输线上的滚轴直径做到尽量小，以减少玻璃悬空的面积，提高玻璃的平度。

“我们可以使滚轴直径像火柴棍一样细，”年轻的工程师说，“组成一个传输线。”

“那么，每米长度内将有大约500个滚轴，安装时需要像做珠宝首饰一样细致，”老工程师说，“想一想这个传输线的造价。”

“我认为我们不能再考虑滚轴传输线，”一位工程师说，“最好用新的方法来替代它。”

“有什么好办法呢?”年轻的工程师说道。

…………

突然，TRIZ先生出现了。

“让我们来研究一下这个问题，”他说，“从方法上来选择。”

随后，一个基于分割原理的解决方案展示了出来：突破常规思维的限制，将滚轴直径无限缩小，小到头发丝、1/100毫米、1/1000毫米、1/10000毫米……一直分割下去，会是什么呢？物质呈现分子、原子状态。

解决方案是：用熔化的锡来代替滚轴。传输线是一个长长的、盛满熔化锡的槽子。由于锡的熔点低而沸点高，正适合通红的玻璃板的冷却温度区间，熔化锡在重力作用下，会呈现出一个绝对平面，可以很好地满足此工序的要求。

基于这个解决方案，又出现了很多的专利。比如，给锡通电可以与磁铁一起作用，来完成对玻璃的成型加工。

5.2.4.2 局部质量原理

局部质量原理体现在三个方面：①将物体或外部环境的同类结构转换成异类结构；②使物体的不同部分实现不同的功能；③使物体的每一部分处于最有利于其运行的条件下。

案例 5.16 TRIZ 故事 3——巨大的过滤器（杨清亮，2006）

一家工厂获得了一个大订单，产品是一个圆柱形过滤器，圆柱的直径 1 米，长度 2 米，轴向均匀分布很多直径为 0.5 毫米的密密麻麻的过滤通孔。

工程师们看到图纸后都惊呆了，每个过滤器要加工出成千上万个轴向小孔。

“我们该如何来加工这么多的小孔呢?”总工程师问大家，“用钻床来钻吗?”

“显然，钻这么长的小孔是不可能实现的，也许可以用高温铁针来扎出这些孔。”一位年轻的工程师毫无把握地说道。

所有的工程师都陷入了沉默。

这似乎是一个无法解决的难题。

…………

突然，TRIZ 先生出现了。

“我们既不需要钻床，也不需要铁针，这件事应该这样来考虑……”

随后，一个基于局部质量原理的解决方案展示了出来：将过滤器的功能进行分解，其主要构成元素是过滤孔和基体，有用功能的元素是过滤孔，即过滤孔是有用的局部质量。每个过滤孔不就是一条管子吗!

哦，答案找到了。拿一些细管，捆扎起来，就形成了过滤器。这种过滤器的组装制造和拆离都可以非常方便地完成。用细圆棒做原料，然后捆扎起来，而圆棒之间的空隙就形成了过滤孔，也可以实现过滤器的功能。

案例 5.17 人类舌头味觉接收功能（TRIZ 技术创新方法网，2008-05-20）

人类味觉接收器在舌头及软腭上（图 5-3）。接收器正好可以对 4 种刺激作出反应，它们是甜（如糖）、酸（酸生物质如柠檬汁）、苦（如浓咖啡或奎宁水中的奎宁）、咸（如精致食盐），使舌头功能的每个部位处于最适合其操作的条件；使舌头的每个部位满足不同但却有用的功能。

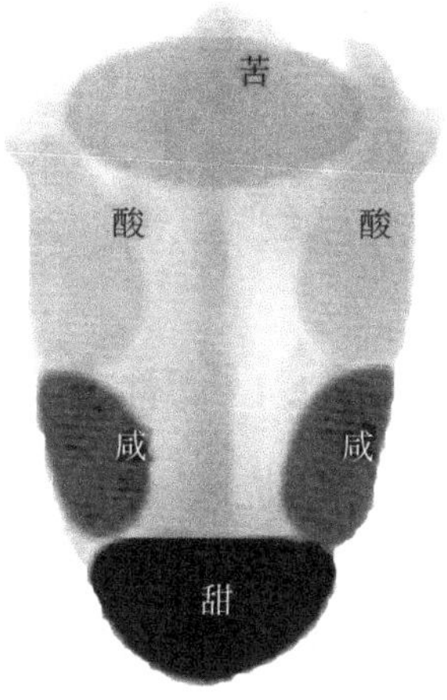

图 5-3 人类舌头上的味觉接收器分位图

5.2.4.3 嵌套原理

嵌套原理体现在两个方面：①将第1个物体嵌入第2个物体，然后将这两个物体一起嵌入第3个物体，以此类推。②让物体穿过另一物体的空腔。

案例5.18 TRIZ故事7——火星车（杨清亮，2006）

一个科幻故事描述了一次火星探险。宇宙飞船降落在一个石头山谷，宇航员乘坐一辆火星车开始火星之旅。这个特型火星车有巨大的轮胎，当行驶到陡坡时，很容易在石头的颠簸下翻车。怎么办？

这个问题刊登在一本杂志上，收到了大量的读者来信，提供解决办法：在火星车的下面悬挂重物，降低整车的重心，增加稳定性；将轮胎的气放出一半，轮胎下陷，增加稳定性；在火星车的两边分别多安装一只轮胎；让宇航员探出身体来保持车子的平衡……

上面的各种建议，确实能改善火星车的稳定性，但明显都会带来另一些问题，比如，降低了火星车的运动性能，降低了车速，让火星车变得更复杂，增加宇航员的危险性等。

由于以上正反两方面问题的存在，有一位读者干脆建议："什么办法都没有了，让宇航员走路吧！"

这个问题似乎是一个难以解决的问题。

…………

突然，TRIZ先生出现了。

"将重物放得非常低以接近火星的地面，以降低车子的重心，而且放在在火星车里面。"他说。

随后，一个基于嵌套原理的解决方案展示了出来：在火星车的轮胎里放置球形重物，这些重物可以滚动，总处在轮胎的最下面，以最低的重心来保持火星车的稳定。

5.2.4.4 柔性壳体或者薄膜

柔性外壳和薄膜原理体现在两个方面：①使用柔性外壳和薄膜代替传统结构；②用柔性外壳和薄膜把对象和外部环境隔开。

案例5.19 TRIZ故事30——雨天也能工作（杨清亮，2006）

在一个码头上，一艘轮船正在装货。突然，大雨不期而至，当吊车将货物送入舱口，舱门被打开时，雨水也进了货舱。

"这是什么鬼天气！"船上的一个搬运工说，"我快成落汤鸡了。"

“有什么办法呢?”另一位说,“货物要吊装下来,舱门不能关上,也不能盖顶棚来遮雨。”

这是一个难题。

…………

突然,TRIZ 先生出现了。

“这需要一个非常特别的顶棚,”他说,“可以阻止雨水进入货舱,又不妨碍货物的进入,这样来做……”

于是,一个基于柔性外壳和薄膜原理的解决方案产生了。

做两扇充气门,当货物进入时,可以将气袋推向两边而顺利进入。没有货物时,两气袋对合形成门扇,可以遮雨。

案例 5.20 TRIZ 创新方法——快捷信封(赵敏等,2009)

1. 应用背景

文具店出售信封的样式(图 5-4),不同大小和格式的信件或文档有与之相匹配的信封。大页面的文件可用比其稍大些的信封封装以便拆开。人们往往认为撕开胶粘的信封是很快捷方便的,但是,这种方法通常会把信封内的文件撕坏或使信封开口变粗糙。当然,如果借助某种辅助工具如剪刀且在剪开前抖动信封,就可既不损坏文件又获得好看的开口。但是,该方法给用户带来了不便。因此,设计一种能又快又可靠地拆开的信封很有必要。

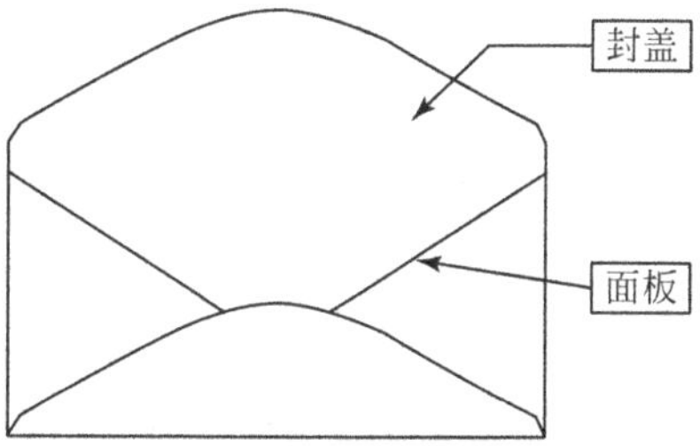

图 5-4 常用信封样式

2. 有何经济效益和社会效益

新的设计方案使拆信简单方便,为用户节约了时间,在不损坏文件的同时获得美观的信封开口。

3. 问题描述

怎样用最少的时间安全快捷地取出信封内的文件或资料。

4. 解决思路和关键步骤

本例可以使用 TRIZ 矛盾矩阵和原理来分析、解决问题。运用技术矛盾解决矩阵分析该问题可得到如下技术矛盾:

(1) 节约拆信时间与降低拆信的可靠性之间的矛盾,该矛盾中使系统提高的技术特性为时间浪费随之使系统恶化的技术特性为可靠性;

(2) 改善拆信的可靠性与恶化拆信方便性之间的矛盾,该矛盾中使系统增强的技术特性为可靠性,随之使系统削弱的技术特性为操作性;

(3) 减少信件信息丢失与增加折信时间之间的矛盾，该矛盾中使系统提高的技术特性为信息浪费，随之使系统恶化的技术特性为时间浪费。

针对技术矛盾 (1) 得到如下创新原理：10 预先作用；30 柔性壳体或薄膜；4 增加不对称性；

在上述三个原理中，重点考虑前两个原理。原理 10 建议：①预置必要的动作、功能；②预先在方便的位置安置相关设备，使其在需要的时候及时发挥作用而不浪费时间。原理 30 建议：①使用柔性壳体或薄膜替代传统的三维结构；②使用柔性壳体或薄膜，将物体与环境隔离。

5. 结论

根据原理 10 和原理 30 建议设计的信封，是通过封装前在封盖下放置拆封线或拆封条来实现的。该方案已申报美国专利。

5.3 发明原理在管理领域中的应用

经典 TRIZ 是从 250 万份专利中提炼出来的。250 万份专利集中在工程技术领域，主要是机械领域。所以这套方法的应用也在工程技术领域。阿奇舒勒认为，管理、社会领域的问题是非结构性和非重复性的，因此研究 TRIZ 在管理领域中的应用没有实际价值。当苏联解体后，随着 TRIZ 走向美国和世界，TRIZ 在技术领域解决发明问题取得成功后，TRIZ 大师们逐渐去探讨和研究 TRIZ 在非技术领域的应用情况。

TRIZ 在商业管理领域中的应用主要集中在参数的确定、40 个原理的解释、解决问题的流程以及案例应用分析。在参数确定方面，Amkit 等（2005）指出 TRIZ 的 39 个技术参数虽然是基于专利提出的，但是对于管理问题同样可以使用，具有对应性。Takemura（2002）在 *TRIZ introduction in airlines airport management division* 这篇文章中介绍了某航空公司在利用 TRIZ 的过程中，在 39 个技术参数中只选取 19 个技术参数作为事故预防问题的工程参数。Mann（2002）在分析几百个双赢公司的基础上，提出了 31 个工程参数，形成双赢企业环境下的冲突矩阵。

TRIZ 大师们认为阿奇舒勒的 40 个原理是为技术领域而设的，因此还没有很全面的信息，但是他和他的同事们获得的数据和努力对于商业管理领域是非常有用的。大师们开始根据原有的原理的思路用一系列的例子来解释原理，并使其变为商业管理领域中解决问题的原理，为人们解决商业管理问题提供思路和一般解。他们认为 40 个原理除了适用于建筑、计算机软件、电子等领域外，还适用于商业、金融、服务、质量管理、供应链管理、社会、教育、营销等领域。商业管理领域的40个原理同技术领域的40个原理有相似也有不同。

最先把TRIZ带入管理领域的人之一Darrell Mann先生于1999年在《带有例子的商业管理环境中的40个发明原理》这篇文章中，尝试用商业管理用语去解释40个发明原理。他认为40个发明原理在管理和技术领域的最大不同在于目前还没有一个商贸版本的矛盾矩阵帮助我们来筛选适合特定环境的原理；相似点在于TRIZ本身就是长期努力工作的结果，所以可以刺激商贸管理环境下的创新性思考。

试用原理1“分割”作一个说明（Mann，1999a）。

（1）把一个事件分成独立的个体集：把一个组织分成不同的产品中心；自治的利润中心；对大项目实施工作明细表结构；特权出口；根据顾客偏好，把顾客的购买按形象、价值和满意度进行分割；卡诺表——分刺激、性能、初始产品属性参数；根据人口统计学、社会统计学、心理统计学、生命周期等进行市场分割；把管理阶段分割成施肥、播种、成熟阶段；SWOT分析；复杂创新过程分八步。

（2）使一个事件容易分解：灵活的养老金；在短期项目上雇佣临时工；灵活制造系统；有标准组件的设备和办公室；集装出货。

（3）提高分裂或者分割的程度：质量循环；决策思考的分割；远距离学习；虚拟办公室，远距离工作；相关分割，如高性能的小汽车等。

1999年，Mann（1999b）对大规模定制提出了5种解决方法，并把这5种方法同40个原理相对应。Terninko（2001）在一个比较宽泛的非技术领域中提出40个发明原理的解释。试用原理1“分割”作一个说明。

（1）把一个事件分成独立的个体集：把教育学科分成小一个个小的单元；把一个复杂的任务分成一个个子任务；把一个大的项目分成一个个小项目分配给个体执行。

（2）使一个事件容易分解。把产品设计成容易拆卸的以满足德国的再循环计划。

（3）提高分裂或者分割的程度。

Retseptor（2003）在质量管理领域中对40个原理作具体解释。试用原理1“分割”作一个说明。

（1）把一个物体或者系统分成独立的个体集：质量系统元素集；定制市场－全面市场分割；自治的区域销售中心；四质量成本分类；持续改进的“5S”法；八部“8D”问题解决技巧。

（2）使一个客体或者系统容易分解：项目团队；协作的工程队；程序改进和问题解决队伍；材料评论板。

(3) 提高分裂或者分割的程度：战略目标分成一个个战术目标；质量目标和目标部署；大规模定制——一个顾客就是一个市场；科学管理——把工作分成简单的可重复的任务；项目里程碑；为项目分解细目结构（PERT/Gantt）；质量成本细目分类；原因和结果图表；密切联系图表——把一个复杂的事件变成容易理解的分类和模式；树结构表；对产品的设计方案进行故障模式影响及危害度分析和故障树分析；帕累托图；不同类人口分层取样。

在这篇文章发表后，2005 年，Retseptor（2005）又用他收集的市场、销售和广告领域的例子来诠释40 个发明原理。2007 年 Retseptor（2007）把40 个发明原理引入顾客满意领域，用顾客满意领域的例子和解释来诠释40 个原理。2008 年，Retseptor（2008）提出了新企业的生存之道，归纳了 5 条规则——优先权、研究与发展、顾客、竞争者、供应商，并把这 5 条规则同 40 个原理对应起来，每个规则中包括可以利用的若干条原理。Zhang 等（2003）用服务操作领域中的例子解释了 40 个发明原理，发现经典 TRIZ 的大多数原理适用于服务操纵领域，但是不是全部适用。比如，同质性原理在服务领域很少用到，这是因为由于无形性和顾客的参与性导致了服务的变动，一个顾客和另一个顾客有所不同。这篇文章只是对 40 个原理引入服务领域的一个尝试，并不是服务领域的一个专用性版本。专用性版本只有通过不同服务行业的不断实践和创新才能逐渐确定。试用原理 1 “分割” 作一个说明。

(1) 把一个物体或者系统分成独立的个体集。产品包可以分成几个组成部分，支撑设备、便利产品、内外服务。

(2) 使一个客体或者系统容易分解。根据顾客的需求，年龄和购买动机等把顾客分类。比如，联合汽车服务协会只做军官的汽车保险业务，批发商只做大批量投入、没有架子的那些人的生意。

(3) 提高分裂或者分割的程度。为了提高服务传递的效率，服务中心可以把服务分成不同类别，然后把用户安排进自动电话回复系统中，这样缩短用户寻找适合咨询的时间。

Dourson（2004）把 40 个发明原理引入金融领域并给予金融领域的例子和解释。根据概念不要被超出需要而繁殖的原则，他发现技术领域的 3 条原理——原理 18 “机械振动”、原理 29 “气体力学和水力学” 以及原理 31 “多孔渗水材料” 找不到金融领域匹配的例子，也找不到与潜在概念一致的合适的、宽泛的解释。其余的原理都匹配了例子。同时他还提出了 3 条等效原理。他还指出不应该随意添加特殊原理和合并原理，除非有矛盾矩阵进行验证能解决实际的问题。

Ruchti（2001）提出了在商业领域利用 TRIZ 解决问题的过程，并提出了 12 个用于解决组织问题的原理，并对每个原理进行了解释。

梁文宾（2006）把TRIZ引入服务领域中问题的解决。把服务领域的属性与39个工程参数进行醅适，用服务领域中的实例来解释40个发明原理，并构建冲突矩阵，并利用矛盾矩阵解决旅游业中的抱怨问题。总的来说，在国内，TRIZ在管理领域中的研究比较零散，操作性不强；对于技术参数和40个发明原理的研究基本上没有涉及，大多数是借鉴国外现有的研究；对管理问题解决流程有一些探讨和研究，但并不深入。

本章小结

本章主要介绍部分发明原理的含义和使用案例。发明原理的全部内容请参见附录。发明原理的使用是与技术参数和矛盾矩阵联系在一起的，技术参数、矛盾矩阵将在下一章详细介绍。

思考题

1. 发明原理能够分成几类，每类包括哪些原理？
2. 自服务原理指的什么意思，自服务原理用于管理领域可以有什么样的具体解释？
3. 如何理解分割原理？
4. 在日常生活中寻找一个能用预先作用原理解决问题的例子。

参考文献

梁文宾．2006. 基于QFD与TRIZ的服务创新方法研究．天津大学博士学位论文．

芮延年，王明娣，刘鑫培，等．2006. 高浓度、难降解有机污水超声裂解处理关键技术的研究．苏州大学学报（工科版），26（4）：1-6.

杨清亮．2006. 发明是这样诞生的：TRIZ理论全接触．北京：机械工业出版社．

赵敏，史晓凌，段海波．2009. TRIZ入门及实践．北京：科学出版社：242-248，164-166.

中国萃智（TRIZ）网．2008-12-21. 40种基本发明原理（一）. http：//www. cntriz. com/trizpx/15/221. html.

中国萃智（TRIZ）网．2008-12-20. 40种基本发明原理（五）. http：//www. cntriz. com/trizpx/15/225. html.

技术创新网．2008-12-03. TRIZ入门导读（三）：TRIZ理论的基本内容．http：//210. 76. 36. 129/trizdd/200803/t2008031836270. htm.

TRIZ技术创新方法网．2008-05-20. TRIZ发明原理——案例3. http：//www. triz. gov. cn/alfx/200806/t20080613_ 82065. htm.

TRIZ技术创新方法网．2008-07-24. 如何在不增加储能容器尺寸的同时，提高其电容？http：//www. triz. gov. cn/alfx/200807/t20080724_ 84757. htm.

Amkit A, Sundeep K, Tuhina S, et al. 2005-12-06. How the celebrated TOYOTA production system is a TRIZ derivative. http: //www. triz-journal. com/archives/2005/12/06. pdf.

Dourson S. 2004. The 40 inventive principles of TRIZ applied to finance. http: //www. triz-journal. com/archives/2004/10/.

Mann D. 1999a. 40 inventive (business) principles with examples. http: //www. triz-journal. com/archives/1999/09/a/index. htm.

Mann D. 1999b. Business contradictions -1) "MassCustomization" . http: //www. triz-journal. com/archives/1999/12/a/index. htm . Joseph Pine II.

Mann D. 2002. Systematic win-win problem solving in a business environment. http : // www. t riz-journal. com/ archives/ 2002/ 05/ f/ index. htm.

Retseptor G. 2003. 40 inventive principles in quality management. http : // www. triz-journal . com /archives/ 2003/ 03/ a/ 01. pdf .

Retseptor G. 2005. 40 inventive principles in marketing, sales and advertising. http: //www. triz-journal. com/archives/2005/04/01. pdf.

Retseptor G. 2007. 40 inventive principles in customer satisfaction enhancement. http: //www. triz-journal. com/archives/2007/01/04/.

Retseptor G. 2008. TRIZ and 40 business survival imperatives. http: //www. triz-journal. com/archives/2008/09/04/.

Ruchti B. 2001. TRIZ-based innovation principles and a process for problem solving in business and management. http: //www. triz-journal. com/archives/2001/12/c/index. htm.

Takemura M. 2002. TRIZ introduction in airlines airport management division. http : // www. triz-journal. com/ archives/ 2002/ 07/ c/ index. htm.

Terninko J. 2001. 40 inventive principles with social examples. http : // www. triz-journal. com/ archives / 2001/06/ a/ index. htm.

Zhang J, Chai K H, Tan K C. 2003. 40 inventive principles with applications in service operations management . http: //www. triz-journal. com/archives/2003/12/d/04. pdf.

6 技术矛盾与矛盾矩阵方法

TRIZ 认为，发明创造活动的核心在于消除技术活动中的矛盾。不断发现和解决矛盾、提高技术系统效能，是推动技术系统向理想化方向进化的动力。采用规范的通用工程参数提炼和表述技术矛盾，并在矛盾矩阵中快速查找解决该技术矛盾的发明原理，进而构思和设计出具体的解决方案，是发明创造活动的一条重要途径。本章在 40 个发明原理的基础上，重点介绍阿奇舒勒的 39 个通用工程参数和矛盾矩阵；难点在于运用工程参数定义技术矛盾，以及在矛盾矩阵中所罗列的几个发明原理的基础上，如何探寻解决技术矛盾的具体方案。

6.1 技术矛盾

技术矛盾是发明创造活动中遇到的一大类技术问题，围绕这一类问题的解决，TRIZ 发展和建构起了一套程序化的解题模式。这就是矛盾矩阵方法。

6.1.1 矛盾

矛盾是哲学的基本范畴，泛指事物自身所包含的既相互排斥又相互依存、既对立又统一的关系。在 TRIZ 中，矛盾是一个首要的问题模型和基本术语，可以用来表述技术活动中遇到的问题。正如阿奇舒勒所说，矛盾出现的主要特征是发明的问题有别于普通的问题。在技术活动中，当两个互相排斥的技术需求存在于同一个系统中或对象上时，就形成了矛盾。在 TRIZ 中，通常把工程技术活动中所出现的种种矛盾划分为技术矛盾、物理矛盾和管理矛盾等类型。

矛盾是事物发展的动力，发明创造所要做的工作，就是解决技术活动过程中出现的各种矛盾。可以说，矛盾是发明创造活动的核心和切入点。在这一方面，阿奇舒勒等人在总结大量发明创造案例的基础上，归纳概括出了解决各类矛盾的基本路径与流程，从而提高了发明创造活动的针对性与效率。

6.1.2 两类基本矛盾

在技术系统中，当某个特性或参数得到改善时，常常会引起另一些特性或参数的恶化，这一对矛盾就是“技术矛盾”，可用符号 A +、B - 或 B +、A - 表示。例如，为了增强桌子的强度，就需要加厚桌面和桌腿，这势必会导致桌子质量的增加；增大桌子的面积，势必会导致桌子体积的增大。再如，提高汽车的行驶速度，往往会引起汽车稳定性与安全性的降低等。技术矛盾通常表现为下述三种形式：一是一个子系统中引入一种有用性能后，导致另一个子系统产生一种有害性能，或增强了已存在的有害性能；二是一种有害性能导致另一个子系统有用性能的变化；三是有用性能的增强或有害性能的降低，使另一个子系统或系统变得更加复杂。

事实上，由于技术系统结构的层次性、内外联系的复杂性，一技术因素的改变往往会引起多种技术因素的改变；同样，一技术因素的改变也往往是由多种因素引起的。因此，一个技术系统总是并存着多对技术矛盾，一个技术矛盾又往往交织着多种因素的作用。

解决技术矛盾的传统方法，就是在多个技术需求之间寻求“折中”与“妥协”，也就是“优化设计”，但每一个参数都不可能达到最佳值。而 TRIZ 则是努力寻求突破性解决方案，以彻底消除冲突，即“无折中设计”。

TRIZ 中，当技术系统要求一个参数向相反方向变化时，就构成了物理矛盾。例如，系统要求温度既要升高，也要降低；质量既要增大，也要减小；缝隙既要窄，也要宽等。在多数技术系统中都存在这样的矛盾，物理矛盾的解决是解决发明问题的核心。例如，手机设计要求整体体积越小越好，便于携带，同时又要求显示屏和键盘设计得越大越好，便于观看和操作。所以，对手机的体积设计要求具有大、小两个方面的趋势，这就是手机设计的物理矛盾。物理矛盾一般来说有两种表现：一是系统中有害性能降低的同时导致该子系统中有用性能的降低。二是系统中有用性能增强的同时导致该子系统中有害性能的增强。

管理矛盾则是指子系统之间产生的相互影响，暂不列入本书的讨论范围。本章主要围绕技术矛盾的解决展开叙述。

案例 6.1　飞机发动机的改进（赵新军，2004）

波音公司在改进 737 的设计时，需要将使用中的发动机改为功率更大的发动机。发动机功率越大，它工作时需要的空气量就越多，发动机机罩的直径就必须增大；而发动机机罩的增大，就会使机罩离地面的距离减小，这在设计上又是不允许的（图 6-1）。

上述的改进设计中就出现了一个技术矛盾，即希望发动机吸入更多的空气，但是又不希望发动机机罩离地面的距离减少。当然，这一技术矛盾也可以转化为物理矛盾：发动机机罩的直径应该加大，以吸入更多的空气，但机罩直径又不能加大，以使地面与机罩之间的距离减少。

图 6-1 波音 737 改进设计遇到的技术矛盾

案例 6.2 自行车车闸的改进设计（赵新军，2004）

目前，自行车车闸组成的设计很容易受到天气的影响。下雨天，轮圈表面与闸皮之间的摩擦系数降低，减少了摩擦力，降低了骑车人的安全性。其中，一种改进设计是更换闸皮类型，即有两类闸皮，晴天用一类，雨天用另一类。因此，设计中的技术矛盾就是将闸皮设计成可更换型，这就增加了骑车人的安全性，但必须备有待更换的闸皮，使制造和操作趋于复杂（图 6-2）。

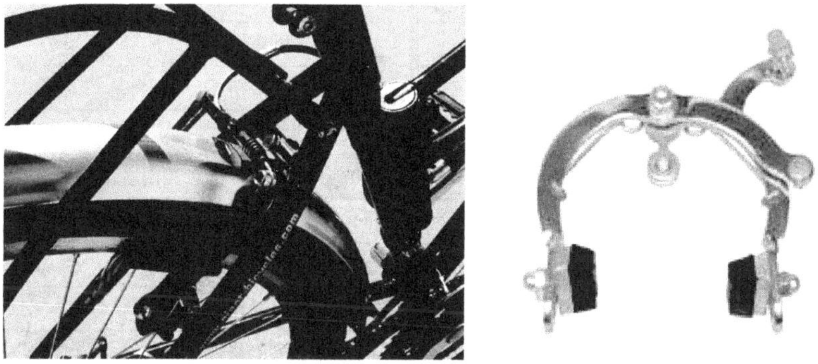

图 6-2 自行车车闸装置示意图

6.2 39 个通用工程参数

阿奇舒勒通过对大量发明专利案例的研究，归纳概括出了工程技术领域常用的 39 个工程参数。与具体技术参数相比，这些参数的概括性、抽象性更强，适用范围更广。运用这些通用参数概括和描述技术系统的性能，可以归纳、兼并众多技术系统的各类具体参数，规范统一地表述技术矛盾，进而形成了分析和解决技术矛盾的一般模式。虽然这些参数带有明显的物理学或机械技术的特色，但是它却广泛适用于其他工程技术领域。因此，对这些参数应作广义的理解。

6.2.1 39个工程参数

通用参数主要是有关技术系统的物理、几何和性能方面的参数。尽管目前对这些参数的补充、修正研究很多，并将参数个数增加到50多个，但在这里我们只介绍经典TRIZ的39个参数（表6-1），暂不涉及有关工程参数的研究动态与最新成果。

表6-1 39个通用工程参数名称汇总表

序号	名称	序号	名称
1	运动物体的质量	21	功率
2	静止物体的质量	22	能量损失
3	运动物体的长度	23	物质损失
4	静止物体的长度	24	信息损失
5	运动物体的面积	25	时间损失
6	静止物体的面积	26	物质或事物的数量
7	运动物体的体积	27	可靠性
8	静止物体的体积	28	测试精度
9	速度	29	制造精度
10	力	30	物体外部有害因素作用的敏感性
11	应力或压力	31	物体产生的有害因素
12	形状	32	可制造性
13	结构的稳定性	33	可操作性
14	强度	34	可维修性
15	运动物体作用时间	35	适应性及多用性
16	静止物体作用时间	36	装置的复杂性
17	温度	37	监控与测试的困难程度
18	光照度	38	自动化程度
19	运动物体的能量	39	生产率
20	静止物体的能量		

39个工程参数中常用到运动物体（moving objects）与静止物体（stationary objects）两个重要术语，应当予以说明。TRIZ中的运动物体是指自身或借助于外力可在一定的空间内运动的物体；静止物体是指自身或借助于外力都不能使其在空间内运动的物体。

6.2.2 39个工程参数的含义

以下对39个工程参数的具体含义作简要说明，以便进一步熟悉和运用这些工程参数，描述技术系统。

（1）运动物体的质量。在重力场中运动物体所受到的重力，如运动物体作用于其支撑或悬挂装置上的力。

（2）静止物体的质量。在重力场中静止物体所受到的重力，如静止物体作用于其支撑或悬挂装置上的力。

（3）运动物体的长度。运动物体的任意线性尺寸，不一定是最长的，都认为是其长度。

（4）静止物体的长度。静止物体的任意线性尺寸，不一定是最长的。

（5）运动物体的面积。运动物体内部或外部所具有的表面或部分表面的面积。

（6）静止物体的面积。静止物体内部或外部所具有的表面或部分表面的面积。

（7）运动物体的体积。运动物体所占有的空间体积。

（8）静止物体的体积。静止物体所占有的空间体积。

（9）速度。物体的运动速度、过程或活动与时间之比。

（10）力。力是两个系统之间的相互作用。牛顿力学中，力等于质量与加速度之积；在TRIZ中，力是试图改变物体状态的任何作用。

（11）应力或压力。单位面积上的力。

（12）形状。物体外部轮廓或系统的外貌。

（13）结构的稳定性。系统的完整性及系统组成部分之间的关系。磨损、化学分解及拆卸都会降低稳定性。

（14）强度。物体抵抗外力作用以免使自身改变的能力。

（15）运动物体作用时间。物体完成规定动作的时间、服务期。两次误动作之间的时间也是作用时间的一种度量。

（16）静止物体作用时间。物体完成规定动作的时间、服务期。两次误动作之间的时间也是作用时间的一种度量。

（17）温度。物体或系统所处的热状态，包括其他热参数，如影响改变温度变化速度的热容量。

（18）光照度。单位面积上的光通量，系统的光照特性，如亮度、光线质量。

（19）运动物体的能量。能量是运动物体做功的本领。在经典力学中，能量等于力与距离的乘积。能量也包括电能、热能及核能等。

（20）静止物体的能量。能量是静止物体做功的本领。在经典力学中，能量等于力与距离的乘积。能量也包括电能、热能及核能等。

（21）功率。单位时间内所做的功，即利用能量的速度。

（22）能量损失。为了减少能量损失，需要不同的技术来改善能量的利用。

（23）物质损失。部分或全部、永久或临时的材料、部件或子系统等物质的损失。

（24）信息损失。部分或全部、永久或临时的数据损失。

（25）时间损失。一项活动所延续的时间间隔。改进时间的损失指减少一项活动所花费的时间。

（26）物质或事物的数量。材料、部件及子系统等的数量，它们可以部分或全部、临时或永久地被改变。

（27）可靠性。系统在规定的方法及状态下完成规定功能的能力。

（28）测试精度。系统特征的实测值与实际值之间的误差。减少误差将提高测试精度。

（29）制造精度。系统或物体的实际性能与所需性能之间的误差。

（30）物体外部有害因素作用的敏感性。物体对受外部或环境中的有害因素作用的敏感程度。

（31）物体产生的有害因素。有害因素将降低物体或系统的效率或完成功能的质量。这些有害因素是由物体或系统操作的一部分而产生的。

（32）可制造性。物体或系统制造过程中简单、方便的程度。

（33）可操作性。要完成的操作应需要较少的操作者、较少的步骤以及使用尽可能简单的工具。一个操作的产出要尽可能多。

（34）可维修性。对于系统可能出现失误所进行的维修，要尽可能时间短、方便和简单。

（35）适应性及多用性。物体或系统响应外部变化的能力，或应用于不同条件下的能力。

（36）装置的复杂性。系统中元件数目及多样性，如果用户也是系统中的元素，将增加系统的复杂性。掌握系统的难易程度也是其复杂性的一种度量。

（37）监控与测试的困难程度。如果一个系统复杂、成本高、需要较长的时间建造及使用，或部件与部件之间关系复杂，都使得系统的监控与测试困难。测试精度高，增加了测试的成本，也是测试困难的一种标志。

（38）自动化程度。系统或物体在无人操作的情况下完成任务的能力。自动化程度的最低级别是完全人工操作；最高级别是机器能自动感知所需的操作、自动编程和对操作自动监控；中等级别的系统需要人工编程、人工观察正在进行的操作，改变正在进行的操作及重新编程。

(39) 生产率。单位时间内所完成的功能或操作数。

应当指出，任何技术系统及其结构与性能总是具体的，刻画技术系统的参数五花八门，远远超过了39个。我们应当反复练习运用39个通用工程参数描述各类技术系统，把众多特殊性能指标转换、归结为39个通用工程参数。这是揭示技术矛盾、解决技术问题的基础环节。

6.2.3　39个工程参数的类别

为了应用上的方便，上述39个通用工程参数可划分为如下三大类。

物理及几何参数：1~12条，17、18条，21条。

技术负向参数：15、16条，19、20条，22~26条，30、31条。

技术正向参数：13、14条，27~29条，32~39条。

在这里，负向参数（negative parameters）是指这些参数变大时，使系统或子系统的性能变差。例如，子系统为完成特定的功能所消耗的能量（19、20条）越大，则设计就越不合理。正向参数（positive parameters）是指这些参数变大时，可使系统或子系统的性能改善。例如，子系统可制造性（32条）指标越高，子系统制造成本就越低。

案例6.3　法兰连接的工程参数的确定（杨清亮，2006）

两段管道的接口处，经常要使用法兰进行连接。因为维修时连接法兰需要拆开，所以希望螺钉数量少些，以便快速完成拆卸工作；同时，也可以减轻系统的质量。但从密封的角度看，又要求螺钉数量尽可能多一些，以便得到均匀的密封压力，尤其是在输送一些高温高压气体时，对螺钉数量要求更多（图6-3）。

图6-3　法兰结构示意图

问题是如果保证密封性好，则维修时需要耗费较长时间来拆卸，效率低，系统质量大。对照39个工程参数来进行描述，欲改善的工程参数是：静止物体的质量（2）；可操作性（33）；系统的复杂性（36）。

而随之恶化的工程参数是：结构的稳定性（13）；可靠性（27）。

案例 6.4　金属表面镀层的工程参数的确定（赵新军，2004）

用化学的方法为金属表面镀层的过程如下：金属制品放置于充满金属盐溶液的镀池中，溶液中含有镍、钴等金属元素。在化学反应过程中，溶液中的金属元素凝结到金属制品表面形成镀层。温度越高，镀层形成的速度越快，但温度越高，有用的元素沉淀到池子底部与池壁的速度也越快；而温度越低，虽然有用元素损耗越小，但镀层形成越慢，又会大大降低生产率。

该问题的技术矛盾可描述为两个通用工程参数即生产率（39）与材料浪费（23）之间的冲突。如果加热溶液使生产率（39）提高，那么材料浪费（23）也随之增加。

6.3　矛盾矩阵方法

分析工具是TRIZ用来解决矛盾的具体方法或模式，阿奇舒勒通过总结和演绎，创造出了许多实用的分析工具。这些分析工具使TRIZ能够广泛应用于工程技术实践之中。矛盾矩阵就是分析和解决技术矛盾的基本工具。技术矛盾的解题流程如图6-4所示。在这里，矛盾矩阵犹如一座桥梁，实现了由技术矛盾到有助于解决该技术矛盾的发明原理之间的连接。

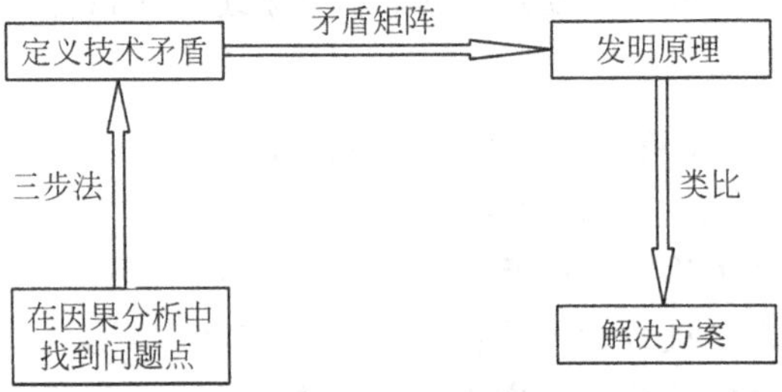

图6-4　技术矛盾的解题流程

从哲学的高度看，TRIZ在这里经历了一个“从特殊到一般”又“从一般到特殊”的往复运动，如图6-5所示。在第一个环节中，运用39个通用工程参数

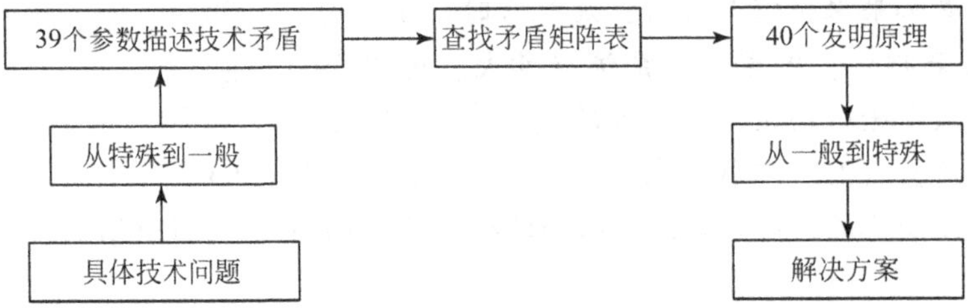

图6-5　技术矛盾解题模式与操作流程

描述技术矛盾是关键；在第二个环节中，灵活运用发明原理解决具体问题是关键。

前面已经讲过，同一技术系统中两个通用工程参数之间的对立，导致了技术矛盾的产生，那么将这两个参数相结合就能够找出解决技术矛盾的办法。TRIZ采用了数学上常见的矩阵方式，简单明了地指出了解决技术矛盾的基本途径。

6.3.1 定义技术矛盾

在TRIZ中，运用39个通用工程参数统一描述技术矛盾。在实际应用中，把反映矛盾双方的性能指标，用39个通用工程参数中的某两个来表示，就可以把工程技术设计中的实际问题转化为标准的技术矛盾。然后，在矛盾矩阵中查找这一矛盾所对应的发明原理编号，再按照这些发明原理的指引和启示，具体构思和设计新的技术方案。只要科学、灵活地应用这些原理，我们就可以逐步实现对技术矛盾的深入分析，最终构思出解决技术矛盾的实际方案。

定义技术矛盾要运用矛盾矩阵基础，这也是解决技术矛盾的出发点。一般来说，定义技术矛盾有三个步骤：①问题是什么，即在因果分析链条中找到问题的切入点。②现在有什么解决办法，即针对该问题，目前的主要解决办法改进了什么参数。③这些解决办法有什么缺点，即这些方法导致哪些参数恶化。如果我们按照这三个步骤分析技术问题，就能够快速定义技术矛盾。

应当强调的是，由于技术系统的复杂性和现有解决办法的多样性，以及对通用工程参数理解的差异性等，对于同一技术问题，人们往往会使用不同的工程参数进行描述，从而得到不同形式的技术矛盾。采取不同的技术矛盾所对应的发明原理也有所不同，从而会构思出不同的解决方案。这是一种正常现象。同时，技术矛盾的解决往往不是一次就能够完成的，也不是只有一种解决方案。对于同一技术问题，采取不同的技术矛盾定义形式，都有助于人们开阔视野、拓展思路，探寻解决技术问题的途径。随着对技术系统与技术问题分析的深化、细化，以及工程技术经验的积累，定义的技术矛盾的不同形式会趋于收敛，进而找到解决技术问题的最佳方案。

同样，技术矛盾也可以转化为物理矛盾。一般来说，相对于技术矛盾而言，物理矛盾显得更加尖锐和明显；技术矛盾的存在往往隐含着物理矛盾，有时物理矛盾的解决比技术矛盾的解决更容易。在工程实践过程中，如果最终能够准确地确定物理矛盾，那么该问题就能够较为容易地解决。例如，无人侦察机在飞行过程中存在着这样一对技术矛盾：如果飞得高，噪声小，不易被发现，那么所拍摄的图像清晰度就低，价值不大；而要使拍摄的图像清晰度高，那么就必须飞得低，这样噪声就会增大，就容易被敌方发现。这就是噪声与图像清晰度之间的技术矛盾。如果我们单纯从飞行高度角度看，那么这一对技术矛盾就转化为飞行高度的高与低之间的物理矛盾了。

在解决实际创新设计问题时，我们应当把技术问题中所面临的物理矛盾和技术矛盾分析清楚，然后运用各自所对应的发明原理和解决方法，对症下药，一一解决，最终就能够获得技术问题的最优解。

6.3.2 矛盾矩阵

在阿奇舒勒的矛盾矩阵中，将 39 个通用工程参数横向、纵向顺次排列，横向代表恶化的参数，纵向代表改善的参数（详见附录 1）。在工程参数纵横交叉的方格内的数字，表示建议使用的 40 个发明原理的序号，提示设计者最有可能解决问题的原理与方法，这是解决技术矛盾的关键所在。

矛盾矩阵共组成了 1521 个方格，其中 1263 个方格内有数字。图 6-6 是矛盾矩阵的简化示意图，详见附录 1。在没有数字的方格中，“ + ”方格处于相同参数的交叉点，系统矛盾由一个因素导致，这是物理矛盾，不在技术矛盾的应用范围之内。“ – ”方格表示暂时没有找到合适的发明原理来解决这类技术矛盾，当然只是表示目前研究的局限，并不代表不能够应用发明原理。每个交点处最多有

希望改善的技术特性 / 恶化的技术特性	1 运动物体质量	2 静止物体质量	3 运动物体尺寸	4 静止物体尺寸	5 运动物体面积	22 能量的浪费	30 作用于物体的坏因素	39 生产性
1 运动物体质量			15,8 29,34		29,17 38,34	6,12 34,19	22,21 18,27	35,3 24,37
2 静止物体质量				10,1 29,35		18,19 28,15	2,19 22,7	1,28 15,35
3 运动物体尺寸	8,15 29,34				15,17 4	7 35,9	1,15 17,24	14,4 28,29
4 静止物体尺寸		35,28 40,29				6,28	1,18	30,14 7,26
5 运动物体面积	2,17 29,4		14,15 18,4			15,17 30,26	22,23 28,1	10,26 34,2
33 操作性	25,2 15,13	6,13 1,25	1,17 13,12		1,17 13,16	8 19,13	2,25 28,39	15,1 28
39 生产性	35,26 24,37	28,27 15,3	18,4 28,38	30,7 14,25	10,26 34,31	28，10 29,5	22，35 13,24	

图 6-6 矛盾矩阵的简化示意图

4 个原理，这些原理既可单独使用，也可组合使用。例如，欲改善“运动物体的质量”（附录1 中 Y 轴第1 项），往往会使“运动物体的长度”（附录1 中 X 轴第3 项）特性恶化。为了解决这一矛盾，TRIZ 提供的 4 个发明原理编号分别为 15、8、29、34。

在矛盾矩阵中，阿奇舒勒将工程参数之间的矛盾与发明原理建立起对应关系，整理成了一个 39×39 的矩阵，以便使用者快速查找。阿奇舒勒矛盾矩阵是对大量专利技术解决问题的思路、方案进行统计、分析、提炼所取得的重要成果，矩阵的构成非常紧密而且自成体系。当 39 个工程参数中的任意两个参数产生矛盾时，化解该矛盾所使用的发明原理，就是第 5 章所具体介绍的 40 个发明原理。阿奇舒勒矛盾矩阵将工程参数之间的矛盾和 40 个发明原理有机地联系起来，使技术开发者可以根据技术系统中构成矛盾的两个工程参数的线索，从矩阵表中直接查找到化解该矛盾的发明原理，进而运用这些原理实际解决技术问题。

矛盾矩阵所提供的发明原理，往往并不能直接使技术问题得到解决，而只是提供了最有可能解决技术问题的探索方向。在解决实际技术问题时，还必须根据所提供的原理及所要解决问题的特定条件，探求解决技术问题的具体方案。

6.3.3 应用矛盾矩阵的步骤

矛盾矩阵是解决技术矛盾的基本工具。流程性、操作性是 TRIZ 的一个重要特征。应用矛盾矩阵解决技术矛盾时，建议按以下 16 个步骤有序展开。当然，在解决不同领域的具体技术矛盾时，也可以适当增加或者跳过某些步骤或环节。

（1）确定技术系统的名称。

（2）确定技术系统的主要功能。

（3）对技术系统进行详细的分解。划分系统的级别，列出各超系统、系统、子系统基本的零部件，各种辅助功能。

（4）对技术系统、关键子系统、零部件之间的相互依赖关系和作用进行描述。

（5）定位问题所在的系统和子系统，对问题进行准确的描述。避免对整个产品或系统笼统的描述，以具体到零部件为佳，建议使用“主语＋谓语＋宾语”的工程描述方式，定语修饰词尽可能少。

（6）确定技术系统应改善的特性。

（7）确定并筛选待设计系统被恶化的特性。

因为提升欲改善的特性的同时，必然会带来其他一个或者多个特性的恶化，对应筛选并确定这些恶化的特性。因为恶化参数属于尚未发生的，所以确定起来需要“大胆设想，小心求证”。

（8）将以上两步所确定的参数，对应附表所列的39个通用工程参数进行重新描述。工程参数的定义描述是一项难度颇大的工作，不仅需要对39个工程参数的充分理解，更需要丰富的专业技术知识。

（9）对工程参数的矛盾进行描述。欲改善的工程参数与随之被恶化的工程参数之间存在的就是矛盾。

（10）对矛盾进行反向描述。假如降低一个被恶化的参数的程度，欲改善的参数将被削弱，或另一个恶化的参数被改善。

（11）查找阿奇舒勒矛盾矩阵表，得到所推荐的发明原理的序号。

（12）按照序号查找发明原理汇总表，得到发明原理名称。

（13）按照发明原理的名称，查找发明原理的序号。

（14）将所推荐的发明原理逐个应用到具体问题上，探讨每一个原理在具体问题上如何应用和实现。

（15）如果所查找到的发明原理都不适用于具体的问题，需要重新定义工程参数和矛盾，再次应用和查找矛盾矩阵。

（16）筛选出最理想的解决方案，进入技术系统的方案设计阶段。

6.3.4 应用矛盾矩阵解决技术矛盾实例

TRIZ虽然给我们提供了一套解决技术矛盾的现成方法，但这并不意味着人人都能成功地运用这一方法快速地解决实际问题。要应用矛盾矩阵解决技术问题，一方面，要熟练掌握矛盾矩阵方法，使用39个通用工程参数恰当定义技术矛盾；另一方面，也需要在技术实践中反复使用，熟能生巧。

案例6.5 开口扳手的新型设计（杨清亮，2006）

扳手在外力的作用下可以拧紧或松开一个六角螺钉或螺母。由于螺钉或螺母的受力集中到两条棱边，容易使它们产生变形，从而在后续使用中，使螺钉或螺母的拧紧或松开困难（图6-7）。开口扳手在使用过程中容易损坏螺钉/螺母的棱

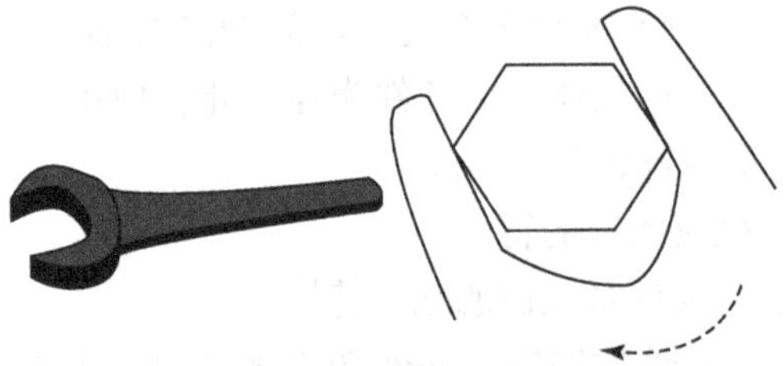

图6-7 开口扳手及其受力示意图

边，新的设计应当克服传统设计中的这一缺陷。下面应用矛盾矩阵方法解决这一技术矛盾。

从 39 个通用工程参数中选择能描述技术矛盾的一对特性参数：质量提高的参数，物体产生的有害因素（31），减少对螺钉/螺母棱边的磨损；带来负面影响的参数，可制造性（32），新的改进可能使制造困难。

将上述的两个通用工程参数有害因素（31）和可制造性（32）代入矛盾矩阵，可以得到不对称（4）、维数变化（17）、抛弃与修复（34）和复制（26）四个发明原理。

对维数变化（17）及不对称（4）两条发明原理进行深入分析，可以得到如下启示：如果扳手工作面的一些点能与螺母/螺钉的侧面接触，而不只是与其棱边接触，问题就可以解决。美国专利 US Patent 5406868 正是基于这种两条原理设计出的新型扳手，如图 6-8 所示（杨清亮，2006）。

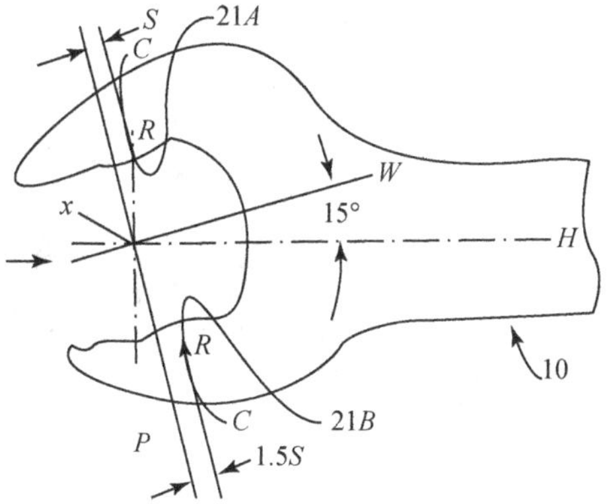

图 6-8　US Patent 5406868 新型扳手示意图

案例 6.6　高层建筑稳定问题的求解（王传友，2009）

中国台湾的台北 101 大楼高 449.2 米，建筑容积率高，节约土地，但刮风、地震等因素容易引起大厦晃动。这是一方改善而引起另一方恶化的技术矛盾。

改善的一方：楼高了、房子多了；转换成 39 个通用工程参数形式，即静止物体的尺寸（4）。

恶化的一方：晃动；转换成 39 个通用工程参数形式，即可靠性（27）。

查找矛盾矩阵表，即纵坐标 4、横坐标 27 的交点处所提供的动态化（15）、机械系统替代（28）、气压与液压结构（29）三个发明原理，是解决这一技术矛盾应优先选择的发明原理。

可选择动态化（15）发明原理解决这一问题。把这一原理转换成具体解决方案，是一个从一般到特殊的过程，主要靠逻辑的分析与推理，也需要借助类别等非逻辑思维，如想象、直觉、灵感、联想、顿悟等。当然，更需要广泛的基础知识与丰富的工程实践经验。

根据振动理论，要减小高楼的晃动幅度，最好的办法就是增加阻尼。动态化原理提示我们应增加阻尼，以动制动，具体到高层建筑物，就是要有东西可动。正是基于这一点，台北 101 大楼在 88 ~92 层之间悬挂了一个 660 吨重的大钢球，靠大钢球惯性摆动减小晃动，如图 6-9 所示。如此，就把动态化（15）发明原理转化成了一个具体的设计方案——悬挂一个可以摆动的大钢球，从而就实现了从一般到特殊的过渡。

图 6-9　台北 101 大楼减小晃动的解决方案

6.4　矛盾矩阵方法的缺陷与研究的新进展

经典 TRIZ 为我们建构了一套解决发明创造问题的流程，只要我们先将面临的具体技术创新问题抽象为标准发明问题，然后通过查找与标准发明问题对应的标准问题解决方案，就可以找到这一问题的原理解，最后再将原理解还原、转化为具体的解决方案。这样的流程常常是基于类比思考展开的，因此，在分析之前的模型选择，以及选择模型之后的分析阶段都带有很强的模糊性。经典 TRIZ 诞生于苏联的计划经济时期，缺乏大规模的商业应用实践的考验，存在许多不足：①理论不严谨，结构复杂、松散，难以适应竞争激烈的商业社会；②工具和方法不完备，需要补充、修正和提高。

6.4.1 矛盾矩阵方法的缺陷

矛盾矩阵是阿奇舒勒创立最早的创新工具，但在实际应用过程中，矛盾矩阵方法却暴露出了许多问题和困难。Mann 经过统计调查指出，TRIZ 矛盾矩阵的适用率只有 48%，Sheu 新近的研究结论是只有 45%。Filkovsk 认为，大量的 TRIZ 研究都是回溯性（retrospective）的解释研究，在创新性探索方面的指导作用有限。2002 年，*TRIZ Journal* 杂志曾发起过一场“如果 TRIZ 是一种如此有效的方法，为什么不是人人都应用它呢”的大讨论（Campbell, 2002）。这些问题源于矛盾矩阵方法的缺陷。

（1）矛盾矩阵构造上的缺陷。①描述技术矛盾的工程参数，大多是不可直接控制的（结果）参数（Karasik，2008），控制变量/决策变量缺失，进入矛盾矩阵的程序如同进入“黑箱”一样，是一种“隔靴搔痒”式的应用；②技术矛盾不是工程参数之间的固有矛盾（Karasik，2006a，2006b，2009），缺乏相应的来龙去脉、问题境况等；③同一对工程参数之间的矛盾可能由截然不同的原因造成；④矛盾矩阵没有提供相关专利分析原文（Karasik，2002），工程参数之间产生矛盾的具体情境并未界定，从而无法确定前人的具体处理方式（Cavallucci，2001）；⑤仅仅考虑一个工程参数与另一个工程参数之间的矛盾关系，无法处理复杂矛盾（Karasik，2008）；⑥在选取所推荐的发明原理时，随意性较大，主观色彩浓烈（Savransky，1996）等。

（2）矛盾矩阵方法的应用过分依赖主观因素。经典 TRIZ 的应用效果在很大程度上取决于使用者的类比、联想、直觉和顿悟等非逻辑思维；它仅仅适合于高水平的发明家，要求其应用者是全能人物（almighty）（Nakagawa，2005）。由于矛盾矩阵过于抽象（Khomenko and Guio，2007），工程参数过于一般化且数量有限（Cavallucci，2001），因此，矛盾矩阵的解题流程要求“苛刻的类比”（enforced analogy）（Nakagawa，2005），在很大程度上依赖于使用者的直觉、顿悟等非逻辑思维品质。

Karasik（2009）曾通过新型飞机引擎设计的案例，说明了矛盾矩阵方法的缺陷。能提高燃料燃烧效率，同时又可抵抗飞鸟冲击压力的新型飞机引擎设计技术尚未出现。若应用矛盾矩阵分析和解决问题，人们可以提炼出与上述两个参数（对有害效应的抵抗 VS 燃料燃烧效率）近似的两对技术矛盾：“结构的稳定性（13）VS 生产率（39）”或者“可靠性（27）VS 生产率”（39）。从第一对矛盾中可以查找到局部质量（3）、反馈（23）、参数变化（35）、复合材料（40）四个发明原理；从第二对矛盾中则可以得到分割（1）、气体与液压结构（29）、参数变化（35）、加速氧化（38）四个发明原理。然而，在何处以什么样的方式应用局部质量（3）原理解决这个问题呢？建立反馈机制有何作用呢？改变什么参数呢？在何处采用何种复合材料呢？什么东西应该被分割以及怎样分割呢？应该改变或引入何种气体或液压结构呢？应用什么样的强氧化剂以及如何使用？这一系列技术问题的解决，都有赖于发明者的思维品质与工程实践经验。

(3) 矛盾矩阵方法的适用范围有限。矛盾矩阵方法普遍适用于工程机械技术领域，但人类的技术活动领域十分广泛，许多领域的技术创新方法都超出了矛盾矩阵方法范畴。例如，当今技术领域的信息化、电子化、生物化特征越来越明显，能量场的应用也越来越多，而机械特征相对减弱，技术系统的安全性备受关注。面对这些新的变化，矛盾矩阵所能提供的帮助是有限的。因此，需要概括新的发明原理，增加新的通用技术参数，描述诸如安全、噪声、环境、化工、材料、软件、基因等新技术因素。同时，矛盾矩阵方法适用于技术系统的改进，即对二次创新效果明显，而难以催生重大技术发明。

6.4.2 矛盾矩阵方法的改进与发展趋势

自矛盾矩阵方法问世以来，对它的研究、修正和改进工作就没有停止过。近年来，Semyon D. Savransky 就曾深入探讨了技术矛盾的结构与类型。他按照技术问题所涉及的技术系统，立足于子系统之间的因果联系，把技术问题划分为点问题、对问题、线性问题、网状问题、三角形问题和星状问题等类型，并讨论了有用因素与有害因素相互制约的复杂形式，从而把对技术矛盾的认识推进到了一个新的高度。

从 2000 年开始，Creax 公司和 Ideation International 公司的科学家共同合作，对 1985 ~2002 年的 150 000 个专利进行了分析，在此基础上，推出了面向工程领域的 2003 版矛盾矩阵。新矩阵在形式和内容上都得到了更新，通用技术参数增加到了 48 个，补充了 37 个组合创新原理，与特定问题的联系更加紧密，应用也更为方便。另外，面向软件领域和商业领域的矩阵也在发展之中。虽然新版矛盾矩阵的形式和内容变化很大，但专利分析结果证明，阿奇舒勒提出的 TRIZ 基本原理并没有过时。这些改进一方面说明了矛盾矩阵的不完备性，另一方面也证明了它的强大生命力。

进入 21 世纪以来，矛盾矩阵方法的发展出现了两大趋势：一是向非技术领域的扩展加速。TRIZ 传入西方国家后，人们很快发现 TRIZ 的适用面宽，可以应用于企业管理、社会政治、教育等非技术领域。例如，矛盾矩阵可以用于解决管理和组织矛盾。近年来，矛盾矩阵方法在非技术领域的应用案例开始增多，但是这些工具和方法仍需要根据非技术领域的特点加以修改。二是与其他创新设计理论的整合。创新不是某个单一工具就能完成的。TRIZ 与其他方法的整合研究，是技术创新领域的一个热点。这些方法主要包括质量功能展开（QFD）、稳健设计、价值工程、约束理论、公理化设计、田口方法和并行工程等。很多学者尝试以一种设计方法为骨架，融入其他方法，从而克服其他设计方法的缺陷，创造一种适用于所有产品设计的理想模型。包括矛盾矩阵方法在内的 TRIZ 的新近发展，力图降低抽象性，减少对于苛刻类比的过分依赖；尽可能补全相关要素，提高解决方案的可操作性；使问题的分析和解决过程与问题的具体情形结合得更加紧密，更加符合人们的思维习惯，同时又不失创造性。

本章小结

技术矛盾与矛盾矩阵是经典 TRIZ 的核心内容。本章从技术活动中遇到的矛盾入手，介绍了 39 个通用工程参数，定义技术矛盾有三个步骤，矛盾矩阵的结构以及应用矛盾矩阵的步骤，重点讨论了应用矛盾矩阵解决技术矛盾的两个实例，最后还说明了矛盾矩阵方法的缺陷以及矛盾矩阵方法研究的新进展。本章的难点在于如何运用 39 个通用工程参数描述具体技术系统，定义技术矛盾；重点在于熟练掌握矛盾矩阵方法，以解决实际技术问题。

思考题

1. 定义技术矛盾的步骤有哪些？并通过一个实例展开具体说明。

2. 在 39 个工程参数中，物体的能量消耗和能量损失的区别是什么？

3. 通过查找矛盾矩阵，找到解决下列技术矛盾的发明原理。

（1）改善：温度　　　恶化：强度

（2）改善：能量损失　恶化：制造精度

4. 请你结合本章案例 6.3“法兰连接的工程参数的确定”，尝试设计出一种新的技术方案，以解决法兰连接的技术矛盾。

参考文献

王传友．2009. TRIZ：技术矛盾与物理矛盾的解题模式．第二届海峡两岸创新方法（TRIZ）研讨会论文集．成都．

杨清亮．2006. 发明是这样诞生的：TRIZ 理论全接触．北京：机械工业出版社：72，76.

赵新军．2004. 技术创新理论（TRIZ）及应用．北京：化学工业出版社：65，69.

Campbell B. 2002. If TRIZ is such a good idea why is not everyone using it? http：//www. triz-journal. com/archives/2002/04/e/index. htm［2008-8-25］.

Cavallucci D. 2001. Integrating Altshuller's development laws for technical systems into the design process. Annals of the CIRP, 50 (1): 115-120.

Filkovsk G L. 2006. TRIZ Lies. Part 3. Anti TRIZ-Journal. http: //www3. sympatico. ca/karasik/GF _ triz_ lies_ part3. html [2008-08-25].

Karasik Y B. 2002. If TRIZ is such a good idea why is not everyone using it? Anti TRIZ-Journal. http: //www3. sympatico. ca/karasik/paper_ 1_ 4_ 2. html [2008-08-25].

Karasik Y B. 2006a. A universal scientific method of resolution of any technical contradiction. Anti TRIZ-Journal. http: //www3. sympatico. ca/karasik/universal_ method_ of_ resolving_ tech_ contradictions. html [2008-08-25].

Karasik Y B. 2006b. Contrdictory parameters which cannot be traded off. Anti TRIZ-Journal. http: //www. trizexperts. net/sds0matrix. htm [2008-08-25].

Karasik Y B. 2008. On Contradiction Matrix of Non-Altshullerian Type. Anti TRIZ-Journal. http: //www3. sympatico. ca/karasik/contradictory_ parameters_ which_ cannot_ be_ traded_ off. html [2008-08-25].

Karasik Y B. 2009. Where and how can Root Cause Analysis enhance and correct TRIZ procedures ? Anti TRIZ-Journal. http: //www3. sympatico. ca/karasik/where_ in_ triz_ one_ has_ to_ use_ rca. html [2009-04-25].

Khomenko N, Guio R. 2007. OTSM Network of Problems for representing and analyzing problem situations with computer support. IFIP International Federation for Information Processing, 250: 77-88.

Mann D. 2002. Assessing the accuracy of the contradiction matrix for recent mechanical inventions. TRIZ Journal. http: //www. triz-journal. com/archives/2002/02/e/index. htm.

Nakagawa T. 2005. Overall Dataflow structure for creative problem solving in TRIZ/USIT. TRIZCON2005: The 7th Altshuller Institute TRIZ Conference. Graz, Austria.

Savransky S D. 1996. Short Notes about Altshuller's Matrix//Savransky S D. Engineering of Creativity. CRC Press LLC, 2000N W Corporrate Blvd, Boca Raton, Florida.

Sheu D D. 2007. Body of Knowledge for Classical TRIZ. TRIZ Journal. http: //www. triz-journal. com/archives/2007/10/02/ [2008-08-25].

7　物理矛盾和分离原理

在第 6 章中，我们学习了 TRIZ 中一种重要的问题描述和分析工具，即矛盾矩阵，它用来解决技术矛盾。虽然一般的技术系统中经常存在的是技术矛盾，可以用矛盾矩阵予以解决，然而当矛盾中欲改善的参数与被恶化的正、反两个工程参数是同一个参数时，这就出现了另一类矛盾，即物理矛盾。

阿奇舒勒对物理矛盾的定义如下：当一个技术的工程参数具有相反的需求时，就出现了物理矛盾。相对于技术矛盾，物理矛盾是一种更尖锐的矛盾，创新中需要加以解决。物理矛盾的解决是 TRIZ 的重要内容，阿奇舒勒提出的分离原理是解决物理矛盾的对应发明原理。

本章从技术系统中的物理矛盾出发，详细介绍了物理矛盾的表现及分类，然后根据不同的物理矛盾，运用四大分离原理以及 11 个分离方法进行解决，并通过实例介绍了分离原理解决物理矛盾的过程，最后介绍了分离原理与 40 个发明原理的综合应用（图 7-1）。

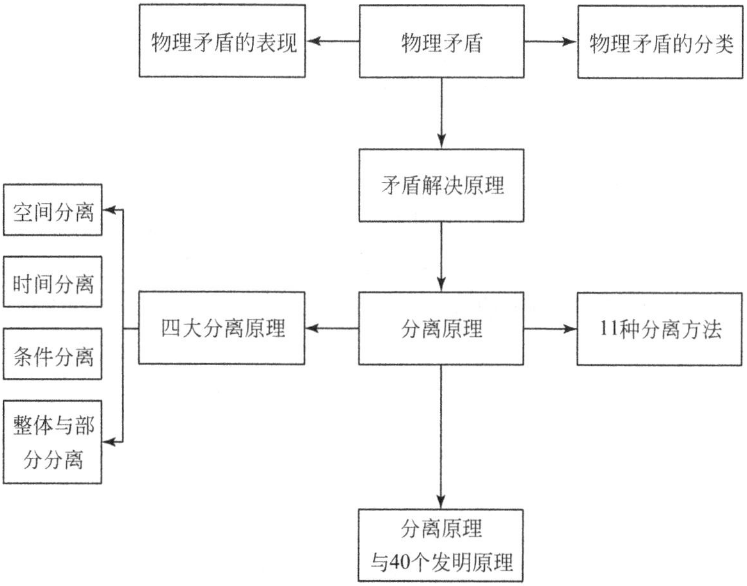

图 7-1　本章结构图

7.1 物理矛盾

7.1.1 物理矛盾的表现

TRIZ 对物理矛盾的定义是：当一个技术系统中对同一元素具有相互排斥（相反的或不同的）需求时，就出现了物理矛盾。物理矛盾所存在的子系统就是系统的关键子系统。也就是说，系统或关键子系统应该具有满足某个需求的参数特性，但另一个需求要求系统或关键子系统又不能具有这样的参数特性。例如，下列矛盾：

我希望 X 和我不希望 X（阿孜古丽·吾拉木等，2004）。

对于某个技术系统的元素，物理矛盾有以下三种情况（亿维讯，2009-04-07）：第一种情况，这个元素是通用工程参数，不同的设计条件对它提出了完全相反的要求；第二种情况，这个元素是通用工程参数，不同的工况条件对它有着不同（并非完全相反）的要求；第三种情况，这个元素是非工程参数，不同的工况条件对它有着不同的要求。

具体来讲，物理矛盾有如下表现（杨清亮，2006）。

（1）系统或关键子系统必须存在，又不能存在。例如：

道路上既要有十字路口，又要没有十字路口；希望某人出席会议，又不希望他出席会议（亿维讯，2009-04-07）。

（2）系统或关键子系统具有性能“F”，同时应具有性能“－F”，“F”与“－F”是相反的性能。例如：

在建筑领域，墙体的设计应该有足够的厚度以使其坚固，同时墙体又要尽量薄，以使建筑进程加快并且总重比较轻（亿维讯，2009-04-07）；我喜欢这个系统复杂和我希望这个系统简单（阿孜古丽·吾拉木等，2004）。

（3）系统或关键子系统必须处于状态“S”及状态“－S”，“S”与“－S”是不同的状态。例如：

我希望热和我希望冷（阿孜古丽·吾拉木等，2004）；要实现温度达到 100℃，又要实现温度达到 200℃；灯泡的功率既要是 25 瓦，又要是 100 瓦（亿维讯，2009-04-07）。

（4）系统或关键子系统不能随时间变化，又要随时间变化。例如：

在某一时间点，工作人员必须在这个地点工作，同时另一个地点也需要这些工作人员；对于若干小组讨论，大家都希望老板出席会议，可是老板不可能在同一时间出席每个小组（阿孜古丽·吾拉木等，2004）。

从功能实现的角度，物理矛盾有如下表现（杨清亮，2006）。

（1）为了实现关键功能，系统或子系统需要具有有用的一个功能，但为了避免出现有害的另一个功能，系统或子系统又不能具有上述有用功能。例如：

过去，消防员用他们的大胡子过滤浓烟，用他们裸露的双手和耳朵感觉温度。今天，消防员有了特殊的可以保护他们在火灾区工作更长时间的专用消防装置。但是另一方面，这又阻碍了消防员及时察觉火焰所产生的强烈而危险的热（亿维讯，2009-03-12a）。

（2）关键子系统的特性必须是取大值以取得有用功能，但又必须是取小值以避免出现有害功能。例如：

为了保护消防员，发明了温度探测器。该系统可以探测温度，并且在温度过高时发出警报。然而，现在市场上买得到的探测器有以下几个方面的缺陷：太沉，体积大，不够灵敏或探测的温度不够准确。一个带有电池（9伏电压）、温度传感器和报警装置的温度探测器是沉重的。而且，一个探测器只能探测某一部位的温度，不能全面而准确地报告内衣上积聚的温度。所以，不得不在消防夹克的每一面都装上温度探测器。最后，好几个探测器由于质量太沉、体积过大而妨碍了了消防员的活动（亿维讯，2009-03-12a）。

（3）系统或关键子系统必须出现以获得一个有用功能，但系统或子系统又不能出现，以避免出现有害功能。例如，在电子设备的生产车间里，转移焊接产生的气体是很有必要的。如果每个车间都放置一个强力排气通风设备，那么气体能很好地转移，但是由此产生的强气流会使工人们觉得很不舒服（亿维讯，2009-03-12b）。

7.1.2 物理矛盾的分类

物理矛盾可以根据系统所存在的具体问题，选择具体的描述方式来进行表达。总结归纳物理学中的常用参数，主要有三大类：几何类、材料及能量类、功能类。每大类中的具体参数和矛盾见表7-1（杨清亮，2006）。

表7-1 常见物理矛盾

类别	物理矛盾							
几何类	长与短	对称与非对称	平行与交叉	厚与薄	圆与非圆	锋利与钝	窄与宽	水平与垂直
材料及能量类	多与少	密度大与小	热导率高与低	温度高与低	时间长与短	黏度高与低	功率大与小	摩擦系数大与小
功能类	喷射与堵塞	推与拉	冷与热	快与慢	运输与静止	强与弱	软与硬	成本高与低

7.2 分离原理

7.2.1 物理矛盾的解决原理

解决物理矛盾的核心思想是实现矛盾双方的分离，物理矛盾的解决方法一直是TRIZ研究的重点内容。阿奇舒勒在20世纪70年代提出了11种解决方法，20世纪80年代Glazunov提出了30种解决方法。20世纪90年代Savrabsky提出了14种解决方法（侯智等，2002）。现代TRIZ在总结物理矛盾各种解决方法的基础上，提出分离原理来解决物理矛盾。

解决物理矛盾的过程可以分为以下四步：首先，将要研究的问题抽象成物理矛盾的形式，并确定两个相反的特性；其次，确定解决物理矛盾的分离原理；再次，根据分离原理选择相应的发明原理，得到解决物理矛盾的一般解；最后，根据实际情况，得出解决特定问题的特殊解。

解决物理矛盾的原理如图7-2所示。

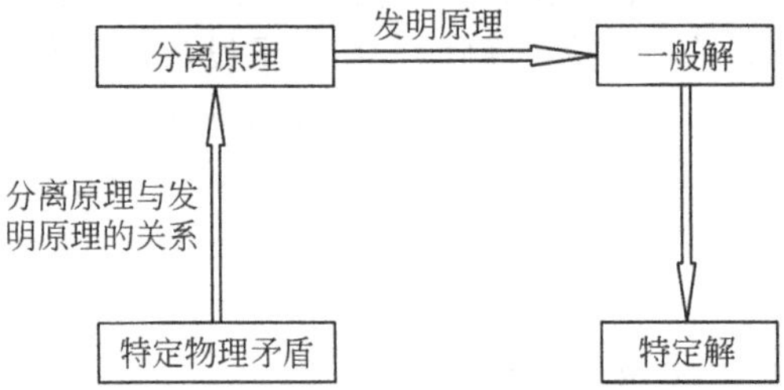

图7-2 物理矛盾解决原理

7.2.2 四大分离原理

对于物理矛盾的解决，TRIZ提供了4个分离原则：空间分离，时间分离，条件分离，整体与部分分离。分离原理简单说来可以归纳为四大分离原理和11个分离方法。

基于11个分离方法的大部分与76个标准解法相关，76个标准解法在后面的章节中会重点介绍，因此，本章对11个分离方法仅作简要介绍，重点阐述四大分离原理。

按照空间、时间、条件、系统级别，将分离原理概括为以下4种，如表7-2

所示。

表 7-2 四大分离原理

分离原理	释义
空间分离	将矛盾双方在不同的空间分离，以降低解决问题的难度。当系统矛盾双方在某一空间出现一方时，空间分离是可能的
时间分离	将矛盾双方在不同的时间分离，以降低解决问题的难度。当系统矛盾双方在某一空间只出现一方时，时间分离是可能的
条件分离	将矛盾双方在不同的条件下分离，以降低解决问题的难度。当系统矛盾双方在某一条件下只出现一方时，条件分离是可能的
整体与部分分离	将矛盾双方在不同的层次分离，以降低解决问题的难度。当系统矛盾双方在系统层次只出现一方时，整体与部分分离是可能的

7.2.2.1 空间分离

使用空间分离前，先确定矛盾的需求在整个空间中是否都在沿着某个方向变化。如果在空间中的某一处，矛盾的一方可以不按一个方向变化，则可以使用空间的分离原理来解决问题，也就是说，当系统或关键子系统矛盾双方在某一空间上只出现一方时，则使用空间的分离原理是可能的（杨清亮，2006）。

案例 7.1 电容器（亿维讯，2009-03-12c）

在 DRAM 设备中，信息储存在 MOS 集成电路板的半导体电容器里。

物理矛盾：目前随着设备尺寸的不断减小，电容器容量受到了限制。需要寻找一种方法，能在缩小电容器尺寸的同时，提高其电容量。

解决方案：可以在电容器的两个电极间按一定的间隔排列一些比电容器尺寸小得多的凹槽和突起。这样就大大增加了电极的表面积，所以电容量会大大增加，而且不会多占用半导体的空间，如图 7-3 所示。

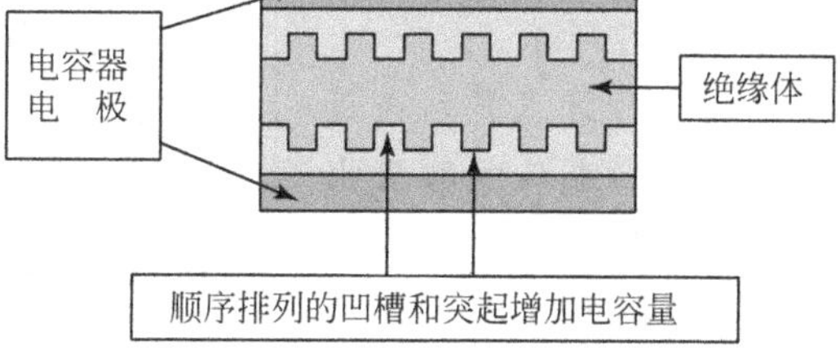

图 7-3 电容器内部结构示意图

案例7.2　多孔弹性材料减震坐垫（亿维讯，2009-03-12d）

减震坐垫用来保护驾驶员免受振动和冲击载荷。这种坐垫用多孔弹性材料制成，如橡胶海绵。椅垫是驾驶员座位的一部分，它有助于减少对脊柱的振动和冲击载荷。

物理矛盾：用多孔弹性材料制成的坐垫可以有效地吸收振动载荷，然而却不能有效地防止冲击载荷。

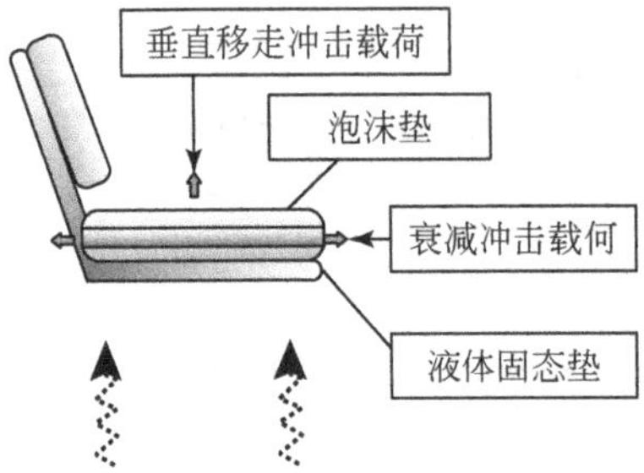

图7-4　多孔弹性材料减震坐垫示意图

解决方案：液体固态垫嵌入坐垫内。该垫是采用注有液体的封孔泡沫塑料制成。这种垫固定在驾驶员坐椅上的两层多孔弹性材料之间。

在机车运行过程中，冲击载荷通常直接从下面垂直传递到坐椅的表面。注有液体的封孔泡沫塑料能够将冲击载荷从接收载荷的坐垫平面上垂直移走，如图7-4所示。

案例7.3　火炬燃烧系统（亿维讯，2009-03-12e）

火炬在传递过程中要求不能熄灭，而且不论刮风还是下雨，都必须保持火炬燃烧的状态。尽管大家过去也都想了很多方法，但是在奥运会历史上还是经常出现意外。例如，第25届雅典奥运会在火炬传递的两个最重要的仪式上都曾出现熄火现象。与此不同，在悉尼奥运会上，奥运火炬首次实现在海底传递。

物理矛盾：对于一般的奥运火炬来说，要保证火焰不灭，那么必须要能够始终足够地产生大量的热才能在各种极端情况下维持火焰，相应地要求气体燃料足够多，燃烧室中产生火焰热量足够大才能抵御各种情况。这样势必要求燃烧系统所占的体积很大，相应火炬的质量也会增加。但是对于奥运火炬传递手来说，从安全的角度考虑，不希望火焰的热量过大，同时为了使用方便，也不希望火炬的体积和质量过大。

解决方案：将整个燃烧系统分为预燃室（precombustion chamber）和主燃室（main-combustion chamber），如图7-5所示。

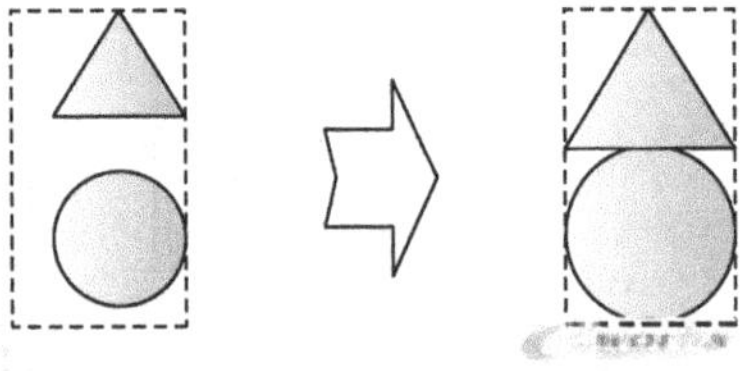

图7-5　火炬燃烧系统示意图

整个火炬燃烧系统的工作方式是：当稳压阀打开以后，燃气以气态形式从气罐里出来，然后经过稳压阀。气体从稳压阀出来后，会经过回热管，到达阀门后气体“兵分两路”，一路流到燃烧器的预燃室，另外一路流到主燃室。到达预燃室的气体与空气形成预混火焰；到达主燃室的气体将进行空气的补燃，形成饱满的火焰。火炬内的预燃室保持一个比较小但十分稳定的火焰，如果出现极端情况，主燃室火焰熄灭，预燃室仍能保持燃烧，保证火炬不熄灭。另外，火炬的燃气罐和稳压阀是连接在一起的。稳压阀的作用是使从气罐里出来的气体经过稳压阀后，保持一定的压力。如果气体压力稳定的话，在各种气候变化下，火炬的火焰都能保持一定高度。

7.2.2.2　时间分离

使用时间分离前，先确定矛盾的需求在整个时间段上是否都在沿着某个方向变化，如果在时间段的某一段，矛盾的一方可以不按一个方向变化，则可以使用时间的分离原理来解决问题。也就是说，当系统或关键子系统矛盾双方在某一时间段中只出现一方时，则使用时间的分离原理是可能的（杨清亮，2006）。

案例 7.4　风雨的时空分离（亿维讯，2009-04-07）

古时候的一个神话故事说，有一次土地爷外出，临行前嘱咐他的儿子替他在土地庙“当值”，并且一定要把前来祈祷者的话记下来。他走后，前前后后来了四个祈祷者——一位船夫祈祷赶快刮风，以便乘风远航；一位果农祈祷别刮风，以避免把快成熟的果子刮下来；一位种地的农民祈祷赶紧下雨，以免耽误了播种的季节；一位商人祈祷千万别下雨，以便趁着好天气带着大量的货物赶路。这一下可难住了土地爷的儿子，他不知该怎么办才能满足这些人的彼此不同的要求，只好把所有祈祷者的话都原封不动地记了下来。

很快，土地爷回来了，看了儿子的记录，哈哈一笑说：“别愁眉苦脸了，照我的办法做就是了，肯定能满足他们各自的要求。”土地爷提笔在上面批了四句话：“刮风莫到果树园，刮到河边好行船；白天天晴好走路，夜晚下雨润良田。”如此一来，四个不同的祈祷者都如愿以偿、皆大欢喜。其实，土地爷的前两句话说的是风的“空间分离”，后两句话说的是雨的“时间分离”。

7.2.2.3　条件分离

在基于条件的分离前，先确定矛盾的需求在各种条件下，是否都在沿着某个方向变化，如果在某种条件下，矛盾的一方可不按一个方向变化，则可以使用基于条件的分离原理来解决问题。也就是说，当系统或关键子系统矛盾双方在某一条件下只出现一方时，则使用基于条件的分离原则是可能的（杨清亮，2006）。

案例 7.5　自抛光防污涂层保护船体（亿维讯，2009-03-12f）

物理矛盾：含有防污剂的不溶解涂层可以用来保护船体。当这些涂层暴露在水中时，由于受到水的侵蚀会使船体的表面变得凹凸不平，这种凹凸不平的表面增加了船体表面与水的摩擦并形成涡流。另外在涂层受到侵蚀后，船体就丧失了避免受海洋生物污染的能力，因此，船体将很容易被损坏。所以，需要一种方法能够形成更有效的涂层对船体进行有效的保护。

解决方案：采用自抛光防污涂层来对船体进行有效的保护。自抛光防污涂层含有可水解成分和防污剂，可水解成分是通过二价金属不饱和脂肪酸的皂化反应生产的，将防污剂添加到可水解成分中，通过皂化的脂肪酸与环境空气中的氧气之间相互作用产生可水解的薄膜，该薄膜覆在船体上从而形成了自抛光涂层。在海水中该涂层可以逐渐水解，水解的过程中，涂层不断地产生光滑更新的表面，即进行自抛光处理。自抛光涂层不会受水的侵蚀，并同时防止船体表面与海水接触，对船体进行保护。另外，涂层中含有的防污剂可以防止船体被污损。如果船体的表面达到了防污保护的效果，船体和水之间的摩擦就能最大限度地减小。因此，自抛光防污涂层可以有效地对船体进行保护，如图7-6所示。

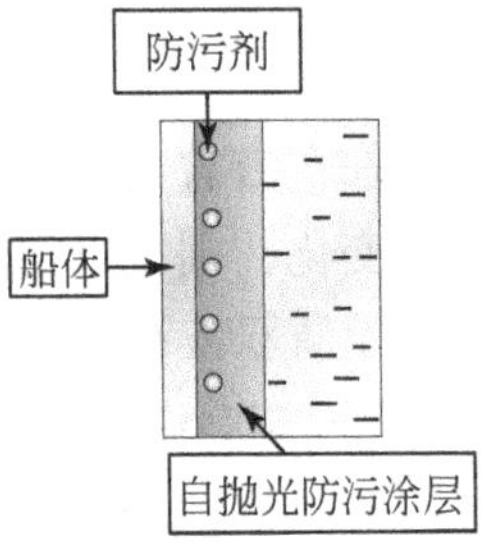

图7-6 条件分离方案示意图

7.2.2.4 整体与部分分离

当系统或关键子系统矛盾双方在子系统、系统、超系统级别内只出现一方时，可使用整体与部分分离原则解决问题（杨清亮，2006）。

案例7.6 鞋子生产（亿维讯，2009-04-07）

某欧洲鞋业公司生产一种知名品牌的运动鞋。为了节约生产成本，这个欧洲鞋业公司把生产地点转移到了东南亚某个国家。

在鞋子的生产过程中，生产工艺和质量控制得非常严格，一切似乎很顺利。但是没有过多久，问题出现了：管理者很快发现少数当地工人有偷鞋子的行为。管理者曾经多次公开警告，包括使用降薪、开除等管理手段，但是始终难以奏效。

物理矛盾：生产过程需要降低人工成本，因此需要让东南亚国家的当地工人生产鞋子，但是因为有当地工人偷鞋子，所以又不能让当地工人生产鞋子。在这里，“既要”又“不要”让当地工人生产鞋子的矛盾出现了。

解决方案：在咨询了技术创新专家以后，最后这个欧洲鞋业公司选择了以下的生产方案：生产地点还是选择在东南亚，但是，在某个国家生产左边鞋子，在另外一个国家生产右边鞋子，在第三个国家生产鞋带——对于生产地点来说，应用的是空间分离原理；对于鞋子来讲，应用的则是整体与部分的分离原理。

事实上，物理矛盾和技术矛盾是可以彼此转换的，通常来讲，很多技术矛盾，经过分解和细化，最终都转化成了物理矛盾，可以用4个分离原理来解决。

下面通过两个案例来说明如何用分离原理解决物理矛盾。

案例 7.7 定值器之膜片（张付英等，2003）

定值器是边缘位置控制系统的重要组成部件，是高精度的气动减压阀，其作用是将 0.13 ~0.19 兆帕的输入压力降到 0.02 ~0.03 兆帕的气动传感器的检测信号，且要求输出压力波动不大于最大输出压力的 1%，如图 7-7 所示。因此，定值器应有较高的调压特性和稳压精度，而这两个特性取决于膜片的受压面积与阀通口面积的比值及溢流孔的溢流作用。这就要求加大膜片的面积，而加大膜片的面积意味着增大定值器的体积。

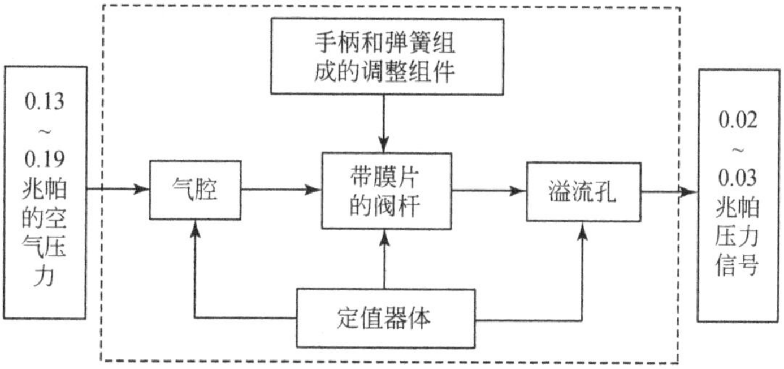

图 7-7 定值器系统的结构图

膜片面积既要大又要小是定值器的物理矛盾。表 7-3 是采用物理矛盾解决方法消除物理矛盾的总结。

表 7-3 物理矛盾的消除方案

物理矛盾的分离原理	消除物理矛盾的方法
将两个矛盾特性在时间上分离	使膜片在不同的时间具有不同的面积
将两个矛盾特性在空间上分离	使膜片在某一气腔具有较大的面积，而在另一气腔具有较小的面积
将两个矛盾特性依据条件分离	使膜片在工作条件下与静止条件下具有不同的面积
将两个矛盾特性进行整体与局部的分离	将整体面积较大的膜片用局部面积比较小的膜片来取代

案例 7.8 液压缸活塞密封性能和结构问题（张付英等，2006）

液压缸的低速特性、灵敏性和动静刚度在很大程度上取决于液压缸活塞和活塞杆往复密封性能，因此往复密封技术是液压缸设计的关键。活塞密封在往复运动中需要对两个方向的压力介质实现密封，密封不良会引起内泄漏，导致不确定的活塞位置；反之，密封部位过紧，则又加大密封处的摩擦和磨损，致使动静特性降低。因此，液压缸活塞密封技术实质上是解决密封与磨损、密封件双向受压与轴向尺寸限制之间的冲突。

液压缸活塞密封技术系统的组成如图 7-8 所示。液压活塞密封的基本功能是阻止液体的流动，完成其分功能（产生弹性力）的子系统包括缸体、活塞密封体、缸盖和液压油，其超系统为液压缸和油源。图内括号中表示的是系统、超系统、子系统的功能，矩形框表示相应的结构组成。可见，密封件和密封结构是液压缸活塞密封的关键技术，密封性能主要取决于装配后密封体的弹性力和密封体与相滑移表面间的摩擦力。

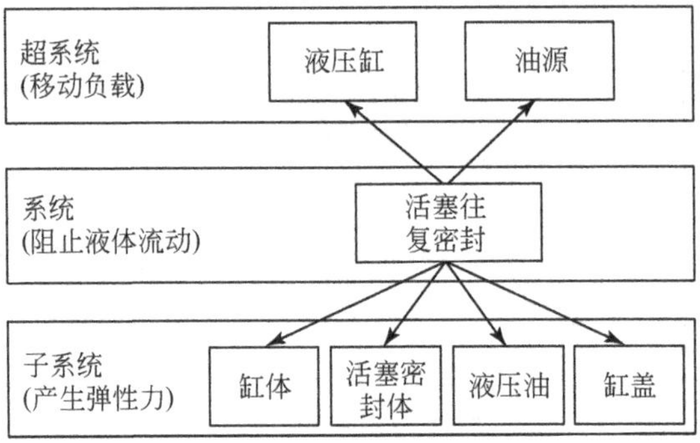

图 7-8　液压缸活塞往复密封的组成分析

将液压往复密封的技术冲突扩大到极限状态就得到物理冲突，即密封体产生的弹性力既要大又要小，密封件的轴向尺寸既要大又要小。

基于空间分离原理、时间分离原理、条件分离原理和整体与局部的分离原理，构思出液压缸活塞密封性能和结构问题的解决方案。

（1）空间分离原理构思的密封性能和结构解决方案。①将润滑与密封在轴向分离，如图 7-9（a）所示。②将润滑与密封在径向上分离，如图 7-9（b）所示。

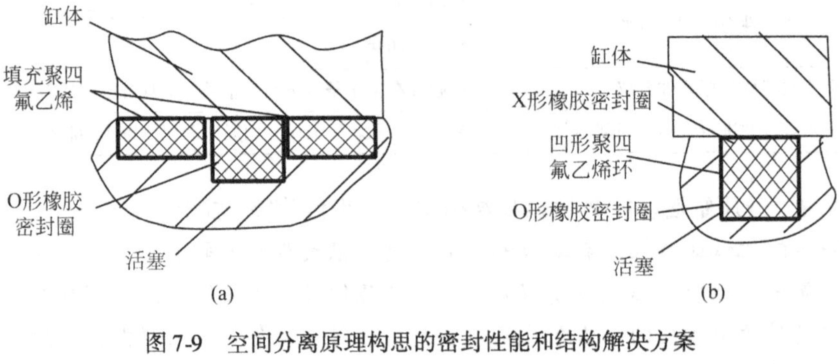

图 7-9　空间分离原理构思的密封性能和结构解决方案

（2）时间分离原理构思的密封性能和结构解决方案。①两个方向的运动由不同的密封体密封，如图 7-10（a）所示。②向高压腔运动时高压液体增大密封压力，向低压腔运动时由弹簧增大弹性力，如图7-10（b）所示。

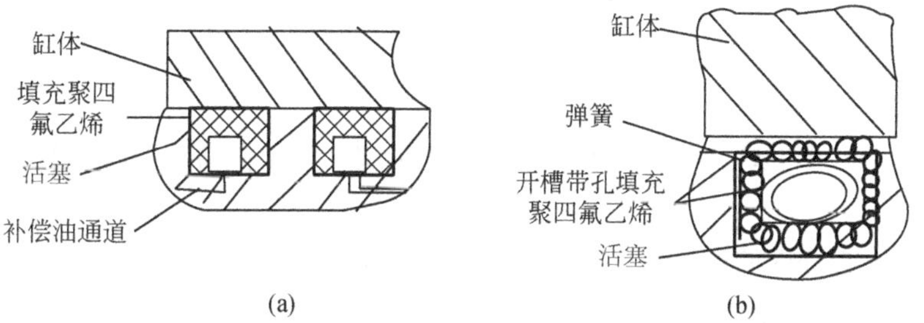

图7-10 时间分离原理构思的密封性能和结构解决方案

（3）条件分离原理构思的密封性能和结构解决方案。①低速时同耐磨环减小摩擦力，高速由小槽贮存的液体形成润滑油膜，如图7-11（a）所示。②低压时由T形圈的形状密封，高压时靠T形圈的变形密封，如图7-11（b）所示。

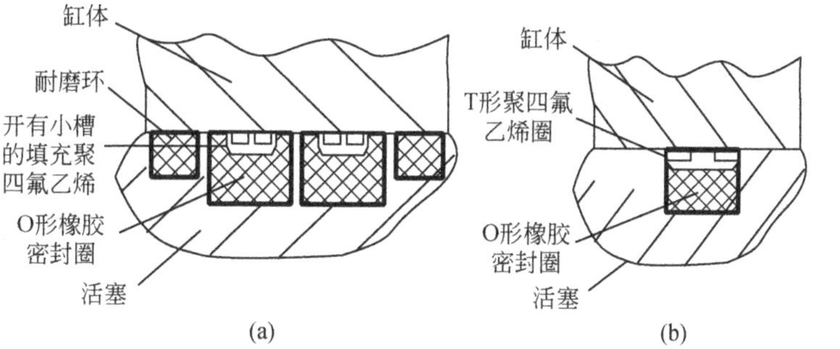

图7-11 条件分离原理构思的密封性能和结构解决方案

（4）整体与部分分离原理构思的密封性能和结构解决方案。①密封功能和减磨功能分别由不同材料密封件完成，如图7-12（a）所示。②双向密封与减磨功能分别由不同材料密封件完成，如图7-12（b）所示。

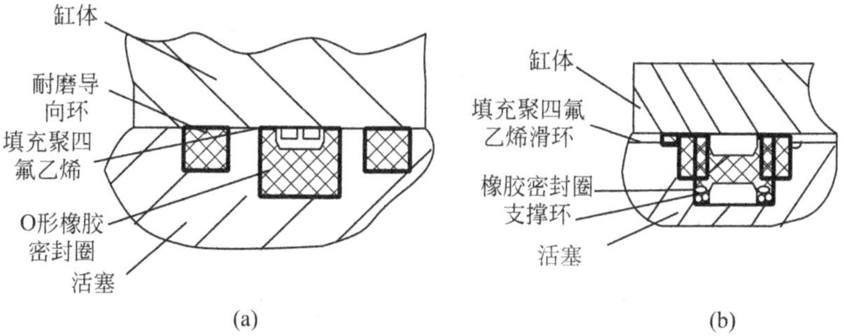

图7-12 整体与部分分离原理构思的密封性能和结构解决方案

思考题：城市建设交通网路时必须设置很多交叉十字路口，以便让车辆驶向目的地，但道路建设又要尽量没有十字路口，以避免车辆相撞，那么如何利用分离原理来兼顾十字路口设计两方面的需求呢？

7.2.3 物理矛盾的 11 个分离方法（杨清亮，2006）

（1）矛盾特性的空间分离。从空间上进行系统或子系统的分离，以在不同的空间实现相反的需求。例如：

矿井中，喷洒弥散的小水滴是一种去除空气中粉尘很有效的方式。但是，小水滴会产生水雾，影响可见度。为解决这个问题，可以使用大水滴锥形环绕小水滴的喷洒方式。

（2）矛盾特性的时间分离。从时间上进行系统或子系统的分离，以在不同的时间段实现相反的需求。例如：

根据焊接的缝隙宽窄的变化，调整焊接电极的波形带宽，这样电极的波形带宽是随时间变化的，以获得最佳的焊接效果。

（3）将同类或异类系统与超系统结合。例如：

为提高涡轮的旋转速度，同时保持工作液体允许的流动速度，涡轮由多级部分制成，第 1 部分的转轴与第 2 部分的机体相连等，结果，角速度从第 1 部分到随后的部分得到逐级加速。

（4）将系统转换为反系统，或将系统与反系统相结合。例如：

电声传感器的有源元件是使用组合设计来制造的，为提高电、声参数的耐热性，多对相邻的部件是用与变化的压电系数相关的、具有正负相反特性的导热系数的材料制造的。

（5）系统具有一种特性，其子系统有其相反的特性。例如：

用于夹紧零件的老虎钳的工作零件，具有由系列相连的钢衬套组成的复杂形状。每个零件（衬套）是刚性的同时，工作零件又是柔性的。

（6）将系统转换到微观级系统。例如：

可控泵由多重的、反向绕线的鼓形转子和定子所组成。为获得经由温度变化的更准确的控制，定子和转子使用不同热膨胀系数的材料制造。

（7）系统中的状态交替变化。例如：

为在矿井中提供风力系统，使用液化气体代替压缩气体。

（8）系统由一种状态转换为另一种状态。例如：

可控电容器由两块金属片、中间夹一层绝缘材料和绝缘温度控制装置组成。为加大电容变化范围，绝缘体由两层组成，一层具有与温度无关的绝缘渗透性；

另一层由具有“金属绝缘”相变的材料制成。

(9) 利用系统状态变化所伴随的现象。例如:

用来运输冰冻重物的装置，使用冰来制作支撑件。融化的冰可起到润滑作用，从而有效地减少摩擦阻力。

(10) 以具有两种状态的物质代替具有一种状态的物质。例如:

为减少噪声，捕获切削过程中产生的气泡和碎片，用泡沫盖住加工区，工具可以穿过泡沫，但噪声和气泡却不可以穿过去。

(11) 通过物理和化学的转换使物质状态转换。例如:

热导管的工作液体在管中受热区蒸发并产生化学分解。然后，化学成分在受冻区重新结合恢复到工作液体。

思考题：标准空气过滤器含有一层多孔过滤材料。当气流通过过滤材料时，它的气孔可将灰尘颗粒吸附。如果孔的直径过小，尽管可以很好地将灰尘吸附，但会将过滤器早早地堵塞。如果孔的直径过大，虽不能将过滤器早早地堵塞，但不能很好地将灰尘吸附。请用一种分离方法来解决空气过滤器中存在的矛盾。

7.3 分离原理与40个发明原理的综合应用

英国巴茨大学的Mann通过研究提出，解决物理矛盾的分离原理与解决技术矛盾的发明原理之间存在关系，对于一条分离原理，可以有多条发明原理与之对应（檀润华，2002）。只要能够确定物理矛盾及分离原理的类型，40个发明原理和发明原理的工程实例可以帮助设计者尽快确定新的设计概念。分离原理和40个发明原理的关系如表7-4所示。

表7-4 分离原理与40个发明原理的关系图

分离原理	发明原理	名称
空间分离原理	发明原理1	分隔
	发明原理2	抽取
	发明原理3	局部质量改善
	发明原理4	不对称
	发明原理7	嵌套
	发明原理13	逆向运作
	发明原理17	多维运作
	发明原理24	中介
	发明原理26	复制
	发明原理30	利用软壳和薄膜

续表

分离原理	发明原理	名称
时间分离原理	发明原理 9	预先反作用
	发明原理 10	预先作用
	发明原理 11	预先防范
	发明原理 15	动态化
	发明原理 16	部分或过分行动
	发明原理 18	机械振动
	发明原理 19	周期性作用
	发明原理 20	连续有效作用
	发明原理 21	跃过原则
	发明原理 29	气体力学和水力学
	发明原理 34	抛弃和再生
	发明原理 37	热膨胀
条件分离原理	发明原理 1	分割
	发明原理 5	合并
	发明原理 6	普遍性
	发明原理 7	嵌套
	发明原理 8	配重
	发明原理 13	逆向运作
	发明原理 14	曲面化
	发明原理 22	变害为利原则
	发明原理 23	反馈
	发明原理 25	自我服务
	发明原理 27	替代法
	发明原理 33	同质性
	发明原理 35	参数改变
整体与部分分离原理	发明原理 12	等势原则
	发明原理 28	机械系统替代
	发明原理 31	多孔材料
	发明原理 32	颜色的改变
	发明原理 35	参数改变
	发明原理 36	相变
	发明原理 38	加速氧化
	发明原理 39	惰性环境
	发明原理 40	复合材料

案例 7.9 负流量控制泵的空间分离（周燕辉等，2008）

液压挖掘机由于工作负荷变化大，环境不同，操作条件也千差万别，所以液压系统的效率差别很大。为了减少液压系统的功率损失，减少系统发热，提高设备的使用效率，应用 TRIZ 对液压挖掘机的控制系统进行了改进设计，采用电子控制技术的负流量控制系统。

负流量控制的本质是一种恒流量控制系统。在传统的负流量控制挖掘机上，负流量控制功能通常用负流量控制泵实现。如图 7-13 所示，将流量检测节流口前的压力直接连到图中的负流量先导控制口 X_1，在负流量控制阀的作用下，泵排量随先导压力的增加而减小。X_1 口为先导压力油入口，来自于六通阀的中位回油流量检测装置。其不足之处在于多路阀调速范围有限，受负载影响大。一旦阀芯越过调速区，负流量控制功能就失去作用而功率限制功能开始动作，使切换过程中系统流量变化较大，从而导致功率的损失。

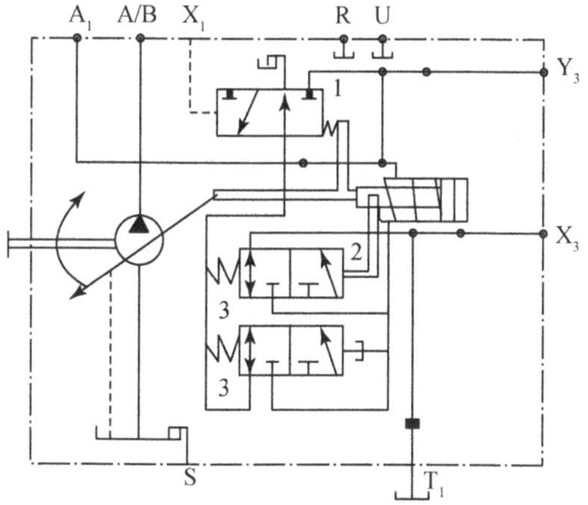

1－负流量控制阀 2－功率限制阀 3－压力切断阀

图 7-13 负流量控制泵原理图

1） 发现冲突

该冲突可以描述为希望实现泵排量随先导压力的增加而增大，这样就能根据负载情况更好地调节泵排量的大小，提高工作效率。而传统的负流量控制系统实现泵排量随先导压力的增加而减小，同样条件下，就不得不提供给泵更多的流量，导致功率损失或利用率不高。所以就出现了功率增大与减小的物理冲突。

2） 采用分离原理及相应的解决原理

对比 4 个分离原理，不难发现空间分离对本项改进设计更有启发性，因此采用空间分离，对应的原理见表 7-4 中“空间分离原理”部分。

经过仔细分析，发现原理 2 与原理 24 对物理矛盾的解决借鉴意义较大。根据原理2，设想将总油路进行分离；再根据原理24，在相应的位置增加电子控制装置，具体设计见图7-14。

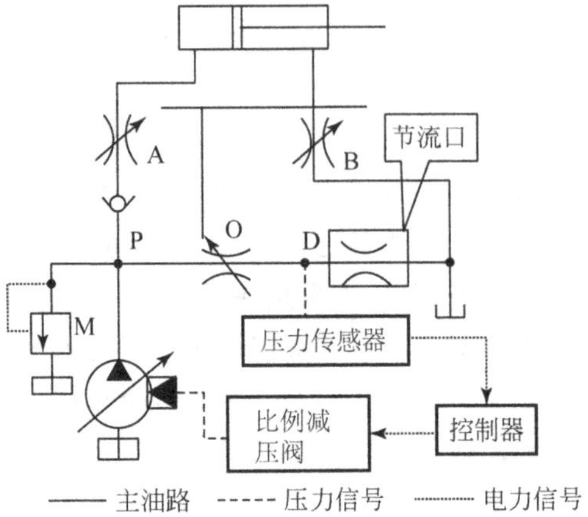

图7-14 电流比例负流量控制原理图

在P口，将总油路分开为两条分油路，当阀芯位于微调区时，多路阀的A口、O口都处在打开的状态，使泵输出的流量经过P口后分成两部分，一部分通过A口进入液压缸，另一部分通过O口和流量检测节流口回油箱。在这一过程中，用节流阀B控制通过节流口的工作压力和流量为定值，控制通过节流阀O的流量，泵排量缓慢上升，只需要调整阀芯位置改变A口和O口的通流面积比，从而使增加的泵输出流量都通过A口流入液压缸，进而提高了效率。在整个系统中，还增加一些“反馈”装置，在多路阀的旁路回油路上加装了流量检测节流孔，在该处安装压力传感器用来测量回路的压力变化。在液压泵的转动轴输入端安装转速计，转速计的输出电压反映了泵的转速变化，泵的转速变化又反映了泵排量的变化。

本章小结

本章从以下方面详细介绍了技术系统中存在的物理矛盾及其解决原理：①物理矛盾的表现及分类；②物理矛盾的解决原理；③四大分离原理，即空间分离原理、时间分离原理、条件分离原理以及整体与部分分离原理；④物理矛盾的11个分离方法。

思考题

1. 请用分离原理解决“在不使机舱空间变得局促的同时增加乘客座位”。

2. 试分析分离原理与40个发明原理之间的关系。

参考文献

阿孜古丽·吾拉木，胡文珍，杨炳儒．2004. 非工程领域中的TRIZ. 计算机工程与应用，26：98-100.

侯智，张根保，余德忠，等．2002. 基于TRIZ的计算机辅助矛盾解决系统．计算机应用，22（12）：71-73.

檀润华．2002. 创新设计——TRIZ：发明问题解决理论．北京：机械工业出版社．

杨清亮．2006. 发明是这样诞生的：TRIZ理论全接触．北京：机械工业出版社：79-87.

亿维讯．2009-03-12a. 特殊消防服．http：//www. iwint. com. cn/ch/triz/case-study-other-20090312-143523. html.

亿维讯．2009-03-12b. 如何在不产生强气流的情况下实现工作场所的通风．http：//www. iwint. com. cn/ch/triz/case-study-elec-20090312-143312. html.

亿维讯．2009-03-12c. 如何在不增加储能电容器尺寸的同时，提高其电容．http：//www. iwint. com. cn/ch/triz/case-study-elec-20090312-143233. html.

亿维讯．2009-03-12d. 减震坐垫．http：//www. iwint. com. cn/ch/triz/case-study-auto-20090312-143024. html.

亿维讯．2009-03-23e. 从奥运火炬看TRIZ理论．http：//www. iwint. com. cn/ch/triz/triz-paper-20090323-174029. html.

亿维讯．2009-03-12f. 自抛光防污涂层保护船体．http：//www. iwint. com. cn/ch/triz/case-study-ship-20090312-142615. html.

亿维讯．2009-04-07. 创新的工具：如何解决物理矛盾．http：//www. iwint. com. cn/ch/datum/datumstorage/downl0addir9Wfw0ytreDreDela2dz/08112812256314. pdf.

张付英，刘卉，张林静．2006. 基于TRIZ冲突解决原理的液压缸活塞密封技术研究．润滑与密封，180（8）：30-33.

张付英，徐燕申，沈浩，等．2003. 基于TRIZ矛盾解决原理的定值器设计研究．液压与气动，（11）：14-16.

周燕辉，彭光良，夏翔，等．2008. TRIZ理论在液压挖掘机控制系统中的应用．机床与液压，36（12）：122，123.

8 物－场分析法

通过前面第 6 章的学习可知，通用工程参数（39 个）是连接具体问题与 TRIZ 的桥梁，然而在实际问题分析过程中，为表述系统存在的问题，工程参数的选择是一个难度较大的工作，需要全面的专业知识、丰富的经验和对 TRIZ 的 39 个通用工程参数的正确理解。在许多未知领域，我们又如何将一个具体问题准确转化并表达为 TRIZ 的标准问题呢？本章将介绍 TRIZ 的另一种重要的问题分析工具，即物－场（substance-field）分析法。

物－场分析法是 TRIZ 中一个重要的问题分析工具，利用物－场分析法可以描述各个领域不同复杂程度的标准问题。最早提出物－场分析法这一概念的是阿奇舒勒，他的专著《创造是一门精密的科学》（Altshuller，1984），详细论述了物－场模型的概念和物－场分析法的基本原理。物－场分析法是一个针对具体问题、通过建立模型来进行分析的工具，它从技术系统的功能出发，用符号语言来快速而又简单地建立与已经存在的系统或新技术系统问题相联系的功能模型（即物－场模型），并根据物－场模型的类型，提出了相应的 6 个一般解法和 76 个标准解法。

本章从技术系统的功能出发，详细介绍物－场分析法中物－场模型的结构、物－场模型的三元素（两个物质和一个场）、描述三元素之间关系的符号系统，并通过实例介绍物－场模型的构建过程，介绍物－场模型的类型及相应不同类型的一般解法，并通过典型案例介绍物－场分析法在创新设计中的应用（图 8-1）。

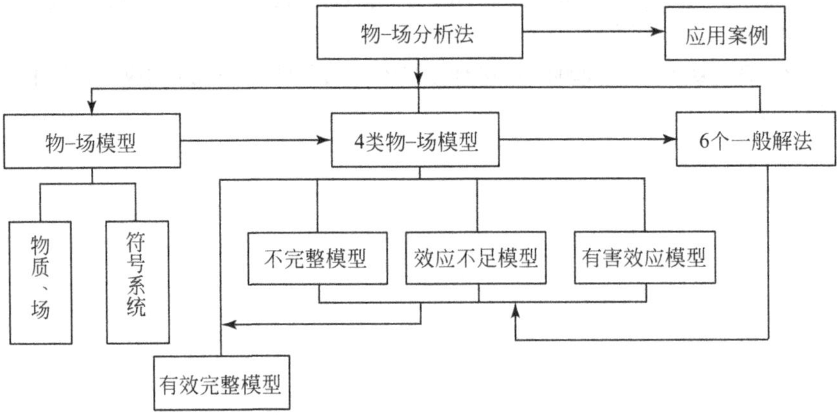

图 8-1　本章结构框图

8.1 物－场分析法概述

8.1.1 物－场分析法中的功能描述

每个系统的出现都是为了实现一定的功能，系统的功能可以是一个比较大的总功能，也可以是分解到子系统的功能。阿奇舒勒对系统功能进行了认真的分析，总结出三条规律：所有功能都可分解为三个基本元素，即两个物质 S_1、S_2 和一个场 F；将相互作用的三个基本元素有机组合，可构成一个功能；一个完整的功能必须由这三个基本元素组成。用一个简单的三角形来方便地表示这三个基本元素，如图 8-2 所示，三角形下边的两个角是物质，上角是场。物－场分析法旨在用符号语言清楚地描述系统（或子系统）的功能，它能正确描述系统的构成要素以及构成要素之间的相互关系。

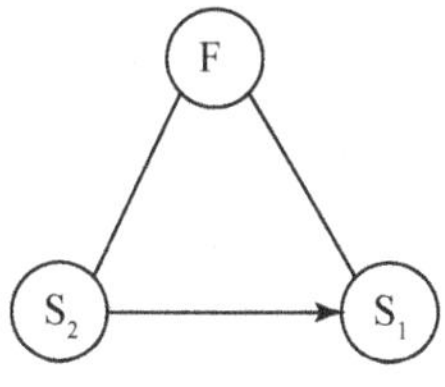

图 8-2 物－场模型图

8.1.2 物－场分析法中的三元素

8.1.2.1 物质（substance）

物－场模型中的“物质”（S_1、S_2）是一种与任何结构、功能、形状、大小、材质等无关的实物。可以是复杂的实物（如汽车、轮船、计算机、宇宙飞船等），也可以是简单的实物（如杯子、铅笔、纸等）；可以是体积大的实物（如太阳、地球甚至整个宇宙），也可以是体积小的实物（如原子、分子、电子，甚至可以是夸克、胶子等）；物质还可以是人、环境等。

物质所处的物态可以是处于常温、常压的固、液、气态，也可以是处于超高温、超高压的中子态、等离子体和超低温、超低压的金属氢、超导、超流等状态。

一般情况下，S_2 代表工具（主动元件），S_1 代表原料（被动元件）。

8.1.2.2 场（field）

物理学中“场”的定义：“场”（F）是物理学中的一个基本术语，是物质存在的一种基本形式。“场”总是弥漫在一定的空间范围内以连续的物质形式存在，场内每一点都对应着一定大小的标量或矢量。“场”的作用是充当传递实物间相互作用的媒介，如电场（由带电体在其周围产生的场）是传递两个带电体间电场力作用的媒介（图8-3）。

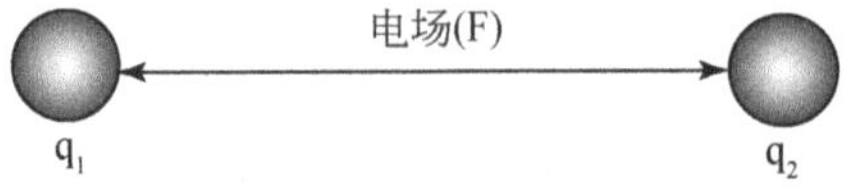

图8-3　电场的媒介作用

物–场分析法中的“物质”是一种实物，是以空间间断形式存在的物质形态；而“场”是以连续形式存在的物质形态（徐行可等，2004）。

物–场分析法中的“场”是传递物质 S_1、S_2 之间相互作用的媒介，是实现系统功能的重要手段，表示对系统的一种“作用”，或者是一种“效应”，以达到系统所需要完成的功能。它包含两类形式的场：第一类是物理学中定义的场（包括电磁场、引力场、强作用场和弱作用场），这些场是以物质形态存在的，所以也称“物质场”；第二类是由物质场推广来的能量形式的场（如机械能、热能、化学能、核能、光能等），有的地方也称之为“技术场”。能量场与物质场都携带场源的能量，可以给系统中的物体施予力的作用，或者直接给系统提供能量，从而改变系统中物体的运动状态，促使系统发生反应，实现系统所需要的功能。可见，在物–场分析法中，物质场与能量场具有同等的地位与作用。

为了详细而又快速地了解“场”，表8-1列举了一些典型的“场”。

表8-1　物–场分析法中的“场”

名称	符号	实例
电场	E	静电场、稳恒电场、感应电场
磁场	M	稳恒磁场、铁磁场、地磁场
引力场	G	重力场
机械能	Me	动能、弹性势能、离心能、惯性能、机械振动
热能	T	热传导、热膨胀、热储存
化学能	C	石油、天然气、煤、蓄电池
光能	O	可见光、红外光、紫外光
声能	A	声波、超声波
核能（原子能）	N	核裂变、核聚变
辐射能	R	X射线、微波

注：①电场和磁场是统一的整体，是电磁场紧密联系、相互依存的两个侧面，即电场和磁场并不是两种不同的场，而是电磁场的两种属性。②有些场之间的界限并不严格，例如，声波是通过机械振动传播能量，所以有时也把声能归结为机械能；光能O和辐射能R都是通过电磁波动传递能量，所以也可统称为电磁能。

场的类型适用脚标，即 F_{Type} 的形式，例如，F_{Me} 表示机械场，F_E 表示电场。

在物 - 场分析法中，不同的“场”其可控性大不相同，有些场容易控制（即可控性强），有些场难以控制（即可控性弱），有些场根本就不能控制。可控性强的场可增强物 - 场效应，有效地实现系统所需要完成的功能。在利用物 - 场分析法描述实际问题、建立物 - 场模型时，该如何选择“场”呢？原则是：在没有特殊需求和限制的情况下，为了增强物 - 场效应，需要选择更可控制的“场”。物 - 场分析法中常用场的可控性强弱顺序为电场、磁场—热能—机械能—化学能—引力场。例如，日常生活中，常用的交通工具有汽车、火车、出租车等，所用的能源为化学能，如汽油、煤、蓄电池等，但这些能源在利用的时候或多或少都会排除废气，对我们的环境造成严重的污染。而利用可控性强的电磁能的磁悬浮列车（工作原理是：利用常导或超导使电磁铁与感应磁场之间产生相互吸引或排斥力，使列车“悬浮”在轨道上面或下面，作无摩擦的运行），由于具有不需要燃料而污染少、不与地面（轨道）接触、没有机械噪声和磨损等优点，所以磁悬浮列车是人们梦寐以求的理想的陆上交通工具。

8.1.3 物 - 场分析法中的符号系统

TRIZ 中对物 - 场模型的功能表述构建了符号系统。符号系统中的符号用来描述系统中两个元素之间作用（或效应）的类型。常见的符号如表 8-2 所示（檀润华等，2001）。

表 8-2 物 - 场分析法中常用的符号

符号	意义	符号	意义
——→	有效作用或期望的效应	- - - - - - →	不足的作用或效应
∿∿∿→	有害的作用或效应	——	两元素间的连接
⇒	模型转换		

有效作用（或期望的效应）是用于描述系统能够达到功能需求的指标，实现有用的功能；不足作用（或效应）是用于描述两元素间能进行预定的作用，但作用不足，未能达到预期效果；有害作用（或效应）用于描述两元素间产生的有损害的作用，是系统不需要的功能或效果。

阿奇舒勒提出的物 - 场模型对于描述产品的一个功能是方便的，但一个产品往往有多个功能，该模型在描述多功能时，并不十分方便。Royzen（1999）、Terninko（2000）等提出了新的适应性更强的符号系统，如表 8-3 所示（檀润华，2001）。另外，Savransky（2000）也提出了描述两元素间更多的作用（或效应）的符号系统。

表 8-3　新型符号系统

符号	意义	符号	意义
	有效作用或期望的效应	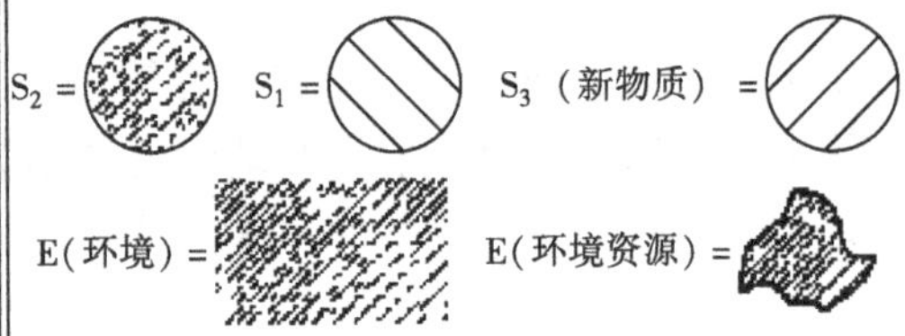	
	有害的作用或效应		
	不足的作用或效应		
	未评估的效应		
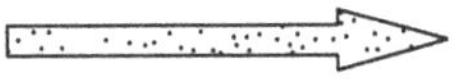	模型转换		
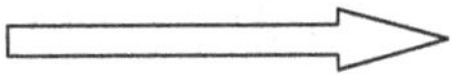	导致的结果		

8.1.4　物-场分析法中物-场模型的类型

基于上述功能符号系统和物-场模型的三个基本元素，可构建 4 类基本的物-场模型。

（1）有效完整的物-场模型。物-场模型中的三元素齐全，S_2 与 S_1 之间的作用有效，且能达到系统所期望的要求。这是设计者追求的效应。

（2）不完整的物-场模型。物-场模型中的元素不齐全，可能缺少场，也可能缺少物质，需要补充所缺少的元素才能实现有效完整的功能。

（3）效应不足的完整物-场模型。物-场模型中的三元素齐全，但 S_2 对 S_1 产生的作用（或效应）不足，达不到系统所期望的要求，需要加强两元素间的作用。

（4）有害效应的完整物-场模型。物-场模型中的三元素齐全，但 S_2 对 S_1 产生有害的作用，未能达到系统所期望的要求。

技术系统中的任何物-场模型都是由以上 4 类基本模型构成的，单一功能的系统物－场模型可能是前面的四种模型中的一个。多功能的复杂系统，当系统中的功能为非独立功能时，有时需要用复杂物－场模型来表示。Royzen（1999，2008）等对物－场模型进行了研究、改进，提出了TOP模型，该模型的基本特征是采用tool（工具）、object（目标）、action（效应）和product（产出）的方法来对系统进行物－场模型描述与分析，其优点在于：能完整描述任何多功能的系统，且功能之间的关系更加清晰、明确。

8.2　物－场分析法中的一般解法

8.2.1　物－场模型的构建

在物－场分析法中，场F通过物质S_2作用于S_1，并改变S_1，达到系统所需要完成的功能。如何构建物－场模型呢？通常可由以下三步来完成。第一步：确定问题，并找出组成系统功能的元素。第二步：分析元素之间的作用（或效应），确定物－场模型的类型。第三步：画出物－场模型图。下面通过实例来构建物－场模型。

案例8.1　吸尘器清洁地毯的物－场模型构建（杨清亮，2006）

第一步：确定问题，并找出组成系统功能的元素。

需要实现的功能：清洁地毯。

物质S_2：吸尘器（工具）；物质S_1：地毯；场F：机械场。

第二步：确定物－场模型的类型。

机械场F通过吸尘器S_2作用在地毯S_1上，能达到系统所需要完成的功能，属于有效完整的物－场模型。

第三步：画物－场模型图，如图8-4所示。

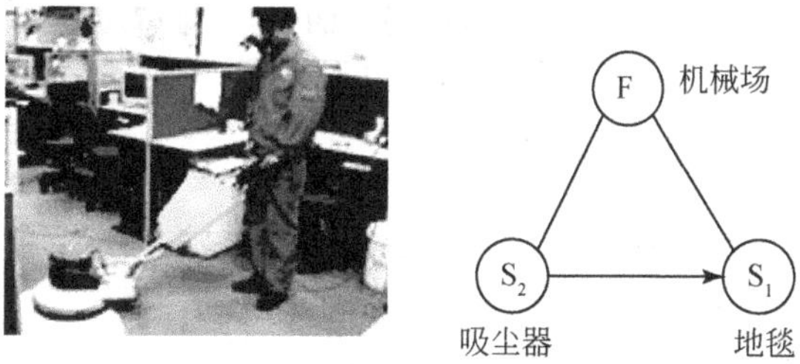

图8-4　吸尘器清洁地毯的有效完整的物－场模型图

案例 8.2　传统烟花燃放对大气的污染问题

第一步：确定问题，并找出组成系统功能的元素。

需要实现的功能：排除污染。

物质 S_2：烟花（工具）；物质 S_1：大气；场 F：化学能。

第二步：确定物－场模型的类型。

烟花燃放（火药爆炸）时，一种带有刺鼻硫黄味的气体将排放到大气中，对大气造成严重污染，即化学场 F 通过烟花 S_2 作用到大气 S_1 中，对大气产生了有害作用，不能实现系统所需要完成的功能，属于有害完整的物－场模型。

第三步：画物－场模型图，如图 8-5 所示。

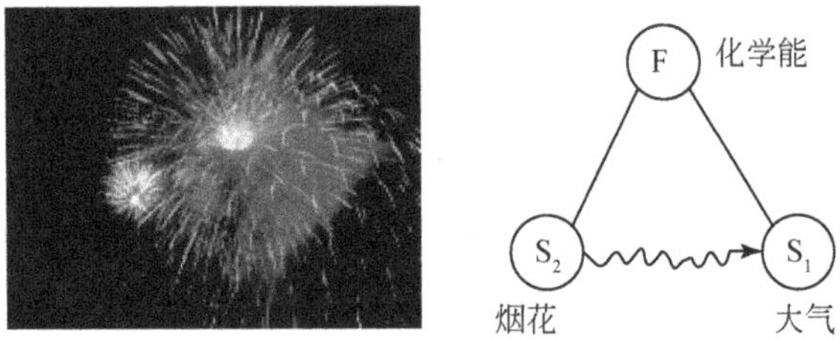

图 8-5　烟花燃放污染大气的有害完整的物－场模型图

思考题：请构建“苹果落地”的物－场模型。

8.2.2　物－场分析法的 6 个一般解法

物－场模型共有 4 类，其中有效完整功能模型是设计者追求的效应，不需要改进。其他 3 种，不完整的功能模型、效应不足的完整功能模型和有害效应的完整功能模型，都没有达到系统所需要的功能，TRIZ 中提出了对应的 6 个一般解法和 76 个标准解法，以建立有效完整的物－场模型。本章只介绍 6 个一般解法（表 8-4）。

表 8-4　物－场分析法中的 6 个一般解法

解法	内容	对应的模型
一般解法 1	补齐元素（增加场或物质）	不完整模型
一般解法 2	加入第三种物质（S_3）来阻止有害作用	有害效应的完整模型
一般解法 3	引入另外一个场（F_2）来抵消原来场 F 的有害效应	
一般解法 4	用另一个场 F_2 代替原来的场 F	效应不足的完整模型
一般解法 5	增加另外一个场 F_2 来强化有用效应	
一般解法 6	引入一个物质 S_3 并加上另一个场 F_2 来提高有用效应	

8.2.2.1 一般解法1

补齐物－场模型中所缺失的元素（场或物质），构造完整有效的物－场模型。

加速器（图8-6）问题：为了研究原子、原子核、核子、夸克甚至尺度更小的物质结构及其运动规律，通过光学显微镜、电子显微镜、隧道扫描显微镜等工具都无能为力，只能利用高速带电粒子与被研究的物质（称为“靶”）发生相互作用，来间接研究物质内部结构及其性质。粒子能量愈高，就愈能观测尺度更小的物质结构。

图8-6 目前世界最大强子对撞机LHC

如何获得高速度的带电粒子呢？对这个问题进行物－场分析可知，带电粒子为S_2，靶为S_1，即系统中只有两个物质，没有场，这是一个非完整的物－场模型，需要补充元素，即引进场F（电场），使带电粒子在电场作用下加速运动，以实现系统功能。物－场模型的构建过程如图8-7。

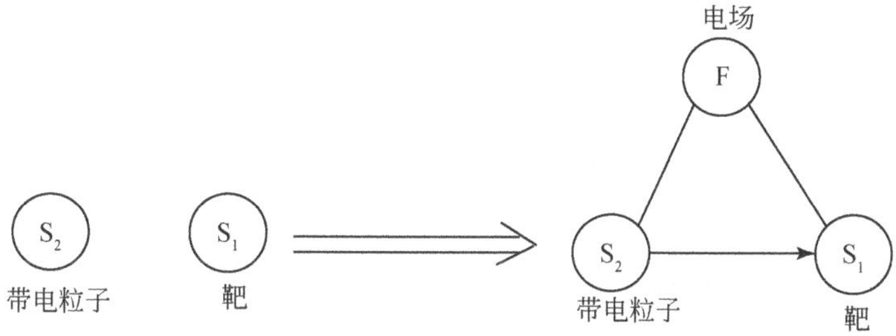

图8-7 通过补充元素（引进场）来实现功能

“加速器”是高能物理和核物理基础研究的重要手段，同时，在其他领域也有着广泛的应用，如疾病的诊断和治疗、某些工业产品的辐射处理、农产品及其他食品的辐射处理、污水和废气的处理等。

8.2.2.2 一般解法2

加入第三种物质S_3来阻止有害作用，S_3也可以是由S_1或S_2改变而来的。

烟花中的火星问题：传统烟花在燃放时，火星的温度很高，与其接触的物品容易发生燃烧。

贯穿2008年北京奥运会开幕式全程（长达3个多小时）的焰火表演（图8-8），鸟巢的保护薄膜却完好无损！鸟巢的保护薄膜，无法承受任一烟花品种的高温，哪怕只有一个小小火星落在鸟巢上，薄膜当即就会被灼穿。对这个问题进行物－场分析可知，这是一个有害效应的完整物－场模型。控制每一个火星的“着陆点”，使所有火星全部在鸟巢棚顶燃尽，焰火的高温就不再成为鸟巢薄膜的“克星”！“芯片”烟花产品，让写有燃放时间等数据的芯片（加入第三种物质 S_3），植入烟花“心脏”，由数码控制系统操控烟花燃放全程。物－场模型的构建过程如图8-9。

图8-8　鸟巢上空燃放的烟火

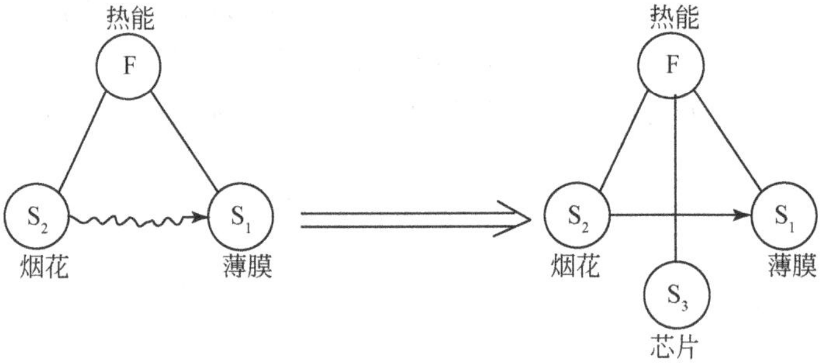

图8-9　通过加入第三种物质来实现功能

8.2.2.3　一般解法3

引入另外一个场（F_2）来抵消原来场F的有害效应。

降落伞问题：从失事的飞机上往下跳的乘客，或从飞机上空投的物品，由于重力的作用，将以重力加速度g加速运动，当到达地面时速度很大，会与地面发生强烈的碰撞，将对人或物带来毁灭性的损害。降落伞（图8-10）是利用空气阻力 f（与重力 mg 方向相反），减缓下落的速度。牛顿第二运动定律

$$mg - f = ma$$

式中，m 为人或物体的质量，a 为下落的加速度。由式可知，在降落伞的空气阻力 f 作用下，加速度 a 将

图8-10　降落伞

减小，则下落的速度也会减小，使人或物从空中安全降落到地面，消除了重力场带来的有害作用。物－场模型的构建过程如图 8-11。

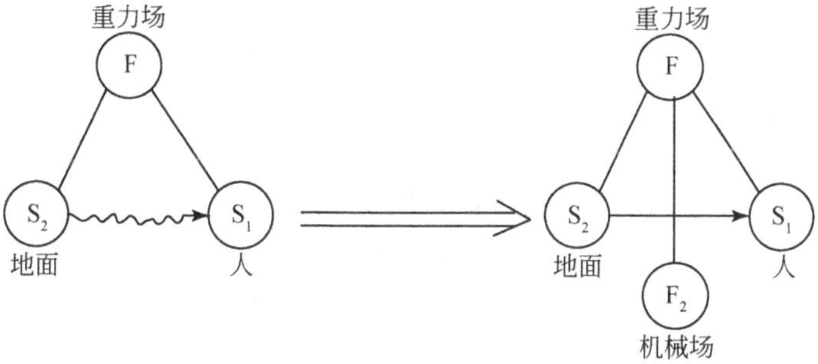

图 8-11　通过引入另外一个场 F_2 来实现功能

8.2.2.4　一般解法 4

用另一个场 F_2 代替原来的场 F，以达到系统所需要的效应，例如，以化学场（或高温、高压）代替机械场，以快速有效地清洁容器。

导体中的电流问题：导体中的自由电子在热能的作用下作杂乱无章的热运动，不能形成电流。在导体的两端加一个电场，使电子在电场作用下定向运动，形成电流（图 8-12）。物－场模型的构建过程如图 8-13。

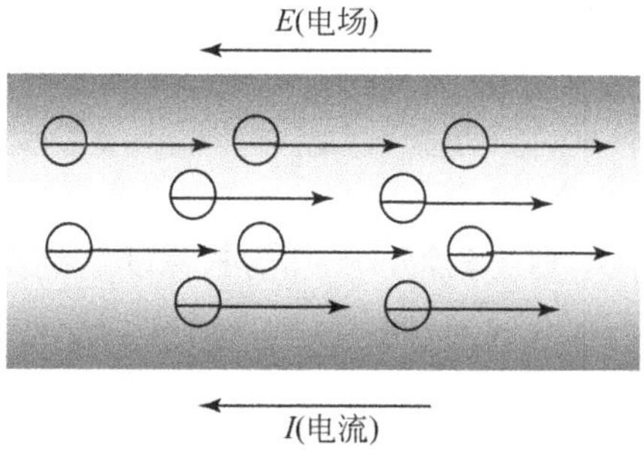

图 8-12　导体中电流的形成

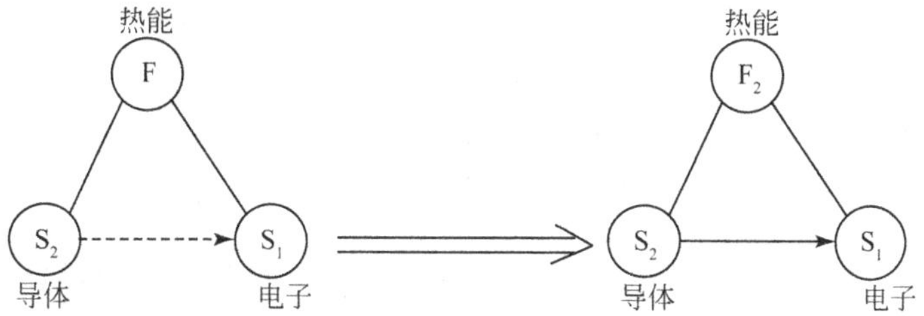

图 8-13　通过引入另外一个场 F_2 来改善系统功能

8.2.2.5 一般解法 5

增加另外一个场 F_2 来强化有用效应，例如，在粘贴两个物体的过程中，当胶水还没有完全凝固之前，先用夹子夹紧（增加一个机械场），让粘贴面紧密结合。

图 8-14 扩音器

扩音器问题：在有几百人的报告厅里，报告人用最大的声音，坐在后面的听众也很难听清楚报告人的内容。在报告厅里配置一个扩音器（图 8-14），其工作原理是通过电子元件的电磁场把信号放大，把报告人的声音放大，然后经过声波传波，使报告厅里所有听众都能清楚地听到报告内容。物 - 场模型的构建过程如图 8-15。

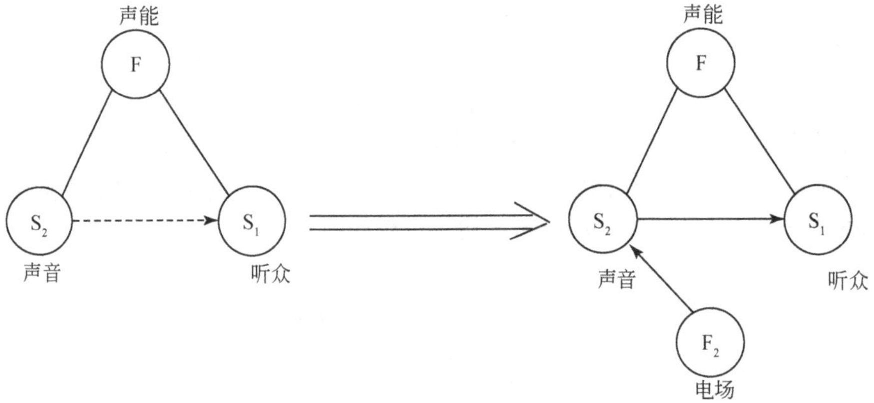

图 8-15 通过增加另外一个场 F_2 来改善系统功能

8.2.2.6 一般解法 6

引入一个物质 S_3 并加上另一个场 F_2 来提高有用效应。

抽油烟机（图 8-16）问题：油烟的细小颗粒在经过高压电场（F_2）后聚集成带电荷的油烟大颗粒（S_3），会大幅提升油烟过滤效率。物 - 场模型的构建过程如图 8-17。

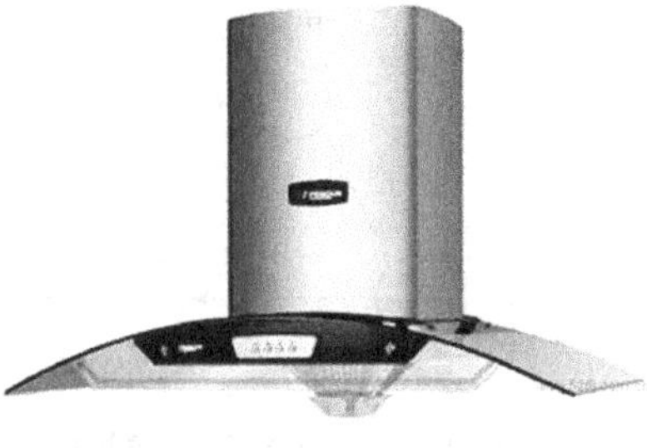

图 8-16 抽油烟机

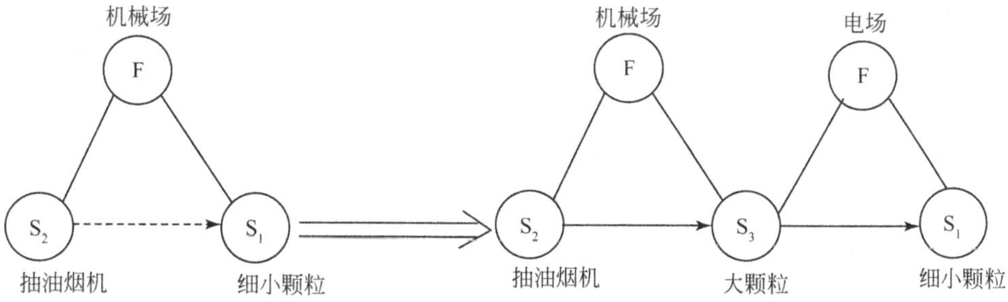

图 8-17 通过增加另外一个物质 S_3 和场 F_2 来改善系统功能

抽油烟机的工作流程如图 8-18 所示。

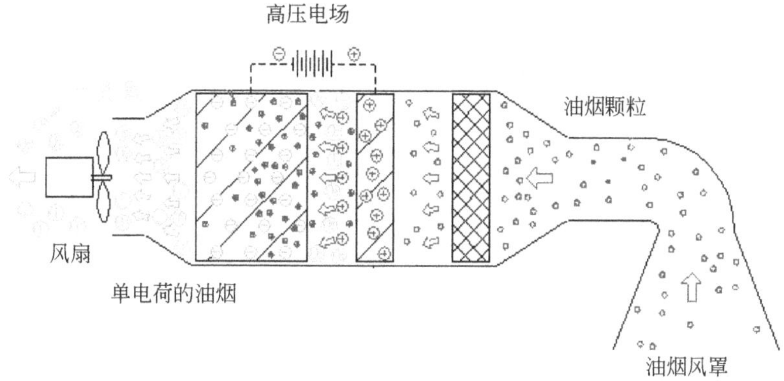

图 8-18 抽油烟机的工作流程

注意：(1) 本章中的 6 个一般解法只是物－场分析法的初步应用，在解决问题时，若能将 6 个一般解法结合在一起应用，可以更有效地解决问题。

(2) 物－场分析法针对物－场模型的类型，还提出了更全面的解法，即 76 个标准解法，下一章将详细介绍这 76 个标准解法的内容及应用。

思考题：在潜水服保暖设计问题中，如何做到既不增加质量，又提高材料的保温性能？

8.3 物－场分析法在创新设计中的应用

8.3.1 物－场分析法解题的流程

物－场分析法解题的流程如下：

(1) 确定问题，分析相关元素。首先确定问题需要完成的功能，并根据问题所存在的区域和问题的表现，确定造成问题的相关元素，以缩小问题分析的范围。

（2）构造物－场模型。分析各元素之间的相互作用（或效应），确定物－场模型的类型，并按本章第二节所描述的方法构建系统的功能模型图。

（3）选择物－场分析法中对应的一般解法。根据物－场模型的类型，查找相应的一般解法。如果有多个，则逐个进行对照，寻找最佳解法。

（4）结合具体问题，形成解决方案。将一般解法与实际问题相对照，并考虑各种限制条件，形成最终的解决方案。

8.3.2 案例分析

案例8.3 钢丸发送机弯管部分磨损问题（赵新军，2004）

工程上使用管道运送钢丸（金属颗粒），将钢丸从管道的一端用高速空气送入管道，钢丸在管道中被空气从另一端送出（图8-19）。但是，在管道的转弯处，钢丸可以频繁撞击管道壁，管道容易损坏，而在弯管部分添加保护层的效果是有限的，该如何解决这个问题？

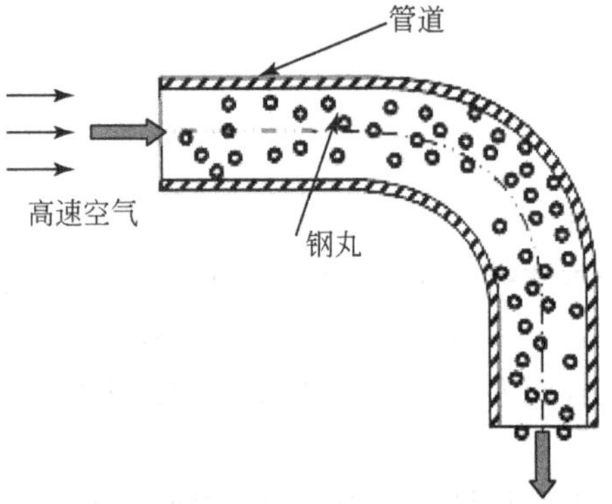

图8-19 钢丸发送机的原理图

按照以上解题的流程来求解问题。

（1）对上述问题进行物－场分析知：系统需要实现的功能是输送钢丸；相关的元素有物质S_2——钢丸，物质S_1——管道，场F——机械场。

（2）构造物－场模型：钢丸在机械场的作用下经管道被输送，是有用功能，但对转弯部分的管道壁造成了磨损，是一个有害功能。可见需要解决的问题属于一个有害效应的完整功能模型。

（3）确定一般解法：对有害效应的完整功能模型，相应的解法为一般解法2

（加入第三种物质 S_3）和一般解法3（引入另一个场 F_2）。

（4）结合具体问题，得到解决方案：引入 S_3，使 S_2 与 S_1 不直接接触，即钢丸不与管壁发生碰撞，则可消除有害作用。

物－场模型的构建过程如图8-20所示。

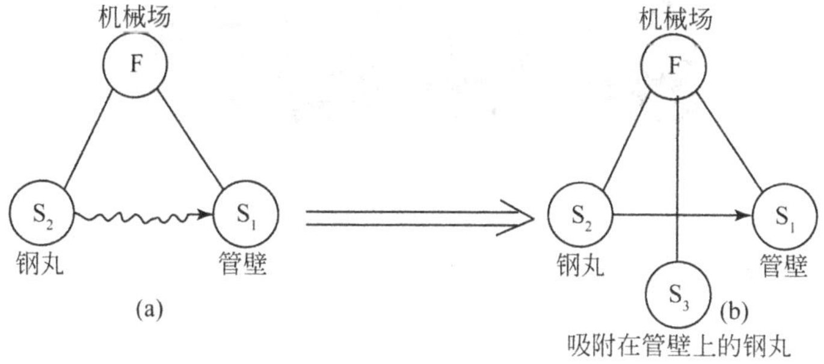

图8-20 物－场模型的构建过程

具体实施办法：在弯管外放置磁铁，将飞行中的钢丸吸附在弯管的内壁，形成保护层，即 $S_3 = S_2$，如图8-21所示。这里所加入的第三种物质 S_3 是通过 S_2 改变而来的。

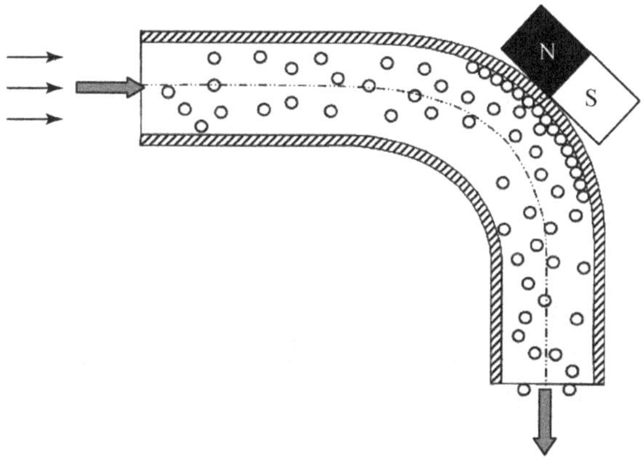

图8-21 解决钢丸发送机弯管部分磨损问题的解决方案

案例8.4 2008年北京奥运会开幕式中奥运五环设计的创新问题。

在2008年北京奥运会开幕式的夜空中缓缓升起的梦幻五环（图8-22），是用2000颗蓝色和44 794颗白色（共46 794颗）LED灯通过特殊工艺编制在一张宽16.5米、长36米的巨型网上完成的，其设计中解决问题的方法与TRIZ中的经典理论不谋而合。

图 8-22　2008 年北京奥运会开幕式中的奥运五环

“五环”载体的隐身问题：通常情况下 LED 灯都是焊接在不透明的电路板上的，但为了实现预计的梦幻效果，要求 LED 灯的载体必须在使用时几乎不可见，即要求载体既透明而又整体柔软，这是一个很大的难题。

经物 – 场分析可知，原问题属于有害效应的完整模型。

为了实现系统需要的功能，可采用一般解法 2 和一般解法 3 来解决，即可引入第三种物质或另外一种场来消除有害作用。物 – 场模型的构建过程如图 8-23 所示。

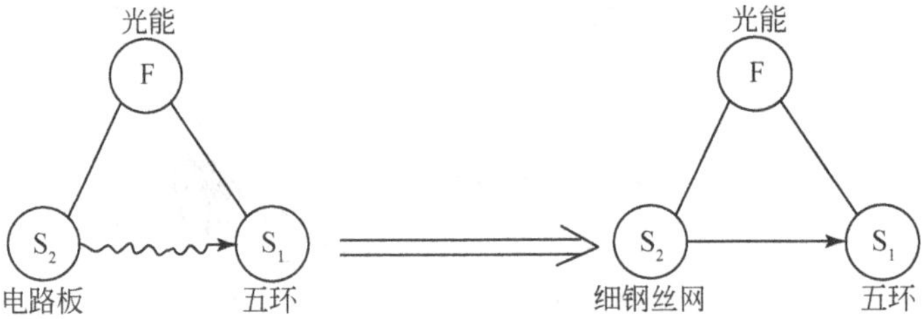

图 8-23　物 – 场模型的构建过程

解决方案：2008 年北京奥运会中使用的是有乳胶外包的细钢丝网作为五环的载体（图 8-24），完美应对了各项要求。它质量轻，便于展示在五环凌空效果时被吊起；强度高，不必担心在吊起时发生断裂；不变形，不会因为拉扯或重力作用使五环变形；柔软，便于收放；更重要的是很细，真正能够做到在使用时隐去自己的身影。

图 8-24　奥运五环隐身问题的解决方案

思考题：请用物－场分析法分析以下问题，并提供相应的解决方案。

（1）地震问题。当地球内部在运动中积累的能量对地壳产生的巨大压力超过岩层所能承受的限度时，岩层便会突然发生断裂或错位，使积累的能量急剧地释放出来，并以地震波的形式向四周传播，就形成了地震。超过一定级别的地震会对地面上的建筑物造成极大的损害，如图 8-25。

图 8-25　地震对房屋的损害

提示：属于有害效应的完整模型。地球聚集的能量必须要释放，但释放的能量对地面的建筑有毁灭性的损害。

（2）“太空行走”（walking in space）问题。太空行走又称为出舱活动，即指航天员离开载人航天器乘员舱只身进入太空的出舱活动（图 8-26）。太空的微重力环境对航天员人身安全可能造成影响；由于没有参照物，无法分清物体的远近、大小，也无法判断其运动速度的大小，如无保险措施，很容易丢失在茫茫太空中而成为人体卫星。实现太空行走这一目标，需要诸多特殊技术保障。

图 8-26　太空中行走

提示：属于有害效应的完整模型。

本章小结

本章从以下方面详细介绍了物－场分析法及其初步应用。

（1）技术系统的功能分析、物－场模型。

（2）物－场模型的三元素：物质 S_1、物质 S_2、场 F。

（3）物－场分析法中的符号系统（描述两元素之间的关系）。

（4）物－场模型的类型：有效完整的物－场模型；不完整的物－场模型；

有害效应的完整物－场模型；效应不足的完整物－场模型。

(5) 6个一般解法。一般解法1：补齐元素（增加场或物质）。一般解法2：加入第三种物质（S_3）来阻止有害作用。一般解法3：引入另外一个场（F_2）来抵消原来场F的有害效应。一般解法4：用另一个场F_2代替原来的场F。一般解法5：增加另外一个场F_2来强化有用效应。一般解法6：引入一个物质S_3并加上另一个场F_2来提高有用效应。

(6) 物－场分析法的解题流程及其在创新设计中的应用。

思考题

1. 请用物－场分析法为“清洗有水垢的杯子”提供解决方案。
2. 请构建“使用离心机分离水中气泡”的物－场模型。
3. 请用物－场分析法解决“树皮和木片的分离”问题：把弯曲的树干和树枝砍成碎片，树皮和木片混在一起，怎样把树皮和木片分开？假如它们的密度及其他特性都差不多。
4. 请用物－场分析法解决“烟花燃放后留下的纸屑和残渣”问题：在烟花制作中，需要用纸垫封口，形成压力舱，“纸垫压力舱”是烟花必不可少的“身体器官”，而这也正是烟花的主要污染源，即燃放后会留下纸屑和残渣。
5. 如何准确找出自行车轮胎漏气的位置？用物－场分析中的哪个一般解法？
6. 如何检验高光洁物体表面的平整度？用物－场分析中的哪个一般解法？

参考文献

檀润华，马建红，张瑞红，等. 2001. 产品设计中的物质－场分析. 工程设计，29（4）：207-210.

徐行可等. 2004. 大学物理（上册）. 成都：西南交通大学出版社：13.

杨清亮. 2006. 发明是这样诞生的：TRIZ理论全接触. 北京：机械工业出版社：89

赵新军. 2004. 技术创新理论（TRIZ）及应用. 北京：化学工业出版社：126.

Altshuller G S. 1984. Creativity as an Exact Science：the Theory of the Solution of Inventive Problems. New York：Gordon and Breach.

Royzen Z. 2008. Solving problems using TOP-TRIZ. TRIZ Con.

Royzen Z. 1999. Tool，object，product（TOP）function analysis. TRIZ Con.

Savransky S D. 2000. Engineering of Creativity—Introduction to TRIZ Methodology of Inventive Problem Solving. New York：CRC Press：191.

Terninko J. 2000. Su-Field Analysis. TRIZ Journal. http：//www. triz-journal. com.

9 发明问题的标准解法

阿奇舒勒对 TRIZ 的贡献之一是提出了功能的物 - 场描述方法与模型。物 - 场的概念揭示了技术系统结构的内涵和特点，如上章所述，根据物 - 场分析原理，所有的技术系统都可分解为两种物质及一种场，即系统的某种功能由两种物质及一种场这三元件组成，产品即是功能的一种实现。因此，可用物 - 场分析产品的功能，这种分析方法即是 TRIZ 的工具之一。

9.1 概　　述

针对物 - 场中存在的矛盾，阿奇舒勒及其弟子于 1975 ~ 1985 年提出了 76 个标准解法，并将其分为 5 级，各级中解法的先后顺序也反映了技术系统特定的演进过程和方向，标准解法可以将标准问题在一两步中进行快速解决。那么，如何理解标准解法的基本含义呢？几乎所有的技术系统，按照物 - 场分析法进行分析后，都可归纳到不同的类别中去，对于每种类别来说，它们都有各自特别的、规范的解题方法，这种具有特定性、通用性、普遍性、有规律可循的方法就称为标准解法。从技术系统的整体来看，物 - 场分析法就是将宏观层面的技术系统分解到构成物 - 场的三元件要素的微观层面，可以说，在技术系统中，从解决技术矛盾到解决物理矛盾，再到求解物 - 场问题，是一个从宏观层面逐渐深入到微观层面的过程。

5 级标准解法分类说明如下。

第 1 级：包括不改变或仅少量改变系统的 13 个标准解法，聚焦于建立和拆解物 - 场模型，包括创建需要的效应或消除不希望出现的效应的系列法则；每条法则的选择和应用将取决于具体的约束条件。

第 2 级：包括改变系统的 23 个标准解法，旨在改进效应不足的物 - 场模型，还包括在未增加系统复杂性的情况下增强系统绩效的方法。

第 3 级：包括向超系统和微观级转变的 6 个标准解法。这些解法延续改进物 - 场模型的方向（始于第 2 级）。第 2 级和第 3 级中的标准解法均基于以下技术系统演变法则制定：增加集成度再进行简化的法则；增加动态性和可控性进化法则；向微观级和增加场应用进化的法则；子系统协调性进化法则等。

第 4 级：包括专注于解决涉及测量和探测的专项问题的 17 个标准解法。这里的问题具有许多独特性，但是由于测量系统演进的主要方向符合同样的基本演进模式，因而第 4 级的标准解法与第 2 级、第 3 级中的标准解法有很多共同之处。

第 5 级：包括简化与改善策略的 17 个标准解法。第 5 级中包含标准解法的应用规则，对获取有效的解决方案非常重要。一般情况下，应用第 1 ~ 4 级的标准解法时，极有可能给系统引入另外的物质和效应，因此可能会增加系统的复杂性，第 5 级中的标准解法则专注于简化系统，即如何在不增加任何新元素的情况下给系统增加新的功能，这本身就是一个消除矛盾冲突的过程。

标准解法系统帮助问题解决者获得至少适用于 10% ~ 20% 极度复杂问题的高水平解决方案。此外，还可以用来对不同系统进化进行有限预测，寻找针对某些非标准问题的部分解决方案，并进行改进以获得新的解法方案。

标准解法可以作为模板，将需要解决的问题与之进行匹配，标准解法为这些问题提供了简洁的描述方法，包括了系统中的一些约束或限制条件。通常情况下，76 个标准解法被认为是 ARIZ 的一个步骤，在物 – 场模型建立起来并明确约束条件之后使用。物 – 场模型和约束条件是用来确定标准解法的子集和具体解决办法的。另外，76 个标准解法在 ARIZ 之外也有着更广泛的应用，尤其是在技术系统的初级模型可以建立起来的情况下。这种模式可能在经典的物 – 场模型中，也可能遵循简单的功能分析方法。标准解法甚至也可以用在没有观察到技术或物理矛盾的情况下。

9.2 76 个标准解法的构成及应用流程

9.2.1 76 个标准解法的构成

阿奇舒勒将 76 个标准解法按照所解决问题的类型分为 5 级，建立了标准解法的系统。在 1 ~ 5 级的各级中，又分为数量不等的多个子级，共有 18 个子级，具体分布如表 9-1 所示。

表 9-1 标准解法的分布

级别	名称	子级数	标准解法数
1	不改变或仅少量改变系统	2	13
2	改变系统	4	23
3	系统向超系统或微观级转化	2	6
4	测量与检测的标准解法	5	17
5	简化与改善策略	5	17
合计		18	76

以下，我们分条列出76个标准解法的名称①。如表9-2所示。为方便读者学习和查阅，我们把针对每个标准解法的问题描述、问题模型、解决方案模型以及案例分析归纳在附录中的表格中②。

表9-2 76个标准解法分级

级别	子级
第1级：不改变或仅少量改变系统	1.1 改进具有非完整功能的系统
	1.1.1 完善系统三要素
	1.1.2 建立内部复杂的物－场模型
	1.1.3 建立外部复杂的物－场模型
	1.1.4 引入环境的物－场模型
	1.1.5 引入环境和添加物的物－场模型
	1.1.6 最小模式
	1.1.7 最大模式
	1.1.8 引入保护性物质
	1.2 消除或中和系统内的有害影响
	1.2.1 引入外部物质消除有害效应
	1.2.2 通过改进现有物质来消除有害效应
	1.2.3 消除场的有害作用来消除有害关系
	1.2.4 用场 F_2 来抵消有害作用
	1.2.5 “关闭”磁影响
第2级：改变系统	2.1 向复杂的物－场模型转化
	2.1.1 链式物－场模型
	2.1.1 双重物－场模型
	2.2 增强物－场模型
	2.2.1 使用更可控制的场
	2.2.2 物质 S_2 的分裂
	2.2.3 使用毛细管和多孔的物质
	2.2.4 动态性
	2.2.5 结构化场
	2.2.6 结构化物质

① 关于76个标准解法的名称，国内有多个版本，本书参考 *TRIZ Journal* 中的文献翻译而成

② 附录的表格参考赵敏等（2009）第七章说明标准解法的表格形式并采用了书中部分案例。附录表格中的部分案例翻译自 Terninko 等（2000）

续表

级别	子级
第2级：改变系统	2.3 改变频率
	2.3.1 使F和S_1或S_2的自然频率匹配或不匹配
	2.3.2 匹配F_1和F_2的频率
	2.3.3 两个不相容或独立的动作可相继完成
	2.4 建立铁－场模型
	2.4.1 预铁－场模型
	2.4.2 将2.2.1与2.4.1结合，利用铁磁材料和磁场
	2.4.3 磁流体（2.4.3的一个特例）
	2.4.4 在铁－场模型中应用毛细管结构
	2.4.5 建立复杂的铁磁场模型
	2.4.6 引入环境的铁磁场模型
	2.4.7 应用物理效应和现象
	2.4.8 动态化
	2.4.9 结构化
	2.4.10 在铁磁场模型中匹配节奏
	2.4.11 电－场模型
	2.4.12 电流变液
第3级：系统向超系统或微观级转化	3.1 系统转化1：向双系统和多系统转化
	3.1.1 系统转化1a：创建双元和多元系统
	3.1.2 加强双元和多元系统内的链接
	3.1.3 系统转化1b：加大元素间的差异
	3.1.4 双元和多元系统的简化
	3.1.5 系统转化1c：系统整体或部分的相反特性
	3.2 系统转化1：向微观级转化
	3.2.1 向微观级转化
第4级：检测和测量的标准解法	4.1 间接方法
	4.1.1 以系统改变代替检测或测量
	4.1.2 应用复制
	4.1.3 利用两个测量值代替一个连续测量
	4.2 建立新的测量系统
	4.2.1 测量物－场模型的合成
	4.2.2 合成测量的物－场模型

续表

级别	子级
第4级：检测和测量的标准解法	4.2.3 引入环境的测量物－物模型
	4.2.4 从环境中取得添加物
	4.3 增强测量系统
	4.3.1 应用物理效应和现象
	4.3.2 应用样本的谐振
	4.3.3 应用连接物质的谐振
	4.4 转化为铁－场模型
	4.4.1 测量预铁－场模型
	4.4.2 测量铁－场模型
	4.4.3 合成测量铁－场模型
	4.4.4 引入环境测量铁－场模型
	4.4.5 应用物理效应和现象
	4.5 测量系统进化的趋势
	4.5.1 转化为双元和多元系统
	4.5.2 测量待测物演化的衍生物
第5级：简化与改善策略	5.1 引入物质
	5.1.1 间接方法
	5.1.2 分裂物质
	5.1.3 物质的“自消失”
	5.1.4 引入膨胀结构和泡沫
	5.2 引入场
	5.2.1 利用场的多种用途
	5.2.2 使用环境中的场
	5.2.3 利用能产生场的物质
	5.3 相变
	5.3.1 相变1：变换状态
	5.3.2 相变2：动态化相态
	5.3.3 相变3：利用伴随现象
	5.3.4 相变4：向双相态转化

续表

级别	子级
第 5 级：简化与改善策略	5.3.5 利用相位之间的交互作用
	5.4 应用物理效应和现象的特性
	5.4.1 利用自我可控性的物理转换
	5.4.2 增强输出场
	5.5 产生物质的高级和低级方法
	5.5.1 通过降解更高一级结构的物质来获取所需物质
	5.5.2 通过合并低等级结构的物质来获取所需物质
	5.5.3 介于 5.5.1 和 5.5.2 之间

9.2.2 标准解法的应用流程

标准解法的五个子级分别代表着一个可选的问题解决方向，在应用前，需要对问题进行详细的分析，建立问题所在系统或子系统的物－场模型，然后根据物－场模型所表述的问题，先选择级再选择子级，使用子级下的几个标准解法来获得问题的解。这样的一套普遍适用性的标准解法，一方面，给发明解决问题提供了丰富的解决方法，在物－场模型分析的基础上，可以迅速有效地使用标准解法来解决那些在过去看来几乎不可能解决的问题；而另一方面，标准解法数量庞大，给使用者造成如何快速地找到合适的标准解法的难题。在不断使用和实践的过程中，人们总结出了一整套可遵循的使用步骤和流程，分为四个步骤（杨清亮，2006）。

（1）确定所面临的问题类型。首先要确定所面临的问题属于哪类问题，是要求对系统进行改进，还是要求对某件物体有测量或探测的需求，问题的确定过程是一个复杂的过程，建议按照下列顺序进行：①问题工作状况描述，最好配有图片或示意图陈述问题状况；②分析产品或系统的工作过程，尤其是物流过程需要表述清楚；③零件模型分析包括系统、子系统、超系统 3 个层面的零件，以确定可用资源；④功能结构模型分析是将各个元素间的相互作用表述清楚，用物－场模型的作用符号进行标记；⑤确定问题所在的区域和部件，划分出相关的元素。

（2）如果面临的问题要求对系统进行改进，则应当：①建立现有系统或情况的物－场模型；②如果是不完整物－场模型，应用标准解法 1.1 中的 8 个标准解法；③如果是有害效应的完整模型，应用标准解法 1.2 中的 5 个标准解法；④如果是效应不足的完整模型，应用标准解法第 2 级中的 23 个标准解法和标准解法第 3 级中的 6 个标准解法。

（3）如果问题是对某件东西有测量或探测的需求，应用标准解法第 4 级中的 17 个标准解法。

（4）当获得了对应的标准解法和解决方案，检查模型是否可以应用标准解法第 5 级中的 17 个标准解法来进行简化；标准解法第 5 级也可以被考虑为是否有强大的约束限制新物质的引入和交互作用的产生。

在应用标准解法的过程中，必须紧紧围绕系统所存在的问题的 ZFR，同时考虑系统的实际限制条件，灵活进行应用，并追求最优化的解决方案。很多情况下，综合应用多个标准解法，对问题的彻底解决有积极意义，尤其是第 5 级的 17 个标准解法。

根据以上 76 个标准解法的应用步骤，用流程图来表达，如图 9-1 所示。

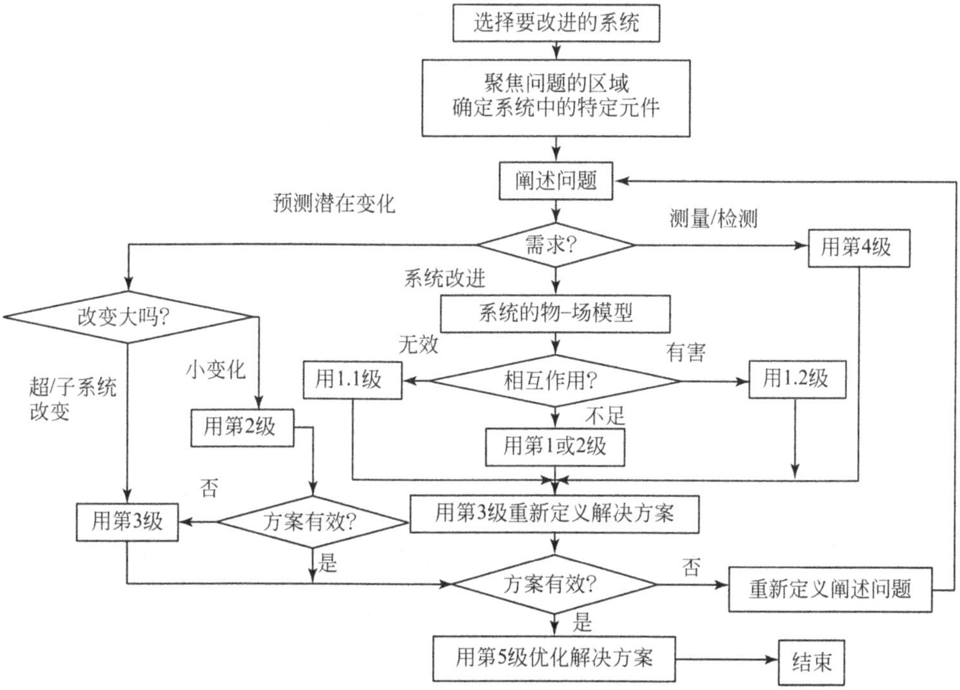

图 9-1　76 个标准解法的应用流程

9.3　案例分析：用 76 个标准解法改善全球粮食供应状况

在现有的教材和参考书目中，人们尝试在每个解法下都用一个或者几个例子来说明标准解法的应用。这种方法可以使读者在理解标准解法时，获得一些离散的片断信息。但是由于76个标准解法数量繁多，内容丰富，加之各解法之间表面上又具有诸多相似之处，使得读者在学完一个个标准解法之后，仍然缺少对标准解法的整体印象，更谈不上灵活应用。在本书中，我们尝试选用一个综合性问题将76个标准解法尽可能串联起来，系统地给读者提供一个应用标准解法的全貌。我们选用的例子是解决全世界的粮食供应问题①。全球的粮食供应不仅仅是一个技术问题，而且涉及政治、社会和文化等各方面的因素制约。尝试用76个标准解法来解决这个全球的世纪难题不仅仅为大家提供了一个学习76个标准解法的方法，也为研究TRIZ的同仁提供了一个为全球福利作贡献的机会。我们认识到这应该是一个谨慎讨论的议题，因为这其中任何一个看似微不足道的变化都可能产生非常广泛的潜在影响。它对人类、动物界以及生态系统可能造成的潜在影响都是值得仔细研究的②。

建议读者在阅读下面案例时，不断回到前面76个标准解法的构成和应用流程的内容中去，逐渐熟悉其内涵和流程。

如上节中的TRIZ应用的流程图所示，76个标准解法的使用分为三条主要路径：系统的改进，检测和测量，以及预测潜在变化。系统的改进路径始于针对一个具体问题建立其物－场模型，具体路径则按照系统的相互作用是否有效、是否充分、是否有害继续分支而行。检测和测量问题则应用第4级标准解法，然而，这级标准解法开始的时候并不是直接作检测和测量，而是通过应用铁磁粒和场实现系统的转化和进化。预测潜在变化路径则是提供了一个预测求解可能发生的变化的系统方法，即使是没有改进的具体需要，也可以考虑对子系统或超系统或两者都进行微小改变。通过这三条主要路径，实现解决方案的进一步修正，需要改进问题的重新定义和标准解法的反复使用，最后使用第5级简化和改善策略。

下面分三个部分，对世界粮食供应的问题进行探讨，借以说明如何使用76个标准解法来解决相关问题。每一部分的例子都是根据最近的食品供应过程的相

---

① 这个例子来自*TRIZ Journal*刊载的文章*Using the 76 standard solutions: a case study for improving the world food supply*。在此特别感谢作者Joe Miller，Ellen Domb，Ellen MacGran，John Terninko与全球TRIZ的爱好者共享他们的研究成果，我们才得以寻觅到这样合适的范例来讲解76个标准解法

② 在编印这个案例之前，我们与作者John取得了联系，在交流的邮件中，他提到："Before you start working on the world food supply you must first define what you mean by world food supply. This may sound like a strange starting position but I say this because of our governments United States Department of Agriculture past and current processes. Their definition of increasing food supply is increasing the total volume or total weight per hector with no regard to the nutritional value nor the impact upon the environment. These faulty standards have created a very bad effect upon our health and the environment. Part of TRIZ is concern about secondary effects. These are the negative consequences resulting from what ever intervention taken. Thus, I am suggesting you take a comprehensive long term approach so that in the future you are not seen as the cause of undesired results"

关支持技术、信息系统的发展动态完成的。用标准解法得到的某些技术，其实施后的结果在目前可能还不确定，仍有待于在实践中检验，所以利用第 5 级标准解法简化和改善策略，在确保解决方案的可行性上就显得尤为重要。

9.3.1 聚焦问题的区域：世界粮食供应问题分析框架

众所周知，饥饿仍是当今的世界性问题。每年，有 1200 万名未满 5 岁的儿童死于饥饿或与之相关的疾病（United Nations Children's Emergency Fund，1993）。然而，理论上，即使有大量的食物被浪费掉，全世界生产的粮食数量也足够养活全人类。世界上许多政府/非政府组织都在积极投入到对这一复杂问题的解决方案的研究中①。例如，惠普在 2000 年 12 月 18 日《商业周刊》杂志上的广告显示，美国每年浪费 1000 亿磅食物的同时，又有 31 万人在挨饿，问题之一便是缺乏有效的信息沟通。所以，从全球范围来看，饥饿可看成是由生产问题造成的，也可以看成是因为供应、流通、信息或其他更具体的问题造成的②。

第一步，为了论述清楚这个庞大的问题，并帮助确定需要解决的问题以及子系统中能够改进、测量和预测的要素，我们设计了一个考察粮食生命周期的聚焦工具——粮食供应生命周期，其内容如表 9-3 所示。

表 9-3 粮食供应生命周期

需要	生产	流通	转换/储备	使用	处理
（食物，经济）	（种植，收获）	（运输，储存）	（收购，处理，储存）	（交付，烹饪，消费）	（食物，辅助材料）

第二步，确定效率、效果以及容量/能力这三个标准，对该生命周期模型进行分析。其简略的分析表格如表 9-4 所示。被标为 A 的要素表明可作为系统的改进，标为 B 的要素表明可以由测量与检测标准解法处理，标为 C 的表明为预测系统潜在变化的元素。

① According to a study by the USDA Economic Research Service, 27% of the 356 billion pounds of food available for human consumption in the US-were lost at the retail, consumer and food service levels in 1995

② www. resourcelink. hp. com（http：//www. resourcelink. hp. com）

表 9-4　效率效果以及能力三个标准对生命周期模型分析表格

	需求	生产	流通	转化 储备	使用	处理
效率		A1 虫害 杂草减产	A1 遭受虫害的粮食	A1 虫害 已经感染的粮食需要额外处理 丢弃	C1 正确的时间内储存了正确的粮食（种类、数量）存储的客户化	虫害 需要丢弃已感染的粮食
效果	减少需求？	B1 在最优的时间采用适量的肥料、水等的组合保证最大的产量			C1 从人类基因工程研究而得来的信息 技术是否能加强粮食的有效使用？	
			C1 面向终端用户的直接流通技术正在迅猛发展。如何应用这些技术来改变原来粮食大规模的流通方式到客户化的针对营养需求的流通方式			
容量/能力	人口增长？	B1 是否可以局部测量效果，并调整应用的数量	A1 有限的防虫粮食储藏库			回收、利用食品以及包装材料的能力

第三步，进一步确定可能会广泛影响到粮食供应过程的因素。确定影响因素有助于使问题更加具体细化（表9-5）。

表9-5　影响因素目录（部分）

影响因素	影响因素
1. 生长季节	7. 基因遗传
2. 耕地	8. 供水
3. 劳动力	9. 土壤化学
4. 能源供应 动物 器械用燃料 烹调用燃料	10. 社会因素
	11. 经济/社会因素
	12. 政治
	13. 存货期
5. 信息	14. 抗污染性
6. 肥料	15. 环境因素

9.3.2　案例分析

9.3.2.1　路径1　系统改善路径：谷物的虫害

虫害是造成粮食损失的主要原因之一。据估计，昆虫和害鸟一起毁坏了25%的谷物。此外，在农地里，害虫不但破坏粮食本身，还通过破坏农作物使粮食减产。这里讨论的是储粮虫害的问题。这是一个重要的问题，而且对于说明应用76个标准解法改进系统的流程也是个非常好的例子。

根据流程图，第一步：聚焦问题的区域。

这有以下可能：①粮食已经收割，尚未遭受虫害。②昆虫在粮食中，并正在吃粮食。③昆虫已在粮食中一段时间，并于粮食中产卵。

第一个问题是系统改进的问题，而且相互作用是无效。也就是说，这是个不完整的物－场模型，只有一个物件，没有相互作用，其示意图形为图9-2。

图9-2　无保护措施的谷物

按照图9-1所示，在相互作用无效的情况下，采用第1级的1.1标准解法，其内容是：如果只有一个物质S_1，那么就增加一种物质S_2和一个相互作用的场F。在这个案例中，显然是要增加一个什么物体来保护谷物，如储粮库。如图9-3、图9-4所示。

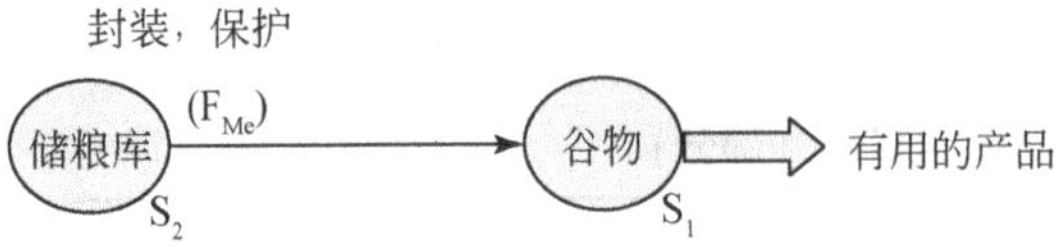

图 9-3　谷物储藏

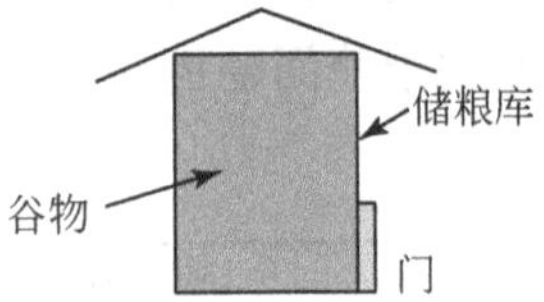

图 9-4　谷物储藏库

接着，是用第 3 级重新定义解决方案。在第 3 级中，有一系列的系统转化的方案，如创造双、多系统，这启发我们考虑，建一个储粮库不但可以防止虫害，还有利于谷物的装卸。之后，根据流程图，看方案是否有效？如果是，是否可以使其更加优化，这就重新进入系统的改进路径。这个储粮库如果只是建得合适的话，它仅仅是防止虫害，但是对于装卸粮食并不是很方便。可以利用第 5 级标准解法使解决方案更加优化。标准解法 5.1 引入物质，标准解法 5.1.1 是间接方法，其中第一种是用“虚无”代替实物，如增加空气、真空、气泡、漏洞、毛细管、水泡等。这个标准解法引导我们考虑使用一个空气域，将储粮库支起，使之与地面之间有空气间隙，可以方便地装卸粮食，如图 9-5 所示。

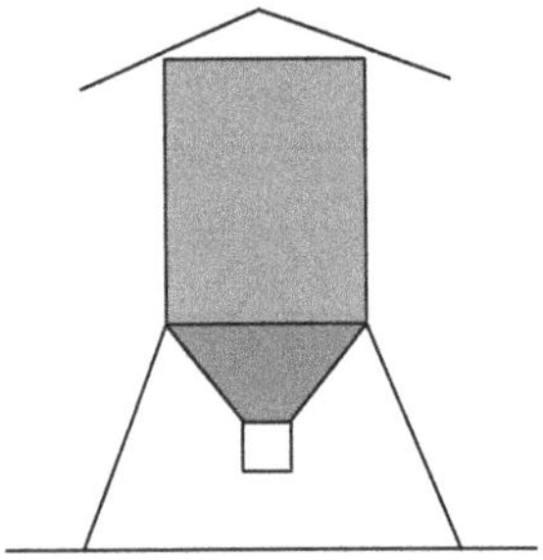

图 9-5　现代的谷物储藏库

如果昆虫已经在粮食中并正在吃粮食，此时的物 – 场模型中的相互作用是有害的，如图 9-6 所示。

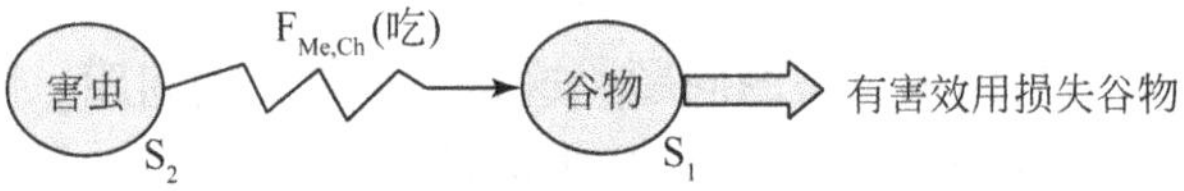

图 9-6　感染虫害的谷物

在这种情况下，查看图 9-1 所示流程，如果相互作用是有害的，则引入 1.2 级，消除或抵消系统内的有害作用。标准解法 1.2.1 的内容是：如果当前系统中同时存在有用的、有害的作用，此时如果无法限制 S_1、S_2 的接触，可以在 S_1、S_2之间引入 S_3，从而消除有害作用。（在许多情况下，可能同时存在有益和有害的作用，而在这个情况下，昆虫的存在无有用作用，只有有害作用，因此，可以选择完全消除相互作用。）S_3 可能是杀虫剂，可以杀死昆虫，但不损害粮食，不影响人类或动物的健康。甲基溴是实现这一目的的最常用的药物，但它对臭氧层有害，所以很多研究者正在寻找它的替代品。

另外，标准解法 1.2.2 也适用于同样的情况，如果当前系统中同时存在有用的、有害的作用，但是不允许添加新的物质 S_3，此时可以改变 S_1 或 S_2 来消除有害作用。根据这个标准解法，我们可考虑改变粮食，使昆虫吃的时候觉得不好吃。请注意，在应用这些标准解法时，时间顺序是很关键的。在这个解决方案中，如果昆虫正在非常肆虐地吃粮食，这种解决方案就已经行不通了。而如果某些种类的昆虫在某个地域很普遍，假定这里的农民种植这种昆虫不喜欢的作物，那么这个解决方案不仅有用，而且非常理想，前提是粮食的营养价值不改变。还有一种办法是作物本身能够通过干扰昆虫的新陈代谢消灭它们。已研发出具有抗生素蛋白的玉米，它能绑定生物素。没有生物素，昆虫不能转换食物为能量，这样昆虫将慢慢地死亡。这种方法证实被对象鼻虫、玉米蛾、面粉蛾等都有效。

标准解法 1.2.3 通过消除场的有害作用消除有害关系。如果某个场对物质 S_1 产生了有害作用，可以引入物质 S_2 吸收有害作用。如果粮食作物的香味吸引昆虫，则引入物质吸收或抵消香味。或者，引入物质干扰昆虫的嗅觉能力。事实上，现在正在研发气味中和剂用于对付红色面粉甲虫。

顺着图中相互作用有害的流程路经，下一步使用第 3 级来重新定义解决方案。对于第一个例子，使用化学杀虫剂，应用标准解法 3.2.1 引入物质使系统向微观级转变，包括用场来代替物质。有很多场可以用来杀死昆虫，包括紫外线和红外线辐射、热场和超声波等。比如，55℃以上的热处理将是一种很有前景的方法，用以替代甲基溴的使用。

第二步：检验方案是否有效，如果不是，则重新定义问题；如果是，则利用第 5 级来使解决方案更加优化。在这个例子中，标准解法 5.1.1 中用“虚无”代替实物是个很好的想法，如抽空容器中的空气制造真空来杀死昆虫。此方法可用于在船舶上杀死老鼠，但它对消灭昆虫不完全有效。因为有一些物种能够长时间不呼吸，而且有坚硬的外壳可以承受重压。还有一种方法是用二氧化碳加压，挤出氧气，造成昆虫因窒息死亡。正如所有 TRIZ 的解决方案一样，从 76 个标准解法中派生的所有解决方案都需要有详细的数据作为支撑。

还必须针对理想度的相对水平进行测试。用真空泵的成本和运行能耗可能比第 3 级中用光或热或超声波发生器的费用以及第 1 级中用化学杀虫剂的费用昂贵。当然，光、声、真空或二氧化碳的解决方案不会留下对人或动物可能有害的化学残留物。层次分析法（AHP）可用于检测解决方案的相对理想度。

还有一个实现无残留的方案是从标准解法 5.3.3 中得到的。将一种相态转换成另一种相态，并利用伴随相转移的现象。在这个例子中，如果降低粮食的温度到冰点以下则会杀死大多数昆虫。然而必须在此重申的是，必须将冷冻器械的成本和操作需要的能耗与其他方法的成本进行比较，以确定是否增加了理想度。

9.3.2.2 路径 2 测量与检测路径：土壤肥力及植物基因改造

第一步，按照流程图，选择要改进的系统。本案例中要改进的系统是粮食的农业生产。

第二步，聚焦问题的区域，确定系统中的特别元件。这里，问题可以描述为是否可以提高土壤肥力来提高农业生产的整体效益，特别是粮食作物，如小麦，大麦，谷物，大豆等。在美国和加拿大粮食生产地域，几乎所有的粮食生产都在各个种植范围很大的农场中进行，广泛使用化肥和除草剂/杀虫剂。每一种作物的最高预期产量原则上是由植物的遗传基因决定的。增加土壤肥力来提高产量的效果是有极限的，到此极限后进一步施肥可能是浪费，甚至可能产生相反的效果。此外，每块农地还受土壤条件、气候、湿度等局部要素影响。这些局部要素的不同可能体现在小到几平方英尺的领域，也可能大到数英亩的领域。因此，在同一块农地上，局部的粮食实际产量可能会有显著的不同。而一直以来，人们施用化肥的时候总是按照统一的比率用在整个领域内，而且收益率也一直只从总体上报告，例如，每英亩多少蒲式耳。这些做法的结果是，一些地方可能会被施用比实际需要更多的肥料，而其他地方被施用的肥料则可能不足。

第三步，阐述问题。本案例中，通过细化，问题可以被阐述如下：①确定并记录实际的每个局部区域的具体位置和产量。②确定适用于这些具体区域所需的肥料、除草剂、农药等的额度。③确保在这些具体区域施用所需额度的肥料、除草剂、农药。也就是说，在作物的整个生长周期中，如何配合农作物的基因特点，以及农地的局部要素，施用准确数额的肥料、除草剂、农药等农业添加剂。

通过以上分析已经明确了直接的需求：改进检测/测量局部区域粮食产量、肥料和农业添加剂的方法。这就引导我们应用第 4 级检测和测量标准解法。

针对这个问题，可列出的资源要素非常广泛，初步列出的是农民立即就能得到的一些资源，如表 9-6 所示。

表 9-6 能检测/测量的资源要素

要素	要素	要素	要素
肥料	植物	土壤水分	施用肥料比率
种子储备	种子的数额	阳光	产量
土壤基质	线性距离（生产面积）	外围温度	相关数据
土壤化学成分	时间	空气	杀虫剂
土壤生物	历史数据	湿度	除草剂

一个初始的物－场模型，如图 9-7 所示。

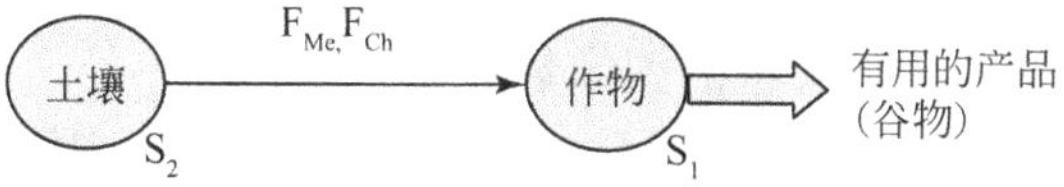

图 9-7 粮食生产

我们将其转换为如下模型，如图 9-8 所示。

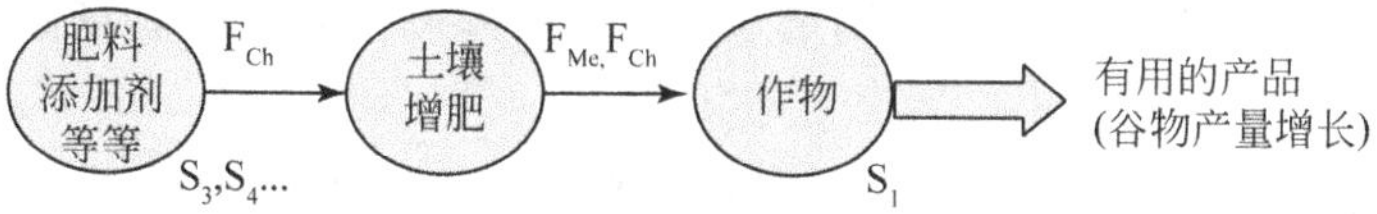

图 9-8 粮食生产

第 4 级提供了如下标准解法。

1）标准解法 4.1 “间接方法”的应用

标准解法 4.1.1 改变系统，从而使原来需要检测和测量的系统不再需要测量。最开始的想法是要测量各个局部区域，根据各个局部区域的测量结果，计算出每个区域需要用什么肥料，用多大的量以及用什么样的工具施肥。然而，这个标准解法启示我们转换思路，如果改变系统，使结果变成经济有效的，就没有必要检测原来的系统，也就是说没有必要检测施肥是否精确。于是，我们可以思考改变种子本身，使其能够在低肥力的条件下也能提高产量，这样就使得原来需要检测和测量的系统元件不再需要测量。事实上，目前正在广泛开展的植物遗传学、杂交和基因工程等正是基于此考虑的。比如，在改造植物遗传结构的过程中，目前正在做的是，将作物需要的目标基因插入细菌的基因序列中，这些细菌能够被作物吸收，从而改变作物本身的基因结构。然而这个过程是非常低效的，因为涉及核酸的特定空间序列、细胞机制的复杂性等，也许只有千万分之一（或更糟）的细菌能够成功地获得目标基因。寻找这样成功的转化可能就需要数百位研究人员。在最现代的技术水平下，人们发现在将基因段植入细菌之前，包含所需效应的基因常常和一些产生抵抗效应的抗生素的基因结合在一起，这就产生了一种简单的再繁殖方式。将基因序列插入细菌之后，将其在培养皿中进行培育，这个培养皿上涂有含抗生素的媒介，所以只有得到了抗生素基因的组织才能生存，其他的都被抗生素杀死了。这样，留下的就是这些存活的包含有需要的基因序列的细菌了。然后，这些通过与细菌的基因材料结合而成功改变了的基因的组织将被植入到目标作物中。这样即是应用标准解法 4.1.1 的一个非常好的例子，改变系统，从而使需要测量/检测的元件不再需要进行测量/检测。

如果标准解法 4.1.1 不能使用，则测量对象的副本或图像。卫星红外图像能用于估计植物生长的实际情况。这些图像可精确到一个相当小的范围。为广泛推广使用，此过程可能需要一个快速程序来提供实时信息给农民。然而，其成本很高，因为它要求获取和传输大量的图像数据。

如果标准解法 4.1.1 和标准解法 4.1.2 都不能使用的话，则应用标准解法 4.1.3，用两个测量值代替一个连续测量。这个标准解法提示，只在生长的关键时期采用卫星图像进行检测，而不是对各个区域进行连续检测，这样就可以降低成本。

2）标准解法 4.2　“建立新的测量系统”的应用

运用标准解法 4.2 建立新的测量系统。将一些新的物质或者场添加到已有的系统中。

标准解法 4.2.1 的应用：如果原物－场模型不完整而导致不能被检测或测量，那么需要通过完善基本物－场模型或建立双物－场结构来求解。也就是说，如果现有的场不完整，就通过改变或加强原来的场，前提是不干扰原来的系统。新的或增加的场应该有一个与原参数相关的容易测量的参数。

事实上，已经开发出了利用激光测量农田位置的系统。这个系统需要一个固定的参考位置，以及设定这些固定位置的设备。每个地点的产量数据可以记录到一个详细的地图上，从而提供了一种方法，以确定每个点所需的肥料或其他添加剂的量。

3）标准解法 4.3“增强测量系统”的应用

标准解法 4.3.1 通过物理效应和现象来增强测量系统。应用在系统中发生的已知效应，并且检测因为此效应而发生的变化，从而知道系统的状态，提高检测和测量的效率。可以将惯性（陀螺）系统安装在收割系统中，器械在农地移动的过程中就记录下具体的位置。

4）标准解法 4.4“测量铁磁场”的应用

我们还没有遇到过在世界粮食供应问题中运用铁磁场的情况。在此，只提到这些标准解，以供参考。当然，也可以大胆设想我们利用土壤中微量元素以检测系统的应用。

5）标准解法 4.5“测量系统的进化趋势”的应用

标准解法 4.5.1 向双系统和多系统转化。如果单系统精度不够，可用双系统或多系统。这个标准解法所蕴涵的解决方案正是目前正在进行的一些先进的农业试验探索使用的，如在中央加拿大萨斯喀彻温省农业从业人员进行的一项实验，那里的一位农民提倡每两英亩就放置一个土壤探测仪用来探测从表层往下 12 英寸[①]的土壤。这个数据累积成一个 GPS 定位数据网格图，可以用来分析昆虫、土壤、水分、宏量和微量元素、有机质、地貌类型和其他重要的参数。进一步改进

① 1 英寸 = 2.54 厘米

的话，可以更准确地测量收益率。这样的测量方法还可以精确地测量各个区域粮食的实际质量、湿度和蛋白质含量，而原来这些测量措施一般只作总量计算。此外，还有一种新的工艺，通过插入土壤的探针测量土壤的电导率，而不是简单地使用一个网格。导电性的变化就表明土壤条件正发生着变化，其中与产量相关的数据就可以作为额外的信息来源提供给农民。

标准解法 4. 5. 2 测量待测物演化的衍生物，不直接测量，而是测量时间或者空间的一阶或二阶导数。例如，利用标准解法 4. 5. 1 所得到的一些数据，计算其基于时间或空间的导数，从而作影响产量的趋势分析。

标准解法的应用流程图中建议使用第 3 级标准解法来重新定义利用第 4 级标准解法而制定的测量系统。在第 3 子级中有一系列采用系统转化的解法，比如建立一个双系统，这可以引导我们思考，也许与作物产量相关联的不仅仅是应用肥料的比率，还包括其他的一些因素，如微营养素、土壤的物理状况、当地地形、有机质含量甚至昆虫的数量等。

下面我们来考虑利用第 5 级子级来使解决方案更加优化。

标准解法 5. 1 “引入物质”。标准解法 5. 1. 1 中提议用场来代替物质。如上所述，通过利用农田的定位来做成全球定位系统便是利用场来代替物质的一种应用。标准解法 5. 1. 1 也建议在特定的位置集中使用添加剂。这是目前正在实施的农业试验，如何针对特定的种子更准确地施用肥料、除草剂和杀虫剂等。标准解法 5. 1. 2 将物质分为相互作用的更小的若干部分。比如，使用 GPS、改进器械本身、增加用于数据存储和控制的计算机等，就是反映了这一标准解法的应用。

9. 3. 2. 3 路径 3 预测路径：粮食流通过程

饥饿问题（即满足每个人的营养需要的问题）将随着世界人口的增长而变得更为复杂。即使是那些认为人类有足够的粮食生产能力解决预期人口增长的人也同意，我们需要更有效地管理粮食生产。食物的有效利用将意味着确保正确的粮食被生产，而且将粮食正确地配送到需要粮食的人那里，从而消除浪费。所谓“正确的粮食”是指符合营养需要的粮食，被认为是从文化性和社会性来看都适合人类（个体）的需要，可以在这个个体已有资源（这个所谓资源的水平和类型有多样性，如烹饪燃料、冷藏、储存容量、水等）的条件下存储使用。

现有的系统如图 9-9 所示。注意，从系统动态性的观点来看，信息也可看成是一种物质。

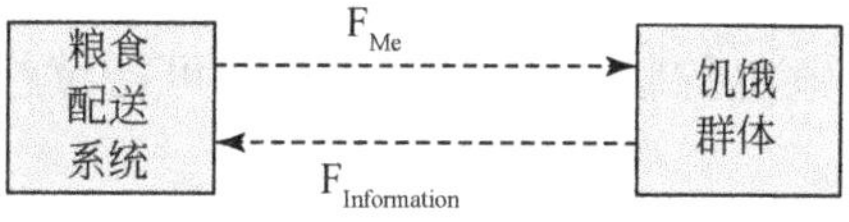

图 9-9 现有的系统

如何修改该系统，使其成为效率和效益不断增长的需求问题呢?

看 76 个标准解法应用的流程图，其中一个路径是“预测潜在变化”，它从第 2 子级开始，第 2 子级的标准解法是向系统中引入变化。标准解法 2. 2. 1 使用更可控制的场，对可控性差的场，可以通过使用更容易控制的场来替换，由重力场变为机械场或由机械场变为电磁场。其核心是由物理接触变到场的作用。

在我们的问题中，信息场往往很弱，也许只包含了人口以及人类总的卡路里的需求。是否可以增加更多关于个体需求的信息来强化这个场呢?随着人类基因工程的进一步发展，我们可以更容易地收集到更多关于营养需求的信息。我们是否能找到更加有效的方法来使用这些信息呢?

改进这个场也许可以包含以下一些考虑：①有多少人因为健康状况有特殊饮食需要，如糖尿病或艾滋病?②一个地区的粮食储存条件如何?③可供选择的食物储存的模式是什么?④目前的粮食生产水平如何?⑤是否有新的环境因素（天气条件、疾病等）影响食品的需要或粮食生产?

根据标准解法 2. 2. 2 的提示，可以考虑从宏观层面转化到微观层面来分析粮食的流通体系，从而引入以下思路：考虑粮食供应模式中的各个组成部分，如种植者、生产商、航运船只、人员、销售点等。于是，思考的问题转化为卡车是否可以更好地用于装载更多种类的粮食以更贴近需要，而不是某种单一的粮食?是否可以使用更小的车厢或更小的货物船来取代大卡车或集装箱（虽然第 2 类子级中的标准解法并不是要产生更大的系统转变概念，但是也可以思考，能否更好地利用其他配送模式，如空降、管道等）?

考虑粮食本身的微观层面：原材料、半成品、成品、宏量营养素和微量营养素。宏量营养素可以进一步分解成碳水化合物、脂肪和蛋白质。一个简单的被称为“米”的东西，可被编码为含有更多的信息，包括有关其营养价值的细节（已经有许多国家在作营养标签的研究），即所谓的蛋白质，就是一些氨基酸的组合。从而，水稻和豆类或玉米和大豆的组合能够更好地增强营养。这一概念的更极端的例子就是所谓的宏观生物饮食。此外，通过对食物在微观层面上重新思考，我们也许能够更好地解决存储问题。一个著名的例子就是牛奶，其拥有较短的保质期，但是当牛奶中的水分被去掉做成奶粉后，在货架上保存的期限就大大延长了。

考虑在微观层面的需求概念：危机（防止死亡）、短期的可持续性（正在进行的粮食供应，以防止危急的临界水平）和长期可持续性（能够实现自我维持的粮食收购/生产模式）。

另外，能否考虑微观层面的粮食援助?是否可以考虑将“正确的食物”捐赠给各个具体的人，具体的社区，不是捐赠某个总数量的粮食给所谓“非洲”这么一个太过于广泛的概念辖区。

那么，所谓微观概念下的“援助”又是什么形式呢？需要哪些具体的信息呢？捐赠者是否需要知道他们的努力产生了多大的效益？怎样才能获得这些信息并反馈到粮食流通系统？如果将该信息反馈回来，是否能鼓励更多的捐赠，同时提高系统的效率？这些援助到底是授人以鱼还是授人以渔，甚至教人如何生产鱼呢？现在已经有些组织把精力集中在向援助地区提供用来繁殖的牲畜和培训，而不是分发食品。比如，国际小母牛组织为援助社区而提供种畜的做法，它要求受资助的农户将种畜产下的第一胎母畜传递给下一个受资助农户，这就是国际小母牛组织的礼物传递方式。

标准解法 2.2.3 使用毛细管和多孔的物质，启发我们改进物理环境。比如，是否可以更好地利用现有的仓库？在轮船运输的时候，还可以运输什么？能否重新安排粮食以减少对笨重的包装的需求？粮食流通系统是否也可以用于其他重要的非食品物品（药品，衣物等）的流通？当新的基础设施建设的时候，是否可以考虑建造较小的仓库？这个想法超出第 2 级子级的范围，但的确也可以看成是未来的一个考虑方向。

同样，标准解法 2.2.4 是关于系统如何可以变得更灵活或更有适应性的。中间储存设施和运输系统如何才能适应经常变化的项目组合？是否可以将从某些组织如 Webvan 获得的信息应用在世界粮食流通系统上？

当我们开始思考如何更加有效地使用数据时，标准解法 2.2.1 也引导我们考虑用一个预定格式采集数据，可使其能够被粮食流通系统的各个环节的人有效使用，如种植者、生产商和分销商等。

一旦粮食进入配送环节，标准解法 2.3.1 使 F 和 S_1 或 S_2 的自然频率匹配或不匹配，这个解法引导我们思考，如何有效利用配送环节中资源（人、车等）的空置时间？返程的卡车能运回什么？也许可以运回一些当地生产的产品（它不需要的食品或其他制成品）。运输卡车能否运送人？卡车是否可以留在交货地点作其他之用，下次需要运货的时候再返回？卡车也许有冷藏空间，可以用于稍长时间的粮食配送。

关于预测潜在变化的另一条路径，应用第 3 级中的标准解法向超系统或微观级转化。标准解法 3.1.1 创建双元和多元系统，引导我们思考，粮食流通系统是否可以通过与其他系统合并来进行加强？输水系统是否可以在某种程度上匹配粮食流通系统？当然，对水的需求信息也将成为粮食需要信息表中的一部分。还有其他什么可以配送给世界各地？还有哪些新领域的系统可以与粮食流通系统一起协同作用？是否存在某种信息系统可以结合人的需求信息？

标准解法 3. 1. 2 加强双元和多元系统内的链接。我们需要什么类型的控制系统来链接信息系统和流通系统？可以构想一个“粮食交通报告”。比如，哪里有果酱？有什么其他可供选择的？在什么点可以修改“计划”？这些解决方案都包含在标准解法 3. 1. 2 中。

标准解法 2. 3. 1 指出从用户和粮食流通系统信息交互的时间来考虑问题，结合标准解法 3. 1. 2，这个想法可以进行更深的扩展。粮食流通系统必须反映人的需要的最新信息。它也需要与这个大型网络系统中其他组成部分协调。比如，个人用户如何知道这个信息已被“消费掉”或者网络中的其他成员采取了行动（比如你的一个朋友即将举行婚礼，他将所需的礼物列成一个清单表放在因特网上，一旦您选择了清单上的一项，它将会被标记，从而不会有其他人重复购买同一物件）？这些想法引导我们思考建立一个更精确的融合了许多不同技术的信息系统，比如，可以将声音、纸质记录和电子数据等传送到一个粮食流通系统的中央信息系统。当然，建立这样一个实时有效的信息系统不仅仅是粮食供应，也是其他许多行业面临的问题。

通过第 3 级解决方案来研究这一类的具体问题非常重要，因为第 3 级标准解法就是用于处理技术的进化趋势的。扫描纸质的数据进入计算机系统的文件，当有电话接入时，则将语音数据转换为数字数据，这是两种立即就会想到的想法。一旦所有的数据以数字形式存储，就很容易被使用，可以以各种形式输出。

找到一个解决方案，应用第 5 级解决方案使之更加优化。如果我们考虑将大型、僵化的贮藏设施转化为更灵活的存储方式，应用第 5 级的标准解法 5. 1，脑海中将浮现出许多的想法。标准解法 5. 1. 1 建议使用“虚无”代替实物。这引导我们思考有些粮食是否可以存储在外面？我们是否可以采用现有的一些其他空间存储粮食？我们能否把粮食储存入地下？根据标准解法 5. 1. 3 的建议“物质的‘自消失’”，引入物质，在使用完毕后自动消失。引导我们考虑使用某种存储结构，在使用完毕后自动消除。例如，在冬天特别寒冷的地区，粮食本来就可以安全存放在露天，处于冻结状态，这个天然的存储系统冬季后就自动消除。

9. 3. 3 案例结语

在上述的生命周期模型中，我们尚未从“需求”这个阶段提出例子，尽管这方面也的确能为 TRIZ 的应用提供很好的机会。比如，现代社会中，我们的孩子们常常被催促着“吃完你盘子里的东西”，这些行为可能无意中就鼓励了孩子的过度消费行为。我们应当应用 76 个标准解法来重新思考我们未来的人口增长、社会习俗和消费模式等问题。

解决世界饥饿，通常被看做是无法解决的难题之一。但是，TRIZ 的 76 个标准解法可以产生许多有创意的、实用的、对解决世界饥饿问题有现实意义的方案。我们期待 TRIZ 领域的各位同仁们一起使用这个粮食供应生命周期矩阵，定义问题的元素，研究使用 TRIZ 来寻找解决方案，并将这些方案提供给公司、慈善机构、政府机构和任何有志使用它们以结束世界饥饿的人。

9.4 76 个标准解法与 40 个发明原理的关系

近年来，TRIZ 专家们也对 76 个标准解法与 40 个发明原理之间的关系进行了尝试性的研究，并取得了一些阶段性的成果①。40 个发明原理已经相对成熟，是 TRIZ 最流行的工具之一，一个原因是因为他们使用的时间比较长，（是在 20 世纪 40 年代到 1972 年之间发明出来的），另一个原因是关于 40 个发明原理的英语、中文等参考资料都相对较多。所以，全球范围内已经形成了统一的系统的认识。相对而言，76 个标准解法由于其复杂性和高水平级别的特点，被人们普遍接受、认知还比较困难。所以，本节将其与 40 个发明原理结合起来，探讨其中的关系，将为人们学习理解 76 个标准解法提供更加广阔的思路，从而更好更快捷地获得问题的解决方案。

从部分参考文献列出的标准解法清单中仔细检查显示有 86 项，但是他们传统上被称为“76 个标准解法”。例如，标准解法 1.1.8 引入保护性物质就有两个截然不同的部分。①标准解法 1.1.8.1：如果系统中部分区域需要某种场效果，而其他地方需要很弱甚至不需要这个场，而且这个场很强，则在需要较弱作用或不需要场作用的地方引入物质起屏蔽保护作用。②标准解法 1.1.8.2：如果系统中部分区域需要某种场效果，而其他地方需要很弱甚至不需要这个场，但是这个场很弱，则在需要强作用场的地方引入物质起加强场的作用。

在下表中，这些同一个标准解法下可以拆分的部分都被视为单独的“标准解法”。比如，标准解法 5.1.1 就包含八九个部分。以下就是 40 个发明原理和 76 个标准解法的对应关系，如表 9-7 所示。

---

① 尽管目前来看还存在诸多值得商榷和更进一步研究的地方，我们仍然为读者列出来。因为作为指导人们进行发明创新的方法，TRIZ 本身也是不断进化的。我们相信，TRIZ 一定能够解决其本身系统还不够完善简练的问题，这个解决过程本身就是可以利用 TRIZ 理念进行创新的过程。这部分内容是根据 Ellen Domb, John Terninko, Joe Miller, Ellen MacGran 在 *TRIZ Journal* 上发表的文章 *The seventy-six standard solutions: how they relate to the* 40 *principles of inventive problem solving* 编译而成的

表 9-7　76 个标准解法与 40 个发明原理之间的关系

序号	40 个发明原理	标准解法编号	标准解法内容说明（详见附录 5）
1	分割原理	5.1.2	分裂物质
		2.2.2	物质 S_2 的分裂
		2.2.4	动态性
		3.2.1	向微观级转化
2	抽取原理		
3	局部质量	1.1.8	引入保护性物质
		1.2.5	“关闭” 磁影响
		2.2.6	结构化物质
		5.1.1	间接方法
4	非对称	2.2.6	结构化物质
5	合并	1.1.2～1.1.5	从环境中，或通过改变环境引入暂时的/持久的、内部的/外部的添加物
		3.1.4	简化双元系统和多元系统
6	普遍性		
7	嵌套		
8	质量补偿		
9	预先反作用		
10	预先作用		
11	预先防范	1.1.8	引入保护性物质
12	等势原理		
13	逆向思维	2.4.6	如果物质内部不允许引入铁磁添加物，则在环境中引入
14	曲面化		
15	动态化	2.2.4. 2.4.8	动态性 动态性
16	不足或过度的作用	1.1.6 5.1.4	最小模式 引入膨胀结构和泡沫
17	空间维数变化		
18	机械振动	2.3.1.	使 F 和 S_1 或 S_2 的自然频率匹配或不匹配
		2.4.10	在铁磁场模型中匹配频率
		4.3.2	应用样本的谐振

续表

序号	40 个发明原理	标准解法编号	标准解法内容说明（详见附录）
19	周期性作用	2.2.5	结构化场
		2.4.10	在铁磁场模型中匹配频率
20	有效作用的连续性	2.3.3	两个不相容或独立的动作可相继完成
21	减少有害作用的时间		
22	变害为利	1.2.2	通过改进现有物质来消除有害效应
23	反馈	5.4.1	利用自我可控性的物理转换
		2.4.8	动态性
24	借助中介物	1.1.7	最大模式
		2.4.9	结构化
		2.4.5	建立复杂的铁磁场模型
		1.1.2～1.1.5	从环境中或通过改变环境引入暂时的/持久的、内部的/外部的添加物
		5.1.1	引入物质
		4.1.2	应用复制
25	自服务	5.4.1	利用自我可控性的物理转换
		2.4.8	动态性
26	复制	4.1.2	应用复制
		5.1.1	用复制代替原物
27	廉价替代品		
28	机械系统的替代	2.2.1	使用更可控制的场
		2.4（all）	建立铁－场模型建立能够被检测/测量的场
		4.2（all）	建立新的测量系统
		5.1.1.2	利用场代替物质
29	气压/液压结构原理	2.4.3	磁流体
		5.1.1.1	用“虚无”
		5.1.4	引入膨胀结构和泡沫
30	柔性壳体和薄膜	2.2.6	结构化物质
31	多空材料	2.2.3	使用毛细管和多孔的物质
		2.2.6	结构化物质
		2.4.4	在铁－场模型中应用毛细管结构

续表

序号	40 个发明原理	标准解法编号	标准解法内容说明（详见附录）
32	改变颜色	4.1.3	利用两个测量值代替一个连续测量
		4.3.1	应用物理效应和现象
33	均质性原理		
34	抛弃与再生	5.1.3	物质的“自消失”
35	参数改变	5.3.1	相变 1：变换状态
		1.1.2～1.1.5	从环境中或通过改变环境引入暂时的/持久的、内部的/外部的添加物
		2.4.12	电流变流体
36	相变	5.3（all）	相变
		2.4.7	应用物理效应和现象
		4.1.1	以系统改变代替检测或测量
		4.3.1	应用物理效应和现象
37	热膨胀原理	4.1.1	以系统改变代替检测或测量（通过热膨胀效应控制系统，不再测量温度）
		4.3.1	应用物理效应和现象（测量体积膨胀代替测量温度）
38	强氧化剂	5.5	产生物质的高级和低级方法
		5.1.1.4	利用少量但非常活化的附加物
39	惰性环境	1.1.3	添加临时的/永久的、外部的
		1.1.5	改变外部环境
40	复合材料	5.1.1.1	添加“虚无”——泡沫、气泡、空穴等

本章小结

本章基于物–场分析法的原理，详细介绍了发明问题的标准解法以及应用标准解法的步骤，并用具体的解决世界粮食问题的案例说明了标准解法的思维方式和应用流程，最后，分析了 76 个标准解法与 40 个发明原理的对照关系。76 个标准解法是比 40 个发明原理更庞大、更有系统的创新发明工具，我们要活用这套创新发明工具，必须先了解它的系统脉络与整体框架，然后就每一个标准解法深入探讨它的应用技巧与实例，才能领悟到其中的诀窍。

标准解法是阿奇舒勒后期进行 TRIZ 研究的最重要的课题，同时也是 TRIZ 高级理论的精华。标准解法也是解决非标准问题的基础，非标准问题主要应用ARIZ来进行解决，而ARIZ的主要思路是将非标准问题通过各种方法，转化为标准问题，然后应用标准解法来获得解决方案。因为标准解法系统提供更加具体的解决方案的模型，很多很多TRIZ专家都推介用标准解法系统去解决实际的问题。

思考题

1. 物－场模型是TRIZ中一个非常重要的工具，该模型对于描述产品的一个功能是方便的。但是一个产品往往有多个功能，当该模型用于描述多功能技术系统时便会遇到很大困难，甚至无法进行描述。TRIZ本身如何解决这个技术矛盾？

2. 我国食品安全问题备受大众关注，尤其是牛奶的生产、运输、消费等，试用76个标准解法提出系统解决方法。

3. 研究标准解法和发明原理的对照关系可以加深对两者的理解，表9-6中尚有许多空格，尝试“发明”更多发明原理及标准解法。

参考文献

杨清亮. 2006. 发明是这样诞生的：TRIZ理论全接触. 北京：机械工业出版社：146，147.

赵敏，史晓凌，段海波. 2009. TRIZ入门及实践. 北京：科学出版社.

Domb E，Terninko J，Miller J，et al. 1999. The seventy-six standard solutions：how they relate to the 40 principles of inventive problem solving. TRIZ Journal. http：//www. triz-journal. com

Miller J，Domb E，MacGran E，et al. 2001. Using the 76 standard solutions：a case study for improving the world food supply. The Proceedings of TRIZCON2001，the Altshuller Institute，March.

Terninko J，Miller J，Domb E. 2000. The Seventy-Six Standard Solutions，with Examples. February，March，May，June，and July issues of The TRIZ Journal. http：//www. triz-journal. com.

United Nations Children's Emergency Fund（UNICEF）. 1993. The State of the World's Children 1993. Oxford：Oxford University Press and UNICEF.

10　发明问题解决算法

TRIZ 中的主要分析方法与解题工具，如矛盾矩阵和发明原理、物理矛盾和分离原理以及物 - 场分析法和 76 个标准解法，都适用于较简单的发明问题。对于这些简单的发明问题而言，问题情形十分明朗，使用者对其进行初步分析便可将其转化为某种标准问题，并通过上述分析方法与解题工具之间存在的“匹配”关系，迅速找出通用解，进一步将该通用解转化为领域解之后，原问题便可迎刃而解。

然而，在实践中工程技术人员经常面临一些较为复杂的发明问题。在这些复杂发明问题中，要么问题初始状况十分模糊，要么所涉技术系统内外关系异常繁杂，单个 TRIZ 分析方法和标准解题工具几乎毫无用武之地。为此，阿奇舒勒等人开发了一套专门解决复杂问题（或者说非标准问题）的解题程序。应用该程序，人们可以遵循一种有效的方式逐步将问题初始情形转化成为较为清晰的待解决问题，并通过深入分析和综合运用各类 TRIZ 工具，最终得到问题的解决方案。

10.1　ARIZ 产生的背景

发明问题解决算法，简称 ARIZ（algorithm of inventive problem solving 对应的俄文 Алгоритм Рещения Избретателъских Задан 转化成为拉丁字母的缩略词），是 TRIZ 中解决非标准发明问题的综合程序。该程序以一种系统的方式不断对问题进行提炼，从而抽取出隐藏在初始情形中的技术矛盾，并将其转化为深刻的物理矛盾，以便工程技术人员破除心理惰性并运用各种 TRIZ 工具获得接近理想解的解决方案。运用这一综合程序，人们可将较为模糊的初始问题逐步转化成为问题的最终领域解。

早在 20 世纪 50 年代，阿奇舒勒等人在其经典著作《发明的心理问题》（Altshuller and Shapiro，1956）中便已提及 ARIZ 的基本思想。他们认为，不同于头脑风暴法等传统创新方法的研究结论，解决发明问题不仅需要克服某些顽固的心理惰性，而且必须遵循技术系统发展过程中存在的客观规律。与此同时，他们明确指出，任何发明问题的解决过程都可以总结成为三个基本阶段，即分析阶段、操作阶段和综合阶段。

在分析大量高水平专利的基础上，阿奇舒勒及其团队随后开发了一系列解决发明问题的 TRIZ 工具。这些 TRIZ 工具解决某些标准发明问题时往往能起到立竿见影的效果，但是，它们仅仅适用于简单的发明问题。对于初始情形较为复杂的发明问题而言，即使熟练掌握了上述工具及其单独使用方法，人们仍然会无所适从并备受心理惰性困扰。为运用这些 TRIZ 工具处理复杂的非标准发明问题，并帮助人们有效克服解题过程中面临的心理惰性，阿奇舒勒等人进一步设计了一套解决发明问题的逻辑程序，即“初始问题情形→问题理想解→物－场解→物－理解→技术解”（Altshuller，1975）过程，对发明人员的思维过程进行系统而有序的组织（Savransky，2000），以便获得问题的高水平解决方案。这就成为 ARIZ 的雏形。

10.2 ARIZ 的完善

自 1956 年阿奇舒勒等人提出第一种简单的 ARIZ 以来，随着简单 TRIZ 工具和克服心理惰性方法的不断开发，ARIZ 本身一直处于不断的发展进化过程中。为对 ARIZ 的发展过程进行系统记录，TRIZ 专家采用了“ARIZ－年份（－特殊顺序）”的 ARIZ 版本标示形式。在近 30 年的发展过程中，TRIZ 专家先后开发了 ARIZ-56、ARIZ-61、ARIZ-68、ARIZ-77、ARIZ-85 等版本。

每当阿奇舒勒及其团队根据 TRIZ 的新近发展提出新版 ARIZ 时，他们便将其应用于实际非标准发明问题，详尽比较 ARIZ 过程与发明问题实际解决过程之间的差异，对 ARIZ 的使用效果进行检验，并提出进一步的发展与完善思路。因此，较之旧版 ARIZ，每个新版 ARIZ 不但内容更加丰富，而且可操作性更强。例如，在 ARIZ-56 中，阿奇舒勒仅仅提出了“分析阶段—操作阶段—综合阶段”三个主步骤和 10 个分步骤；ARIZ-61 进一步秉承了 ARIZ-56 三步骤模式，但是分步骤数量进一步增加至 15 个；而在 ARIZ-68 中，阿奇舒勒等人进一步将 ARIZ 发展成为包括“问题选择—问题条件说明—分析阶段—操作阶段—综合阶段”5 个主步骤、23 个分步骤的综合算法，更为重要的是，在该版算法中各步骤间的逻辑联系更加紧密，整个操作过程变得十分流畅（Savransky，2000）。

在 TRIZ 的发展过程中，ARIZ 的具体开发工作一直由阿奇舒勒本人直接领导和执行。直至 20 世纪 80 年代末 90 年代初，阿奇舒勒才由于身体状况原因不再开发新版 ARIZ，因此他开发的 ARIZ-85C 版本成为绝版 ARIZ，并被广大 TRIZ 研究人员公认为最成熟、最有效的 ARIZ。

10.3 ARIZ-85C 流程与九步骤法

在 TRIZ 的 ARIZ 序列中，ARIZ-85C 是最成熟的版本。它将复杂发明问题的解决过程分为四大阶段，并通过一套九步骤程序对问题情形进行逐层分析与转化，直至最终获得原问题的高水平解决方案。

10.3.1 ARIZ-85C 流程

简单来说，ARIZ-85C 就是一套包含“分析阶段—操作阶段—综合阶段—完善阶段”四大阶段和九大步骤的复杂性发明问题解决流程，如图 10-1 所示（韦子辉等，2008）。

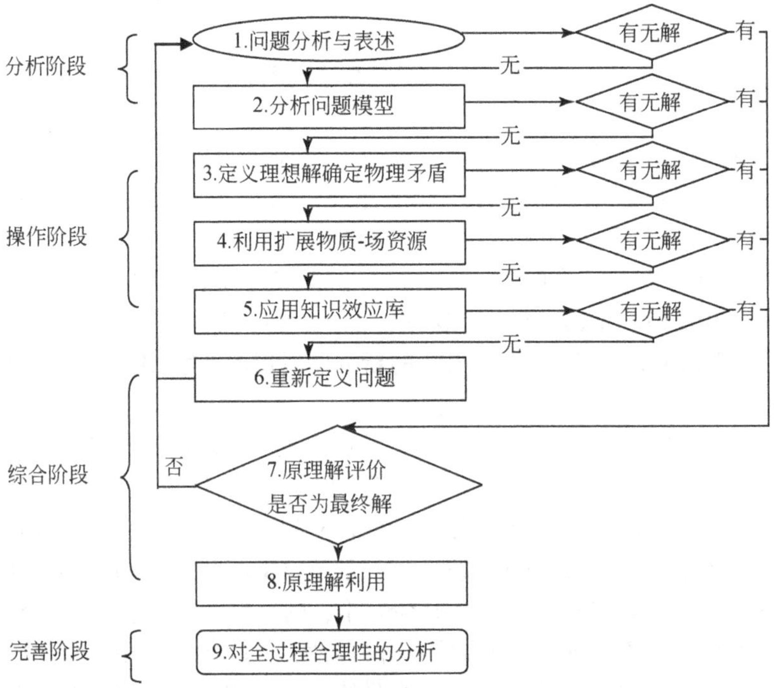

图 10-1　ARIZ-85C 流程

ARIZ-85C 共包括问题分析与表述、分析问题模型、定义理想解确定物理矛盾、利用扩展物质－场资源、应用知识效应库、重新定义问题、原理解评价、原理解利用以及 ARIZ 过程和理性分析九大步骤。其中第 1、2 步构成问题分析阶段，第 3～5 步构成操作阶段，第 6～8 步构成综合阶段，第 9 步则是完善阶段。ARIZ-85C 的基本操作流程如下。

（1）首先对复杂问题初始情形进行分析和描述，如若在分析过程中可以发现问题的解决方案，那么直接跳跃至第 7 步，判断所得到的解决方案是否可以作为最终解；如若无法发现问题解决方案，则进一步将初始问题情形转化为问题模型。

(2) 如若从问题模型中发现解决方案，则跳跃至第7步，否则进入下一步，定义问题的理想解并确定问题中隐藏的物理矛盾。

(3) 如若可以解决物理矛盾，则跳跃至第7步，否则进入以下一步，分析扩展物质–场资源。

(4) 如若利用扩展物质–场资源可以解决问题，则跳跃至第7步，否则必须考虑从知识效应库搜索相应科学效应知识，完成问题中所需有用功能或者消除有害功能。

(5) 如若应用科学效应知识可以得到问题解决方案，则直接进入第7步判断该方案是否可以作为最终解；如若仍然无法解决问题，则必须重新定义问题，对问题进行重新分析与表述。

(6) 如若上述解决过程中所得到的解决方案无法作为问题最终解，则同样必须返回至第1步，对问题进行重新分析与表述；如若所获方案可以作为最终解，则可以考虑能否将原理解拓展至更广阔的应用范围。

(7) 将解决原问题的实际过程与ARIZ-85C的问题进行比较，如若出现差异，则考虑可否对ARIZ-85C本身进行修正。

10.3.2 ARIZ-85C的九步骤法

为增强ARIZ-85C九大步骤的可操作性，阿奇舒勒等人将九大步骤进行了细分，从而开发出了一系列为数众多的分步骤（Savransky，2000）。

第0步：信息收集

在正式运用ARIZ-85C解决发明问题前，必须首先收集与当前技术系统相关的信息，为后续问题分析与解决步骤提供信息基础。这一步骤可以细分为2个分步骤。

步骤0.1 对待改进或待创造技术系统及其环境的相关信息进行收集与分类，同时收集初始问题情形的相关信息。

步骤0.2 找出技术系统中允许的改动及其限制；陈述新技术中的期望技术特性与经济特性。

1）第1步：问题分析与表述

此步骤的目的在于描述发生问题的技术系统，将模糊的发明问题情形和管理矛盾（administrative contradiction）转化成为明显的技术矛盾，从而清楚地表述原问题。该步骤具体分为以下几个分步骤。

步骤1.1 将问题陈述表述成以下形式。技术系统____（标明主要功能——

PF）包括____（标明主要子系统）。技术系统及其主要子系统具有以下____（标明有用功能 UF），但同时具有以下____（标明有害作用 HF）。

步骤 1.2 确定技术系统中潜在问题的结构。如若有用功能的提升不会导致有害作用增加，或者有害作用的消除（或降低）不会导致有用功能的下降，则表明问题是常规问题；否则即为矛盾问题或者发明问题。

步骤 1.3 应用管理矛盾和最小问题条件表述问题。管理矛盾____必须获得如下结果____，但是____（标明管理矛盾）；“最小问题”——必须在对技术系统主要功能或有用功能改变最小的情况下，去除有害作用；或者必须通过对技术系统（子系统）的最小改变获得有用功能，同时不会带来有害作用。

步骤 1.4 以图形方式表述最小问题结构。

步骤 1.5 将最小问题结构转化成为一种通用问题结构。

步骤 1.6 尝试将类似问题的解决方案应用于本问题中。

步骤 1.7 如果无法解决管理矛盾，则进入步骤 2。如果管理矛盾得以解决，则跳跃至步骤 7。当然，即使问题在这一步骤中得到解决，也最好继续尝试步骤 2 ~ 6，因为在这些阶段中可以将问题转化成为物理矛盾，从而获得更高水平的解决方案。

2）第 2 步：分析问题模型

这一步骤的主要目的是识别在问题解决方案中可以应用的所有资源，并找出问题的通用结构。它可以进一步分为 9 个分步骤。

步骤 2.1 区分并记录主要的矛盾要素：原料（raw object）和工具（tool）。在原料向制品（product）的转化过程中找出有害作用和有用功能。

步骤 2.2 构建原料或制品的两种相反状态，这些原料或制品将对技术矛盾选择产生影响；构建工具的两种相反状态，这些工具将决定有用功能或主要功能的提升量和有害作用的下降量。

步骤 2.3 在制品与工具之间至少构建两对技术矛盾（TC-1 和 TC-2），并建立 TC-1 和 TC-2 的图形。可以采用以下方式表述 TC-1 和 TC-2。①TC-1：如果提高有用功能 UF ____（标明具体有用功能），有害作用 HF ____（标明具体有害作用）也将提高；②TC-2：如果降低有害作用 HF ____，那么有用功能____也将降低。

步骤 2.4 在 TC-1 和 TC-2 中选择可以最好地实现步骤 1.1 中技术系统主要功能的技术矛盾，尝试运用矛盾矩阵解决所选技术矛盾。

步骤 2.5 如果未能解决问题，则进入下一步；如果问题得以解决，则跳跃至第 7 步。当然，最好是继续进入下一步或第 3 步以便构建问题的物理矛盾。

步骤 2.6 运用 STC 算子标示元素的极限状态。

步骤 2.7 记录问题模型中得以强化的矛盾。

步骤 2.8 构建问题的物－场分析模型，尝试运用 76 个标准解法获得问题解决方案。

步骤 2.9 如若问题无法解决，进入步骤 3；如若得到了问题解决方案，则跳跃至步骤 7。当然，最好是继续进入步骤 3。

3）第 3 步：定义理想解确定物理矛盾

本步骤的目的在于构建 IFR，以确定最理想解决方案的方向，并找出妨碍人们实现 IFR 的物理矛盾。该步骤可进一步细分为以下 8 个分步骤。

步骤 3.1 定义操作区域（operative zone）和操作时间（operative period）：所谓操作区域就是在问题模型中矛盾所表明并呈现的空间范围；而操作时间就是对应的时间范围。

步骤 3.2 在前述分析的基础上构建 IFR。IFR-1：存在某个聪明小矮人，可以在操作时间内消除操作区域的有害作用 HF ____，同时保证有用功能 UF ____ 的实施。此外，该小矮人不会造成技术系统任何意义上的复杂化，也不会带来新的有害作用。

步骤 3.3 通过引入附加要求的方式强化 IFR。绝不允许引入新的物质或新的场，只可应用现有资源。

步骤 3.4 构建宏观层次的物理矛盾。宏观层次物理矛盾：操作区域必须包含合意资源（preferable resources）____（标明物理状态或行为）以确保____（标明宏观状态），同时不可包含合意资源（或者必须包含具有相反状态或行为的合意资源），以确保____（标明另一种宏观状态）。或者可以表述为以下形式：在 T- 区域和 Z- 时间内，合意资源必须处于状态____（标明第一种状态）以去除或防止有害作用____（标明有害作用），同时在 T + 区域和 Z + 时间，合意资源必须处于一种与第一种状态相反的状态____（标明相反状态），以便实现有用功能____（标明有用功能）。

步骤 3.5 构建微观层次的物理矛盾。微观层次物理矛盾：在操作时间内，操作区域必须处于某种微观物理状态____，以便实施某种行为____（表明行为的具体名称）；同时又必须处于另一种相反的微观物理状态____，以便实施另一种相冲突的行为____。从宏观层次向微观层次的转换通常会使人们破除功能或者术语上的心理惰性，以便发现先前被遗漏的技术系统属性。

步骤 3.6 构建第二种 IFR。IFR-2：在操作时间____（标明具体操作时间）内，操作区域____（标明具体操作区域）必须同时处于两种相反的宏观物理状态或两种相反的微观物理状态____（标明具体的相反状态）。ARIZ 的前三个步骤对初始问题进行了明显的重构。这一分步骤主要用于对这些重构进行总结。通过构建 IFR-2，我们同时得到了一个新的更难的问题。接下来的任务只需要解决这个新问题即可。如若很难想象 IFR-2，则可以构建以下延伸性问题：在操作时间____内，操作区域____中的物质或场必须确保其自身同时处于两种相反的宏观物理状态或两种相反的微观物理状态。

步骤 3.7 尝试运用 76 个标准解法实现 IFR-2 所给出的问题解决方案。

步骤 3.8 如若问题尚未解决，进入步骤 4；如若问题得以解决，则跳跃至步骤 7。当然，即使在这种情况下，也推荐继续进入步骤 4。

4）第 4 步：利用扩展物质 – 场资源

本步骤的主要目的在于系统地运用所有物 – 场资源获得问题解决方案。在使用物 – 场资源时，首先必须考虑使用导出资源（derivative resources）或差动资源（differential resources），然后考虑应用制品或原料资源，最后考虑应用外部物质资源和场资源。其中只有在现有可得资源（包括制品和原料的差动资源和导出资源）无法解决问题的情况下，方可运用外部物质资源和场资源。资源运用不是试图应用可以解决最小问题的所有资源，而是以最小的代价找出最合适的问题解决方案。

该步骤具体分为以下 8 个分步骤：

步骤 4.1 考察可否通过混合物质资源解决问题。

步骤 4.2 考察可否通过应用导出资源和/或差动资源解决问题。

步骤 4.3 考察可否通过应用制品资源解决问题。

步骤 4.4 考察可否通过组合场和对该场敏感的额外物质的方式解决问题；特别是磁场和磁性物质、红外线 – 荧光粉、热场 – 形状记忆合金、电流 – 电子等场与物质的组合方式。

步骤 4.5 考察可否通过应用超系统的资源特别是替代技术系统中的资源解决问题。

步骤 4.6 应用聪明小矮人方法连接问题表述与 IFR-2。将问题模型进行改变，以便聪明小矮人以一种无冲突的形式工作。

步骤 4.7 尝试运用 76 个标准解法解决问题。

步骤 4.8 如若前述步骤成功解决问题，则跳至步骤 7；如若未能找到解决方案，则进入步骤 5。

5）第 5 步：应用知识效应库

这一步骤的目的主要是运用 TRIZ 的科学效应知识库，即效应和物理现象清单解决问题。该步骤具体细分为以下 5 个分步骤：

步骤 5.1 可以在较早的步骤中运用 TRIZ 知识库，如在步骤 1.6。在步骤 5 中，只有与 IFR-2 吻合或接近的解决方案才可应用。

步骤5.2 考虑应用前人已解决的与本问题相类似的非标准问题获得问题解决方案。

步骤5.3 考虑应用科学知识效应清单解决问题。

步骤5.4 考虑应用典型转换的方式解决问题。

步骤5.5 如若问题无法解决，则考虑应用从IFR-2“倒退一步”的方式解决问题。

6）第6步：重新定义问题

这一步骤的主要目的是考察问题的基本要素。许多情况下，并不是从一开始就能找到正确的发明问题，这时就需要改变问题的基本要素（如移除问题中的初始限制或约束、破除心理惰性等）。问题解决的过程本质上就是问题修正的过程。该步骤可以进一步细分为如下6个步骤：

步骤6.1 如若问题得以解决，则直接进入步骤7～步骤9。

步骤6.2 如若未能发现解决方案，检查冲突对的构建是否正确。如果冲突对的构建存在问题，则应该选择另外一对制品/工具冲突对。

步骤6.3 如若未能发现解决方案，检查所构建的管理矛盾（步骤1.3）中是否是多个不同问题的组合。如果确实如此，就应该改变所构建的最小问题（步骤1.3），将不同的问题分隔开来，并解决其中的主要问题。

步骤6.4 如若未能发现解决方案，则返回至步骤1.3，重新在相关超系统中构建最小问题。如确有必要，可进行多次返回，如转换至系统层次等。

步骤6.5 如若在前述步骤6.2～步骤6.5中无法找到解决方案，构建和解决“最大问题”；所谓“最大问题”就是通过开发和合成新的技术系统解决问题。

7）第7步：原理解评价

这一步骤的主要目的是评价前述步骤中所获得的原理解，判断它们是否可以作为最终解。其判断的基本标准是，最终解必须在几乎不增加任何东西的情况下，实际消除物理矛盾。该步骤可继续细分为以下6个分步骤：

步骤7.1 检验解决方案。对于解决方案中添加的物质和场而言，着重考虑如下问题：①可否在技术系统的其他子系统或其他可得资源中找到必需的物质和场？②可否在不引入任何新物质或新场的情况下，仅仅应用导出资源解决问题？③可否应用“自规制物质”[①]（self-regulating substances）或“聪明物质”（smart substances）？在此基础上，将相应的修正路径引入解决方案。

步骤7.2 评价所获解决方案。可以采用以下控制性问题对解决方案进行评

① 所谓“自规制”物质就是那些会随着外部条件的变化，以某种方式自动调整其物理参数的物质

价：①解决方案是否满足 IFR-1 中的主要要求？②解决方案是否解决了物理矛盾？它解决了什么物理矛盾？③新系统中是否至少包含一个可控元素？解决方案中的可控元素是什么？它可以以何种方式进行控制？④在实际条件下，问题模型所对应的解决方案是否适用？

如若解决方案不满足上述控制性问题中的所有要求，则返回至步骤 1.1。

步骤 7.3 从所获解决方案中选择一个最佳方案。

步骤 7.4 利用专利库考察解决方案的新颖性。

步骤 7.5 采用所获解决方案会带来何种新问题？

步骤 7.6 将所选概念方案转变成为实际技术方案。

8）第 8 步：原理解利用

这一步骤的主要目的在于应用所获得的解决方案。因为一个优秀的创意不仅可以解决特定问题，而且也可为解决类似问题提供通用线索。该步骤包含 4 个分步骤。

步骤 8.1 考察必须如何改变已改进技术的超系统。

步骤 8.2 检验可否以一种新方式应用已改进技术系统或超系统。

步骤 8.3 应用所选解决方案解决其他问题。

步骤 8.4 如若时间允许，试验步骤 7.4 ~ 步骤 8.3 中未选方案。

9）第九步：对全过程合理性的分析

这一步骤的主要目的是对 ARIZ 和实际解题过程进行评价。必须注意的是，该步骤仅仅适用于高水平 TRIZ 专家。分析解题过程主要包括以下 2 个分步骤。

步骤 9.1 比较实际解题过程与 ARIZ 所提供的理论过程。以一种特殊的形式报告二者之间的偏差，并发布该报告。

步骤 9.2 将所获实际结果与从 TRIZ 启发法和工具以及知识效应库中得出的数据进行比较。如果该结果包含 TRIZ 中未知的启发法或效应，则将其列为清单，并与其他 TRIZ 专家分享这一结果。

从上述九大步骤看，由于 ARIZ-85C 需要解决非标准问题，因此其过程略显复杂，然而其逻辑主线却非常清晰，即通过不断重构和提炼，确定问题的 ZFR，并逐步将非标准的模糊问题情形依次转化成为可以由简单 TRIZ 工具（如技术矛盾、物理矛盾和物 - 场分析法以及资源分析等方法）处理的清晰问题，从而获得接近理想解的最终领域解。

同时，值得注意的是，ARIZ-85C 还具有自我完善的功能。一方面，它可以为解决未来的类似问题建立通用知识基础；另一方面，它可以通过理论过程与实际过程的详细比较对 ARIZ 本身进行修正。

10.3.3 ARIZ-85C 的应用简例

10.3.3.1 初始问题描述

某公司获得了一份可移动军用天线的设计生产合约。该军用天线系统由天线本身和一个将天线伸至高处的天线杆两部分组成。一台天线在某处工作一段时间之后，需要由一位士兵将其转移至其他地方以便执行新任务。当设计工作完成之后，人们发现，积压在天线上的冰块将大幅度增加天线质量，天线杆很快就会被压垮（必须注意的是，没有人负责除冰工作）。显而易见的解决方案是增大天线杆直径以增强其强度，但是这样一来就会增加整个系统的质量，以致单个士兵很难搬动天线（Maimon and Horowitz，1999）。如何解决这一问题呢?

10.3.3.2 ARIZ-85C 的应用

下面我们尝试运用 ARIZ-85C 对上述初始问题进行分析，并获得问题的解决方案。

第 0 步：信息收集

步骤 0.1 技术系统相关信息收集：显然，在军用天线系统中，技术系统包含天线、天线杆子系统。问题的初始情形是：需要增强天线杆强度，但增强强度会增加天线的质量。

步骤 0.2 新技术中的期望技术特性是强度特性得到改善，同时希望不会恶化质量特性。

1）第 1 步：问题分析与表述

步骤 1.1 问题表述：技术系统可移动军用天线包括天线和天线杆等子系统，天线系统的环境中存在冰块等物质。技术系统应具有“可移动”的有用功能，但同时存在“垮塌”的有害作用。

步骤 1.2 技术系统中潜在问题的结构：“垮塌”有害作用的消除会导致天线系统质量增加，从而降低“可移动”的有用功能，因此初始问题中显然存在矛盾。

步骤 1.3 最小问题：必须对可移动军用天线系统进行最小改变，消除天线“垮塌”的有害作用，同时保持“可移动”有用功能。经分析发现并未找到类似问题，因此，解题程序进入第 2 步。

2）第 2 步：分析问题模型

步骤 2.1 主要矛盾要素。制品：天线。工具：天线杆。

步骤 2.2 工具天线杆具有两种相反状态：高强度和低强度。高强度将降低“垮塌”有害作用，但同时会降低“可移动”的有用功能；低强度的影响则与之相反。

步骤 2.3 TC-1 和 TC-2。TC-1：如果改善可移动有用功能，那么天线“垮塌”的有害作用也将提高。TC-2：如果降低天线“垮塌”的有害作用，那么天线“可移动”的有用功能也将降低。

步骤 2.4 根据题意，保证天线不被冰块压垮是该问题中非常重要的目标，因此选择 TC-2 作为待解决技术矛盾。

步骤 2.5 并未发现有效的解决方案，因此进入下一步。

步骤 2.6 STC 算子标示极限状态：将天线强度增强至无穷大。

步骤 2.7 强化的矛盾：天线强度被增强至无穷大，根本无法移动天线。

3）第 3 步：定义理想解确定物理矛盾

步骤 3.1 确定操作区域与操作时间。操作区域：天线杆。操作时间：冰块积压在天线上的时候。

步骤 3.2 构建 IFR。存在某个聪明小矮人，可以在冰块积压的时候消除天线杆的脆弱性，防止天线垮塌，同时保证天线系统的可移动性；此外，聪明小矮人不会造成天线系统的复杂化，也不会带来新的有害作用。

步骤 3.3 强化 IFR。绝不允许在天线系统中加入新的物质或新的场，只能应用现有的资源。

步骤 3.4 构建宏观层次的物理矛盾。操作区域天线杆中必须包含某种合意资源以确保天线的强度，同时不可包含该合意资源，以便确保天线系统的质量较轻，从而方便移动。

步骤 3.5 构建微观层次的物理矛盾。当冰块积压在天线上时，天线杆必须处于高强度状态，以便增强防垮塌能力；同时又必须处于低强度状态，从而保持较低的质量，以便保持天线系统的可移动性。

步骤 3.6 构建 IFR-2。当冰块积压在天线上时，天线杆必须同时处于高强度和低强度两种相反状态。

4）第 4 步：利用扩展物质－场资源

信息收集阶段表明，天线技术系统及其环境中除存在天线和天线杆之外，还存在冰块等超系统资源。如若利用超系统中的冰块资源增强天线杆强度，则可以很好地解决原问题。因此，一个可行的解决方案就是使冰块不仅积压在天线上，而且将同时积压在天线杆上。这样，便可消除原问题中存在的技术矛盾。

在现实生活中，通过改变天线杆的形状，便可使冰块同样积于天线杆上。堆积在天线杆上的冰块将大大增强天线杆的强度，因此天线系统不会轻易垮塌，同题得以成功解决。值得注意的是，这一方案还存在一个额外优点：即当没有出现冰块时，不会存在冰块积压问题，因此天线杆无须也不会增强强度。强度增强的性质仅仅在其需要的时候出现。

10.4 ARIZ的新发展

自ARIZ-85C发布以后，虽然阿奇舒勒本人不再从事ARIZ的开发工作，但是许多TRIZ大师及相关专家在此基础上纷纷开发了各自的ARIZ。然而，令人遗憾的是，由于缺乏统一的组织与管理，这些ARIZ大多作为专家的私人成果予以保存和应用，很少公之于众（Savransky，2000）。

与此同时，也有部分TRIZ专家试图从全新角度对ARIZ进行拓展。其中，最为著名的是由阿奇舒勒本人提出、由白俄罗斯TRIZ大师N. Khomenko发展的OTSM（general theory of powerful thinking的俄文词头）即“问题流网络分析法”（problem flow network approach）。应用该方法，人们可以将问题的解决过程统一成为问题网络、矛盾网络、参数网络（特殊）、参数网络（通用）四个网络，而且可以较为方便地处理各种各样的复杂矛盾情形。感兴趣的读者可以进一步阅读相关文献（Khomenko and Ashtiani，2007；Khomenko et al.，2007；Khomenko and Guio，2007；Cavallucci and Khomenko，2007）。

本章小结

ARIZ是一套专门用于解决非标准发明问题的综合程序。经过数十年的发展，目前ARIZ已经进化至较为成熟和完整的ARIZ-85C版本。该版本包括四大阶段和九大步骤，遵循这些步骤，人们可以对问题进行不断的重构与提炼，从而方便地将初始情形较为模糊的非标准发明问题逐步转化成为高水平的最终领域解。

思考题

1. 请简述ARIZ-85C的四大阶段和九大步骤，并简要评价ARIZ的作用。

2. 案例分析：传统空对空导弹火箭引擎的燃烧室是一个中空的圆柱形缸体（图10-2），固体燃料均匀地分布在缸体内。然而这一设计很容易产生一个问题，即在燃烧过程中燃烧的半径会越来越大，引擎所产生的推力随之越来越强，从而造成火箭的推进力极其不稳定。请尝试运用ARIZ-85C分析和解决这一问题。

3. 请在您熟悉的技术领域任选一个较为模糊的初始发明问题情形，并尝试运用ARIZ-85C流程对其进行分析。

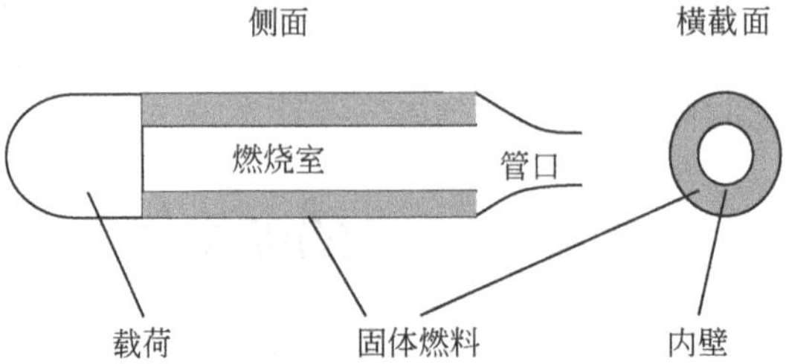

图 10-2　圆柱形缸体

参考文献

韦子辉，阎会强，檀润华 . 2008. TRIZ 理论中 ARIZ 算法研究与应用 . 机械设计，25（4）：57-61.

Altshuller G S. 1975. Process of Solving an Inventive Problem：Fundamental Stages and Mechanisms. Manuscript（in Russian）.

Altshuller G S，Shapiro R. 1956. About a technology of creativity. Question of Psychology，6：37-49（in Russian）.

Cavallucci D，Khomenko N. 2007. From TRIZ to OTSM-TRIZ：addressing complexity challenges in inventive design. International Journal of Product Development，4（1/2）：4-21.

Khomenko N，Ashtiani M. 2007. Classical TRIZ and OTSM as a scientific theoretical background for non-tpical problem solving instruments. The ETRIA "TRIZ Future 2007" Conference. Frankfurt am Main，Germany.

Khomenko N，Guio R D，Lelait L，et al. 2007. A framework for OTSM-TRIZ based computer support to be used in complex problem management. International Journal of Computer Applications in Technology，30（1/2）：88-104.

Khomenko N，Guio R D. 2007. OTSM Network of problems for representing and analysing problem situations with computer support. IFIP International Federation for Information Processing.

Maimon O Z，Horowitz R. 1999. Sufficient conditions for inventive solutions. IEEE Transactions on Systems，Man，and Cybernetics—Part C：Applications and Reviews，29（3）：349-361.

Savransky S D. 2000. Engineering of Creativity：Introduction to TRIZ Methodology of Inventive Problem Solving. Boca Raton：CRC Press：303，304-308，316-330，308-309.

11 创意评价方法

当人们运用 TRIZ 的矛盾矩阵、发明原理、分离原理、物 - 场分析法和 76 个标准解法等各种分析工具和解决工具（或者其他方法）获得了创造性问题的解决方案之后，如何评价方案的创造性呢？在消除了某些技术矛盾或者物理矛盾的同时，如若产生了一些新的问题，我们应当如何评价这种解决方案呢？当创造性问题具有多个解决方案时，哪一个方案才是最佳的解决方案呢？回答上述问题，必须有一套系统的创意评价方法。在 TRIZ 中，我们可以依据技术系统理想度这一概念为基础构建这套创意评价方法。这套创意评价方法，既可在一定程度上检验人们是否解决了正确的问题，也可判断人们是否正确地解决了创造性问题；既可用于评价 TRIZ 工具的应用成效，也可评价依据其他方法得出的创造性问题解决方案。

11.1 概　　述

当人们面临技术领域或者日常生活中的某些创造性问题时，由于受心理惰性或者其他因素的影响，往往倾向于采用开发一套笨重的自动化机械或复杂的技术系统的方法寻找问题出路。然而，在许多情况下，沿着这一条思路找到的解决方案即便不是不可行，也难免有“杀鸡焉用牛刀”之诟病。

案例 11.1　检测象鼻虫体温（陈卫东，2007）

在苏联粮食学院，有一次李希金院士对发明家卡秋金说，准备召开一个重要会议，解决象鼻虫害问题。这需要研究这种昆虫的生存条件，特别是要测量它的体温。但没有解决这一课题的仪器。

“这项课题费为 5 万卢布，但不知用这么些钱是否能设计成功所需要的仪器。”李希金院士说。聪明的卡秋金却马上说可以利用普通的医用体温计测量象鼻虫的体温。

测量的具体方法是：将需要检测体温的象鼻虫堆在一起，将普通的温度计插入其间即可测量象鼻虫的体温。因为单只象鼻虫的体温与一群象鼻虫的体温实际上是一样的，但是前者无法用普通温度计测量，而后者却可以，所以根本就不需要新开发一套复杂的专门仪器来检测象鼻虫体温！

案例 11.2　太空用笔（陈卫东，2007）

当年美国发射航天飞机后，发现带到天上去的圆珠笔在失重状态下根本无法写字。于是，美国科学家花了好几年时间、数千万美元，终于研制出了能在太空中写出字来的圆珠笔。后来苏联也发射了航天飞机，美国人就想看看苏联人有没有成功研制类似的先进技术解决这一问题。于是他们派出了 FBI 人员进行专门调查。过了一段时间之后，调查人员带回了这一问题的核心情报："报告，苏联宇航员在太空中根本没有使用任何圆珠笔，他们用的是铅笔!"

不要以为这种看起来像笑话的故事只会在几十年前发生，其实即使是在当代，类似的情况也屡见不鲜。

案例 11.3　剔除空皂盒（国际金融报，2009-04-10）

一家著名的大型日化公司引进了一条香皂包装生产线，结果发现这条生产线有个缺陷：常常会有盒子里没装入香皂。为了将生产线上的空肥皂盒剔除出来，他们只得请了一个学自动化的博士后设计一个方案来分拣空的香皂盒。这位博士后组建了一个以几名博士为核心、十几名硕士研究生为骨干的科研攻关小组，综合采用机械、微电子、自动化、X 射线探测等技术，耗费几十万元，成功解决了问题。每当生产线上有空香皂盒通过，两旁的探测器就会检测到，并且驱动一只机械手把空皂盒推走。

中国南方有个乡镇企业也买了同样的生产线，老板发现这个问题后十分生气，他找来了一个仅具初中文化的小工说："你尽快把这个问题解决掉，不然你就走人。"小工略经思考之后很快想出了一个办法：他买来了一台电风扇，将其放置在生产线旁边吹个不停，然后在生产线另一面的适当位置摆放一个箩筐，空皂盒自然会被吹入箩筐内。问题成功地得以解决，而这台电风扇却仅仅花费了 90 元!

虽然上述三个案例分别属于不同的技术领域，但是它们具有一个共同的特征，即面对某个特定问题时，人们往往倾向于开发一个全新的技术系统解决当前的难题。然而，这些解决方案要么在当前技术条件下根本无法实现，要么实现的成本和代价极其高昂，新开发的技术系统对于解决当前的特定问题而言过于复杂。在 TRIZ 中，经常称这一类宏大而复杂的解决方案所对应的问题为"大问题"。

尽管针对这些"大问题"的解决方案可能具有其他方面的优势，特别是有可能具有较广的发展前景和应用范围，不过对于当前面临的特定问题而言，人们可能还有其他的选择。堪称特定技术问题"优秀解决方案"的基本特征是：在尽可能应用技术系统现有资源和尽量不改变现有结构的基础上，仅仅通过少量的改变和耗费完成技术系统所需要的主要功能。在 TRIZ 中，与这类解决方案相对应的问题称为“小问题”。

“大问题”和“小问题”的分野是人们从不同视角看待同一特定技术问题的产物。例如，在案例11.1中，从温度计一次检测一只微小昆虫体温的角度出发，开发一种可以测量微小昆虫体温的新型温度计便是试图解决原问题中所蕴涵的“大问题”；而如果转换思路，从温度计测量微小昆虫体温（不管是一次检测一只昆虫还是一次检测一堆昆虫，只要能观察其生存温度条件即可）的角度出发，用“采用普通温度计测量一堆昆虫体温”取代原来“检测一只微小昆虫体温”以便观察昆虫生存的温度条件，便是解决原问题中所蕴涵的“小问题”。

由于特定的创造性问题既包括大问题，又蕴涵小问题，因此要有效地解决原问题，就必须从二者中选择一个正确的问题加以研究与探讨。在绝大多数情况下，小问题是一个优先考虑的选项，因为解决小问题可以在不改变现有技术系统框架的情况下，“多快好省”地完成原问题包含的既定目标任务。如果仅仅依靠应用技术系统及系统周围的已有资源，或对技术系统作出较小的调整与变换却无法实现原问题的既定目标时，则可以考虑解决“大问题”。解决“大问题”必然涉及重新创建或者从外部引入一些复杂的技术系统或子系统的问题，它将导致新的系统突破原有技术极限，获得远远超出原问题范畴的额外性能。然而，在当前的技术水平条件下，即使解决“大问题”的相关方法最终可以得到实现，其代价也是异常惊人的。因此，在“大问题”和“小问题”均可得到成功解决的情况下，从创意评价的角度而言，解决小问题显然略胜一筹，案例11.2和案例11.3很好地说明了这一点。

11.2 创意评价方法及其评价指标

一般而言，成功地解决原问题所蕴涵的“小问题”比解决它对应的“大问题”更加具有创意。那么如何对创造性问题解决方案的创造性进行具体评价呢？怎样才能确定新的解决方案较之已有的常见方案而言是否更富创意呢？创意评价的方法和具体指标有哪些呢？相关专家的研究表明（Rantanen and Domb, 2007），根据TRIZ技术系统、矛盾、资源和理想度等相关概念，可以形成一套系统的创意评价方法。

11.2.1 创意评价方法

问题就是现实与目标之间的差距，而解决问题就是消除差距。之所以存在技术创新问题，就是因为技术系统的现有状态与某个预定的目标之间存在一定的差距。这一差距或者表现为技术系统的某些性能存在不足，或者表现为技术系统会产生某些有害作用，在某些情况下还会表现为在改善某些性能的同时会导致其他性能恶化，即技术矛盾的产生。因此，解决技术创新问题必然涉及按照技术系统的有关要求，改进原有系统的某项性能或者消除它的某项缺陷，是否改进技术系统所需的性能或消除相关缺陷是评价技术创新问题解决方案创意的一个前提条件。例如，在案例11.3中，不论是博士后团队所研发的探测排查仪器，还是小工提出的应用电扇吹风的方法，都可以有效剔除空香皂盒，从而消除现有生产线的一个缺陷，完成技术创新问题中所包含的核心任务。但是，是否成功完成技术创新问题中包含的主要任务，仅仅是评判解决方案是否富有创意的必要条件而非充分条件。如若人们在改进原有技术系统某些性能的同时，恶化了系统的其他性能或者未能消除某些伴随而生的有害作用，即无法成功地解决原问题中包含的技术矛盾，则该方案不是TRIZ意义上的创新；如若在解决技术系统原有问题的同时，带来了某些新的缺陷或者新的有害作用，那么该方案也是较为低劣的解决方案。由此可见，创意评价方法与TRIZ发明等级划分标准之间具有一定的渊源关系。其共同之处在于二者均认可矛盾的消除是解决创造性问题的基本特征，但是发明等级划分方法非常重视发明主体对原领域以外鲜为人知的知识的巧妙运用，创意评价方法则侧重于灵活地配置技术系统及其周围的各种闲置资源；四级五级等高等级发明往往因开发了解决某些“大问题”的新型技术而在发明等级理论中备受推崇，不过就其创意而言，对于解决特定的创造性问题则未必有如“小问题”解决方案那样实用。

此外，如若人们改进了技术系统的某些性能或消除了某些重要缺陷，但显著提高了技术系统的复杂性，则该方案实质上仍然是一种隐蔽的“妥协”或者“折中”，因而也不是理想的解决方案。例如，耗费数十万元资金和一年的时间、动用一二十名硕士和博士开发出一套复杂的光学探测排查仪器，却仅仅用于解决剔除空香皂盒问题的做法可以说是得不偿失的，这一新技术系统的复杂性几乎是不可接受的。

简而言之，对解决方案进行创意评价的方法主要就是考察它是否以较少的成本和较低的复杂性成功地改善了技术系统的主要有用性能，同时有效地避免了技术系统已有或新生缺陷的产生。显然，这种创意评价方法与TRIZ理想度提高法则的基本理念在本质上具有异曲同工之妙，因而，相关专家认为可以借鉴TRIZ提高理想度的相关方法整理出一套系统的创意评价方法。

根据TRIZ理想度提高的评判标准（Domb，1997），较之于现有的技术问题解决方案，一个理想度较高或者说较有创意的解决方案必须同时具有以下基本特征：①它消除了原有技术方案的缺陷或显著提高了技术系统急需改善的性能指标；②它保留了原有技术系统的优势，并不会因为技术系统作出部分调整和改善而影响系统原有的其他任何优势；③它积极应用现有免费或可得资源，避免引入外部资源和防止技术系统过于复杂化；④它不会因为消除系统原有缺陷或改善系统性能而为系统引入新的缺陷。

以上四个基本特征是对技术问题解决方案进行创意评价的通用准则，不过值得注意的是，任何创意评价的有关工作都是必须针对特定的、具体的创造性问题而进行的，脱离问题的具体背景和主要目标，空泛地比较 A 方案与 B 方案的创意是没有任何意义的。例如，随着全球气候变暖和“低碳经济”概念的提出，当前关于能源技术的讨论异常激烈，太阳能、核能、化学能、水力能源或者其他形式的能源中，到底哪一种能源更为理想呢（Rantanen and Domb，2007）？显然，对于一座每小时必须消耗成百上千兆瓦能量的工厂和一个仅需临时使用数十千瓦能量的村舍而言，上述答案是大相庭径的。因此，在不考虑能源具体应用目的的前提下，这一讨论只能是徒劳无功的。又如，在案例 11.3 中，我们认为小工的解决方案胜于博士后的解决方案，但是如果对该例进行一定的变换，假定现在发现生产线上不但存在着空香皂盒，而且还有些盒子里仅仅放置了半块（或者其他形状的残缺不全的）香皂，那么原案例中解决“小问题”的方案就很难完全奏效，在这一具体环境下，其创意是根本无法与解决“大问题”的制造光学仪器方案相抗衡的。

11.2.2 创意评价指标

根据创意评价的基本方法和理想度提高的基本特征，以 Ellen Domb 等为代表的 TRIZ 专家系统地提出了对创造性问题解决方案进行创意评价的 6 个通用基准。他们指出，当人们得到了创造性问题的一个解决方案之后，便可以应用这 6 个基准对其创意进行总体评价，这些基准主要包括（Rantanen and Domb，2007）：

第一，技术系统的所有有害特征必须消失。通常情况下，人们解决问题的目的就是为了消除某些缺陷，因此从消除缺陷这一个要求开始考察是完全符合逻辑的。

第二，所有有用特征必须保留，同时还必须出现一些新的有益特征。我们不能仅仅满足于消除缺陷，必须在保留现有的有用功能的基础上引入新的有用功能。

第三，不能出现新的有害特征。在对创造性问题解决方案进行创意评价时，审查这一点是非常重要的。人们在解决诸如改进产品等类似技术创新问题时经常面临的一种情况是，新的技术系统根除了初始毛病，但是却导致了一些新的问题。

第四，技术系统不能变得过于复杂。很明显，技术系统的复杂性程度越高，成本就会越高，同时其可靠性程度却可能大大降低。

第五，任何创造性问题的解决方案都必须消除原问题中所包含的主要的、根本性的技术矛盾。这一基准也与理想度提高的基本法则具有内在的一致性。一方面，为了获得某项有用功能，人们通常需要增加技术系统质量、增大系统尺寸、提高系统能耗、增加工作时间和其他增加成本的特征。另一方面，为了降低成本和避免产生有害作用，人们又需要更轻的质量、更小的尺寸、更少的能源耗费和更短的时间或者其他特性。TRIZ 的一个根本理念就是，解决创造性问题，就必须彻底消除隐藏在问题中的矛盾，否则就不成为创新。

第六，在创造性问题的解决方案中，必须巧妙地应用那些闲置而易于取得、以往却又经常被人们所忽略的资源。成功地应用这些闲置资源，不仅可以完成原问题面临的主要任务或增加技术系统必需的有用功能，而且可以抑制系统成本的攀升和复杂性程度的提高，甚至在某些情况下还会进一步降低技术系统的原有成本。

以上 6 个基准可以直接作为对创造性问题解决方案进行创意评价的通用指标，但如前所述，由于创造性问题情境的特殊性，还必须将针对具体问题的特殊评价指标纳入考虑范围。这些特殊评价指标常见的有安全性、执行速度、与现有系统的兼容性，甚至包括与所在国或所在地区技术规制要求的一致性等。

由此，我们可以将创意评价的指标归纳为以下 7 个：①所有有害特征消失；②所有有用特征保留而且出现了某些新的有用特征；③不会出现新的有害特征；④系统不会变得更加复杂；⑤主要的矛盾和冲突已被消除；⑥以往被人们所忽略的闲置且较容易获得的资源得到有效应用；⑦其他有关系统发展的各项要求得到很好的满足。

一般而言，这 7 个指标均是对照技术系统的现有状态而言的，而且很容易看出以上有关创意评价的指标均为其正向表述方式，即如果某个创造性问题解决方案符合上述指标，则该方案是富有创意的；如若背离上述指标，那么该方案还有待于进一步改进，或者人们可以从其他角度出发找到更好的解决方案。

当人们得到了同一个特定创造性问题的数个解决方案时，也可以应用上述 7 个指标在这个具体问题的不同解决方案之间进行横向比较。如若其中的某个或数个解决方案完全符合上述各项指标，显然这些方案均是非常富有创意的；在所有解决方案与上述指标都不是完全符合的情况下，则越接近于这些指标标准的方案就是最富创意、最为理想的解决方案。

11.2.3 创意评价方法及指标的适用范围

从创意评价方法及指标的特征和相关应用程序不难看出，对创造性问题的各种解决方案进行创意评价时，必须具有明确的原有技术系统作为参照对象，因此这种评价方法和指标更适合改进系统性能或者弥补系统缺陷的特定创造性问题。例如，在前述三个案例中，“大问题”解决方案和“小问题”解决方案各自所产生技术系统的参照对象，均是原问题中的当前技术系统。只有借鉴当前技术系统，人们才可以具体评价新技术系统在原有有害特征、原有有益特征、复杂性的增减等各方面产生的效果与得失。

必须注意的是，对于诸如蒸汽机、内燃机、晶体管、飞机、电子计算机等一系列的突破性发明而言，虽然它们与“大问题”解决方案在资源投入、复杂性程度等方面存在较大的相似性，但它们并不是为解决某个特定的、局部的创造性问题而出现的，它们大多解决了人类以往未曾解决甚至未曾考虑的某个一般需求问题，从无到有地开发出了某种全新技术系统，它们与一般的“大问题”解决方案是存在本质区别的。

对照创意评价框架，突破性发明尽管成功地解决了某种或数种顽固的技术矛盾或物理矛盾，但往往没有明显地贴切参照技术系统以资对比，因此创意评价方法中有关“所有有害特征消失”、“所有有用特征保留”、“系统不会变得更加复杂”等要求和指标均无从谈起。显而易见，前述创意评价方法和创意评价指标不能直接用于评判这类解决方案，创意评价方法的适应范围与TRIZ的主要适应范围是基本一致的，即它们都不能应用于第五级发明。当然，由于第五级发明在所有的发明中所占比例不到1%，因而上述创意评价方法和创意评价指标仍不失一般性。

11.3 创意评价方法的应用

如果当前的创造性问题不是为了满足人类的某种一般需求，即所得解决方案不会形成突破性发明，那么在得到问题的解决方案后，人们即可应用创意评价方法和相关指标对解决方案进行创意评价。创意评价方法应用的基本操作是：首先，简要分析解决方案的主要特点，考察其是否解决了特定创造性问题中的核心问题，并判断解决方案本身是否引发了其他新的问题；其次，将解决方案中包含的新技术系统按照创意评价的七个指标与原有系统进行一一对比；最后，形成关于解决方案创意评价的基本结论。

以案例 11.3 为例，我们可以应用创意评价方法对博士后团队所得解决方案和小工的方案分别进行创意评价。博士后团队的光学探测仪器和机械式排查方法显然可以解决日化公司所面临的核心问题，而且经过简单的考察还可以发现，该方案甚至可以排查香皂盒中仅剩半块香皂的问题，因此这一技术系统引入了新的某些有用特征，尽管这些特征对于原问题而言是不需要的。然而，这一解决方案也有一些明显的问题，特别是上述成效的获取是以巨大的财力、物力耗费为代价的。综合上述相关判断，我们可以依照创意评价的指标对该方案进行综合考评，如表 11-1 所示。

表 11-1 博士后团队关于剔除空香皂盒解决方案的创意评价

指标	与现有技术系统的比较结果
1. 技术系统原有的有害特征是否已消除？	是。原有技术系统中空香皂盒混入合格产品的问题得到成功解决
2. 有用特征是否得到保留？是否产生了某些新的有用特征？	是。方案未影响原有生产系统和传送系统的有用功能，同时还出现了识别不合格香皂的潜在工作能力
3. 是否出现了新的有害特征？	是。该技术系统的开发投入了大量的人力、物力和财力，系统工作时能量耗费量显著增加，用机械手推走空盒的方法还会中断产品传送，影响工作效率
4. 系统是否变得更加复杂？	是。这一点非常明显，技术系统中包含与机械、微电子、自动化、X射线探测等有关的众多子系统，部件数量明显增加，部件间的关系非常繁杂
5. 原问题中核心矛盾是否得到解决？	是。在此设备出现以前，通常的解决方案是人工排查或者在进入传送线之前排查，构成了有关生产率与速度之间的技术矛盾，新的方案采用在线剔除的方式，消除了这一矛盾
6. 以往被人们忽略的闲置易得资源是否得到了巧妙应用？	否。非常遗憾，新方案中技术系统是在引入诸多新部件的情况下才解决原有问题的，几乎完全没有发现和应用闲置资源
7. 其他指标：易于操作，可推广性强	否。对于绝大多数中小企业而言，这一方法根本不适应

可见，就解决方案的创意评价结果来看，博士后团队的设计除了在第 1、2、5 项指标上符合要求之外，其他指标与人们的期望相去甚远，因此其创意很难令人满意。

小工提供的方案也能完全解决空香皂盒的问题，而且非常明显的是，该方案既简单又经济，也不会进一步产生新的有害作用，关于该方案的创意评价过程可以参看表 11-2。

表 11-2 小工关于剔除空香皂盒解决方案的创意评价

指标	与现有技术系统的比较结果
1. 技术系统原有的有害特征是否已消除？	是。原有技术系统中空香皂盒混入合格产品的问题得到成功解决
2. 有用特征是否得到保留？是否产生了某些新的有用特征？	是。方案未影响原有生产系统和传送系统的有用功能，不过没有产生显著的新的有用特征
3. 是否出现了新的有害特征？	否。该方案不会产生新的有害特征，既不会增加成本，也不会产生其他有害作用
4. 系统是否变得更加复杂？	否。电风扇这一唯一的工作设备非常简单，相对于日化产品生产线和传送线而言几乎不会增加任何复杂性
5. 原问题中核心矛盾是否得到解决？	是。应用电风扇吹风的方法也可以在线剔除空香皂盒，从而成功消除常见解决方案中关于生产率与速度之间的核心技术矛盾
6. 以往被人们忽略的闲置易得资源是否得到了巧妙应用？	是。该方案成功地应用了数种闲置资源。第一，它巧妙地应用了“空香皂盒质量非常轻”这一内部信息资源；第二，它应用了易于获得的电风扇这一外部资源
7. 其他指标：易于操作，可推广性强	是。不管对于大型企业还是中小企业而言，这一方法都可以廉价地应用

在小工的方案中，除第二项创意评价指标存在一定的瑕疵外，即该方案并未引入显著的有用特征之外，在其余评价指标上都表现得非常出色，因此，较之于博士后团队的设计，这一解决方案是非常具有创意的理想解决方案。

一般而言，在对同一特定问题所对应的“大问题”解决方案和“小问题”解决方案进行创意评价和比较时，答案是较为明显的，但创意评价方法和相关指标的应用会使评价过程更加富有科学性和系统性。在只存在一种新型解决方案的情况下，同样可以应用这一方法及相关指标进行创意评价与探讨。

案例 11.4 抛光器表面冷却液供给问题（阿奇舒勒，1990）

在对玻璃进行抛光处理时，必须向抛光器下供给冷却液。但是如何让冷却液到达抛光器的下方部位呢？人们通常考虑在抛光器上打一些孔，但如此一来，抛光器的表面就因存在“窟窿”而大大降低抛光工作质量；而如果不打孔的话冷却液又无法通过，同样会对抛光器造成明显的损害。因此在抛光器上应该打一些孔，又不应该打孔，从而形成一对典型的物理矛盾。为解决这对物理矛盾，一个理想的解决方案是抛光器表面既布满“窟窿”以对冷却液进行顺利导流，同时又是实实在在的刚性体以保证抛光质量。结合物质在过渡状态中具有不同特性的分离原理，发明家最终找到了一个可行的解决方案：利用冰及冻结在冰里的磨料颗粒作为抛光器，那么在抛光时冰就会融化，从而自动给抛光器提供“冷却液”；而在冰块融化以前，会使抛光器表面始终保持光滑性与平整性，从而保证抛光质量。

案例 11.4 中得到的最终解决方案好不好，其创意水平如何呢？我们同样可以采用创意评价方法和创意评价指标对其进行探讨，如表 11-3 所示。

表 11-3　抛光器表面冷却液供给问题解决方案的创意评价

指标	与现有技术系统的比较结果
1. 技术系统原有的有害特征是否已消除？	是。原有技术系统中抛光器表面存在“窟窿”影响抛光质量的有害特征已经消除
2. 有用特征是否得到保留？是否产生了某些新的有用特征？	是。抛光器的抛光功能、冷却液的冷却功能等有用特征全部得到了保留，而且用冰块作为抛光器材本身就会在一定范围内限制抛光器工作时的发热程度，从而产生了新的有用特征
3. 是否出现了新的有害特征？	否。该方案不会产生新的有害特征，既不会增加成本，也不会导致产生其他有害作用
4. 系统是否变得更加复杂？	否。由于抛光器是由冰及冻结在冰块中的磨料颗粒构成的，当抛光工作进行时，融化的冰块本身就构成了冷却液，因此通常解决方案中必需的独立冷却液在新解决方案中已经消失，技术系统得到了简化。至于将磨料颗粒冻结在冰块中也是比较容易实现的过程
5. 原问题中核心矛盾是否得到解决？	是。应用冰块同时作为抛光工作部件和冷却部件，消除了通常解决方案中技术系统对“窟窿”的依赖性，从而成功解决了原问题中“窟窿”必须存在又不应该存在的核心物理矛盾
6. 以往被人们忽略的闲置易得资源是否得到了巧妙应用？	是。该方案应用冰块作为抛光部件，而用冰块融化而成的水作为冷却液，就巧妙地运用了人们通常视而不见的冷却液这一内部资源（水）及其派生资源（冰）
7. 其他指标：易于操作	是

显然，表 11-3 的创意评价结果表明，应用冰和冻结在冰块中的磨料颗粒作为抛光器的方法是解决抛光器问题的理想方案，可以在实践中进行应用。

创意评价方法和评价指标不仅可以评判技术领域创造性问题解决方案的创意水平，也可对其他非技术领域内创造性问题的解决方案进行创意评价。

案例 11.5　印度胡里节塑料袋处理问题（Phadnis，2009）

在印度传统节日胡里节（Holi Festival）上，青少年朋友们经常会组织和参加一种用装满五颜六色染料的水袋砸人的特别游戏。由于水袋容易伤及人群，因此政府颁布了一项法令禁止他们使用水袋，规定他们只能用一定厚度范围内的塑料袋代替水袋进行游戏。然而，游戏结束之后到处都会充斥着塑料袋垃圾。这些塑料垃圾如果不能及时得到清理，就会堵塞污水排放管道。通常人们会想到让专人负责收集清理这些垃圾，然而它会耗费大量的人力与财力。如何才能做到既不耗费大量资源却又能有效防止环境污染和管道堵塞呢？最后，一个当地小孩提出了一个解决方案：事先在游戏塑料袋上印上一些特殊符号，在游戏结束之后人们可以用手上的塑料袋参加公开抽奖，中奖的特殊符号将得到一定数额的经济奖励。如此一来，青少年朋友们就不会把这些塑料袋当做垃圾随手乱扔了。

表 11-4 是上述方案的创意评价结果。

表 11-4 印度胡里节塑料袋处理问题解决方案的创意评价

指标	与现有技术系统的比较结果
1. 系统原有的有害特征是否已消除？	是。原有系统中塑料垃圾污染环境和堵塞污水管道的有害特征已经消除
2. 有用特征是否得到保留？是否产生了某些新的有用特征？	是。胡里节上塑料袋的所有游戏功能得到悉数保留，而且新增了一个中奖游戏的功能。显然，不但系统原有的有用特征得到保留，而且出现了新的有用特征
3. 是否出现了新的有害特征？	否。该方案不会产生新的有害特征，既不会增加成本，也不会导致产生其他有害作用
4. 系统是否变得更加复杂？	否。新方案中仅仅增加了一个开奖的游戏环节，整个游戏及相关游戏道具并未复杂化
5. 原问题中核心矛盾是否得到解决？	是。原问题中减少环境污染和增加人力财力耗费构成的技术矛盾得到成功的解决
6. 以往被人们忽略的闲置易得资源是否得到了巧妙应用？	是。该方案应用了以下几种容易获得也容易被人们忽略的闲置资源。内部物质资源：塑料袋；内部场资源：游戏者的人力。开奖游戏的增设会激励人们将塑料袋主动交送至活动主办方，便于集中收集
7. 其他指标：易于操作	是

很明显，这个解决方案几乎在所有评价指标上都取得了较好的成绩，因而该方案也是一个极具创意的解决方案，完全可以采纳。

本章小结

当人们需要解决某个创造性问题时，首先必须选择一个正确的问题作为切入点。实践表明，一般情况下人们最好选择“小问题”而不是“大问题”作为待解决问题。在人们获得创造性问题的解决方案之后，需要对相关方案进行创意评价以决定该方案是否值得最终采纳。根据创意评价的原理与方法，相关专家总结了 6 个一般性的创意评价指标和一个特殊评价指标作为创意评价的标准，这些标准既可应用于技术领域，也可应用于非技术领域。

思考题

1. 什么是“大问题“？什么是“小问题”？两者之间存在何种关系？

2. 创意评价方法与 TRIZ 发明等级划分方法有何异同？

3. 简述创意评价的主要指标，并运用这些指标对您所熟悉的某个问题的解决方案进行创意评价。

4. 请针对您所熟悉领域的特定技术或者管理问题，尝试运用 TRIZ 工具或其他问题解决工具分析和解决其中的某个问题，并运用本章中的创意评价方法和评价指标对所得方案进行创意评价。

参 考 文 献

阿利赫舒列尔 G S. 1990. 创造是一门精密的科学．吴光威，刘树兰译．北京：北京航空航天大学出版社：20，62.

陈卫东．2007. 从铅笔与太空笔谈起．中国石油石化，(1)：73

国际金融报．2009-04-10. “轻松一刻：博士后和民工的区别．国际金融报，(8)．

Domb E. 1997. The ideal final result：tutorial. TRIZ Journal. http：//www. triz-journal. com/archives/1997/02/a/index. html［2008-08-25］.

Phadnis S. 2009. The Use of ARIZ in Holi bags. TRIZ Journal. http：//www. triz- journal. com/archives/2009/12/03/.

Rantanen K，Domb E. 2007. Simplified TRIZ：New Problem Solving Applications for Engineers and Manufacturing Professionals. NewYork：CRC Press：87-97.

附　　录

附录1　古典矛盾矩阵[①]

改善的特性＼恶化的特性		1 运动物体的质量	2 静止物体的质量	3 运动物体的长度	4 静止物体的长度	5 运动物体的面积	6 静止物体的面积	7 运动物体的体积	8 静止物体的体积	9 速度	10 力	11 应力或压力	12 形状	13 结构的稳定性
1	运动物体的质量			15，8 29，34		29，17 38，34		29，2 40，28		2，8 15，38	8，10 18，37	10，36 37，40	10，14 35，40	1，35 19，39
2	静止物体的质量				10，1 29，35		35，30 13，2		5，35 14，2		8，10 19，35	13，29 10，18	13，10 29，14	26，39 1，40
3	运动物体的长度	8，15 29，34				15，17 4		7，17 4，35		13，4 8	17，10 4	1，8 35	1，8 10，29	1，8 15，34
4	静止物体的长度		35，28 40，29				17，7 10，40		35，8 2，14		28，10	1，14 35	13，14 15，7	39，37 35
5	运动物体的面积	2，17 29，4		14，15 18，4				7，14 17，4		29，30 4，34	19，30 35，2	10，15 36，28	5，34 29，4	11，2 13，39
6	静止物体的面积		30，2 14，18		26，7 9，39						1，18 35，36	10，15 36，37		2，38

① 摘自赵新军．技术创新理论（TRIZ）及应用．北京：化学工业出版社，2004．

续表

改善的特性＼恶化的特性		1 运动物体的质量	2 静止物体的质量	3 运动物体的长度	4 静止物体的长度	5 运动物体的面积	6 静止物体的面积	7 运动物体的体积	8 静止物体的体积	9 速度	10 力	11 应力或压力	12 形状	13 结构的稳定性
7	运动物体的体积	2，25 29，40		1，7 4，35						29，4 38，34	15，35 36，37	6，35 36，37	1，15 29，4	28，10 1，39
8	静止物体的体积		35，10 19，14	19，14	35，8 2，14						2，18 37	24，35	7，2 35	34，28 35，40
9	速度	2，28 13，38		13，14 8		29，30 34		7，29 34			13，28 15，19	6，18 38，40	35，15 18，34	28，33 1，18
10	力	8，1 37，18	18，13 1，28	17，19 9，36	28，10	19，10 15	1，18 36，37	15，9 12，37	2，36 18，37	13，28 15，12		18，21 11	10，35 40，34	35，10 21
11	应力或压力	10，36 37，40	13，29 10，18	35，10 36	35，1 14，16	10，15 36，25	10，15 35，37	6，35 10	35，24	6，35 36	36，35 21		35，4 15，10	35，33 2，40
12	形状	8，10 29，40	15，10 26，3	29，34 5，4	13，14 10，7	5，34 4，10		14，4 15，22	7，2 35	35，15 34，18	35，10 37，40	34，15 10，14		33，1 18，4
13	结构的稳定性	21，35 2，39	26，39 1，40	13，15 1，28	37	2，11 13	39	28，10 19，39	34，28 35，40	33，15 28，18	10，35 21，16	2，35 40	22，1 18，4	
14	强度	1，8 40，15	40，26 27，1	1，15 8，35	15，14 28，26	3，34 40，29	9，40 28	10，15 14，7	9，14 17，15	8，13 25，14	10，18 3，14	10，3 18，40	10，30 35，40	13，17 35
15	运动物体作用时间	19，5 34，31		2，19 9		3，17 19		10，2 19，30		3，35 5	19，2 16	19，3 27	14，26 28，25	13，3 35

续表

改善的特性＼恶化的特性		1 运动物体的质量	2 静止物体的质量	3 运动物体的长度	4 静止物体的长度	5 运动物体的面积	6 静止物体的面积	7 运动物体的体积	8 静止物体的体积	9 速度	10 力	11 应力或压力	12 形状	13 结构的稳定性
16	静止物体作用时间		6，27 19，16		1，10 35				35，34 38					39，3 35，23
17	温度	36，22 6，38	22，35 32	15，19 9	15，19 9	3，35 39，18	35，38	34，39 40，18	35，6 4	2，28 36，30	35，10 3，21	35，39 19，2	14，22 19，32	1，35 32
18	光照强度	19，1 32	2，35 32	19，32 16		19，32 26		2，13 10		10，13 19	26，19 6		32，30	32，3 27
19	运动物体的能量	12，18 28，31		12，28		15，19 25		35，13 18		8，15 35	16，26 21，2	23，14 25	12，2 29	19，13 17，24
20	静止物体的能量		19，9 6，27								36，37			27，4 29，18
21	功率	6，35 38，31	19，26 17，27	1，10 35，37		19，38	17，32 13，38	35，6 38	30，6 25	15，35 2	26，2 36，35	22，10 35	19，14 2，40	35，32 15，31
22	能量损失	15，6 19，28	19，6 18，9	7，2 6，13	6，38 7	15，26 17，30	17，7 30，18	7，18 23	7	16，35 38	36，38			14，2 39，6
23	物质损失	35，6 23，40	35，6 22，32	14，29 10，39	10，28 24	35，2 10，31	10，18 39，31	1，29 30，36	3，39 18，31	10，13 28，38	14，15 18，40	3，36 37，10	29，35 3，5	2，14 30，40
24	信息损失	10，24 35	10，35 5	1，26	26	30，26	30，16		2，22	26，32				

续表

改善的特性 \ 恶化的特性		1 运动物体的质量	2 静止物体的质量	3 运动物体的长度	4 静止物体的长度	5 运动物体的面积	6 静止物体的面积	7 运动物体的体积	8 静止物体的体积	9 速度	10 力	11 应力或压力	12 形状	13 结构的稳定性
25	时间损失	10，20 37，35	10，20 26，5	15，2 29	30，24 14，5	26，4 5，16	10，35 17，4	2，5 34，10	35，16 32，18		10，37 36，5	37，36 4	4，10 34，17	35，3 22，5
26	物质或事物的数量	35，6 18，31	27，26 18，35	29，14 35，18		15，14 29	2，18 40，4	15，20 29		35，29 34，28	35，14 3	10，36 14，3	35，14	15，2 17，40
27	可靠性	3，8 10，40	3，10 8，28	15，9 14，4	15，29 28，11	17，10 14，16	32，35 40，4	3，10 14，24	2，35 24	21，35 11，28	8，28 10，3	10，24 35，19	35，1 16，11	
28	测试精度	32，35 26，28	28，35 25，26	28，26 5，16	32，28 3，16	26，28 32，3	26，28 32，3	32，13 6		28，13 32，24	32，2	6，28 32	6，28 32	32，35 13
29	制造精度	28，32 13，18	28，35 27，9	10，28 29，37	2，32 10	28，33 29，32	2，29 18，36	32，28 2	25，10 35	10，28 32	28，19 34，36	3，35	32，30 40	30，18
30	外部有害因素敏感	22，21 27，39	2，22 13，24	17，1 39，4	1，18	22，1 33，28	27，2 39，35	22，23 37，35	34，39 19，27	21，22 35，28	13，35 39，18	22，2 37	22，1 3，35	35，24 30，18
31	物体产生有害因素	19，22 15，39	35，22 1，39	17，15 16，22		17，2 18，39	22，1 40	17，2 40	30，18 35，4	35，28 3，23	35，28 1，40	2，38 27，18	35，1	35，40 27，39
32	可制造性	28，29 15，16	1，27 36，13	1，29 13，17	15，17 27	13，1 26，12	16，40	13，29 1，40	35	35，13 8，1	35，12	35，19 1，37	1，28 13，27	11，13 1
33	可操作性	25，2 13，15	6，13 1，25	1，17 13，12		1，17 13，16	18，16 15，39	1，16 35，15	4，18 39，31	18，13 34	28，13 35	2，32 12	15，34 29，28	32，35 30
34	可维修性	2，27 35，11	2，27 35，11	1，28 10，25	3，18 31	15，13 32	16，25	25，2 35，11	1	34，9	1，11 10	13	1，13 2，4	2，35

续表

改善的特性 \ 恶化的特性		1 运动物体的质量	2 静止物体的质量	3 运动物体的长度	4 静止物体的长度	5 运动物体的面积	6 静止物体的面积	7 运动物体的体积	8 静止物体的体积	9 速度	10 力	11 应力或压力	12 形状	13 结构的稳定性
35	适应性及多用性	1，6 15，8	19，15 29，16	35，1 29，2	1，35 16	35，30 29，7	15，16	15，35 29		35，10 14	15，17 20	35，15	15，37 1，8	35，30 14
36	装置的复杂性	26，30 34，36	2，36 35，39	1，19 26，24	26	14，1 13，16	6，36	34，25 6	1，16	34，10 28	26，16	19，1 35	29，13 28，15	2，22 17，19
37	监控测试困难程度	27，26 28，13	6，13 28，1	16，17 26，24	26	2，13 15，17	2，39 30，16	29，1 4，16	2，18 26，31	3，4 16，35	36，28 40，19	35，36 37，32	27，13 1，39	11，22 39，30
38	自动化程度	28，26 18，35	28，26 35，10	14，13 17，28	23	17，14 13		35，13 16		28，10	2，35	13，35	15，32 1，13	18，1
39	生产率	35，26 24，37	28，27 15，3	18，4 28，38	30，7 14，26	10，26 34，31	10，35 17，7	2，6 34，10	35，37 10，2		28，15 10，36	10，37 14	14，10 34，40	35，3 22，39

改善的特性 \ 恶化的特性		14 强度	15 运动物体作用时间	16 静止物体作用时间	17 温度	18 光照强度	19 运动物体的能量	20 静止物体的能量	21 功率	22 能量损失	23 物质损失	24 信息损失	25 时间损失	26 物质或事物的数量
1	运动物体的质量	28，27 18，40	5，34 31，35		6，20 4，38	19，1 32	35，12 34，31		12，36 18，31	6，2 34，19	5，35 3，31	10，24 35	10，35 20，28	3，26 18，31
2	静止物体的质量	28，2 10，27		2，27 19，6	28，19 32，22	19，32 35		18，19 28，1	15，19 18，22	18，19 28，15	5，8 13，30	10，15 35	10，20 35，26	19，6 18，26
3	运动物体的长度	8，35 29，34	19		10，15 19	32	8，35 24		1，35	7，2 35，39	4，29 23，10	1，24	15，2 29	29，35

续表

改善的特性 \ 恶化的特性		14 强度	15 运动物体作用时间	16 静止物体作用时间	17 温度	18 光照强度	19 运动物体的能量	20 静止物体的能量	21 功率	22 能量损失	23 物质损失	24 信息损失	25 时间损失	26 物质或事物的数量
4	静止物体的长度	15，14 28，26		1，40 35	3，35 38，18	3，25			12，8	6，28	10，28 24，35	24，26	30，29 14	
5	运动物体的面积	3，15 40，14	6，3		2，15 16	15，32 19，13	19，32		19，10 32，18	15，17 30，26	10，35 2，39	30，26	26，4	29，30 6，13
6	静止物体的面积	40		2，10 19，30	35，39 38				17，32	17，7 30	10，14 18，39	30，16	10，35 4，18	2，18 40，4
7	运动物体的体积	9，14 15，7	6，35 4		34，39 10，18	2，13 10	35		35，6 13，18	7，15 13，16	36，39 34，10	2，22	2，6 34，10	29，30 7
8	静止物体的体积	9，14 17，15		35，34 38	35，6 4				30，6		10，39 35，34		35，16 32，18	35，3
9	速度	8，3 26，14	3，19 35，5		28，30 36，2	10，13 19	8，15 35，38		19，35 38，2	14，20 19，35	10，13 28，38	13，26		18，19 29，38
10	力	35，10 14，27	19，2		35，10 21		19，17 10	1，16 36，37	19，35 18，37	14，15	8，35 40，5		10，37 36	14，29 18，36
11	应力或压力	9，18 3，40	19，3 27		35，39 19，2		14，24 10，37		10，35 14	2，36 25	10，36 3，37		37，36 4	10，14 36
12	形状	30，14 10，40	14，26 9，25		22，14 19，32	13，15 32	2，6 34，14		4，6 2	14	35，29 3，5		14，10 34，17	36，22

续表

改善的特性 \ 恶化的特性		14 强度	15 运动物体作用时间	16 静止物体作用时间	17 温度	18 光照强度	19 运动物体的能量	20 静止物体的能量	21 功率	22 能量损失	23 物质损失	24 信息损失	25 时间损失	26 物质或事物的数量
13	结构的稳定性	17，9 15	13，27 10，35	39，3 35，23	35，1 32	32，3 27，15	13，19	27，4 29，18	32，35 27，31	14，2 39，6	2，14 30，40		35，27	15，32 35
14	强度		27，3 26		30，10 40	35，19	19，35 10	35	10，26 35，28	35	35，28 31，40		29，3 28，10	29，10 27
15	运动物体作用时间	27，3 10			19，35 39	2，19 4，35	28，6 35，18		19，10 35，38		28，27 3，18	10	20，10 28，18	3，35 10，40
16	静止物体作用时间				19，18 36，40				16		27，16 18，38	10	28，20 10，16	3，35 31
17	温度	10，30 22，40	19，13 39	19，18 36，40		32，30 21，16	19，15 3，17		2，14 17，25	21，17 35，38	21，36 29，31		35，28 21，18	3，17 30，39
18	光照强度	35，19	2，19 6		32，35 19		32，1 19	32，35 1，15	32	19，16 1，6	13，1	1，6	19，1 26，17	1，19
19	运动物体的能量	5，19 9，35	28，35 6，18		19，24 3，14	2，15 19			6，19 37，18	12，22 15，24	35，24 18，5		35，38 19，18	34，23 16，18
20	静止物体的能量	35				19，2 35，32					28，27 18，31			3，35 31
21	功率	26，10 28	19，35 10，38	16	2，14 17，25	16，6 19	16，6 19，37			10，35 38	28，27 18，38	10，19	35，20 10，6	4，34 19

续表

改善的特性＼恶化的特性		14 强度	15 运动物体作用时间	16 静止物体作用时间	17 温度	18 光照强度	19 运动物体的能量	20 静止物体的能量	21 功率	22 能量损失	23 物质损失	24 信息损失	25 时间损失	26 物质或事物的数量
22	能量损失	26			19，38 7	1，13 32，15			3，38		35，27 2，37	19，10	10，38 32，7	7，18 25
23	物质损失	35，28 31，40	28，27 3，18	27，16 18，38	21，36 39，31	1，6 13	35，18 24，5	28，27 12，31	28，27 18，38	35，27 2，31			15，18 35，10	6，3 10，24
24	信息损失		10	10		19			10，19	19，10			24，26 28，32	24，28 35
25	时间损失	29，3 28，18	20，10 28，18	28，20 10，16	35，29 21，18	1，19 26，17	35，38 19，18	1	35，20 10，6	10，5 18，32	35，18 10，39	24，26 28，32		35，38 18，16
26	物质或事物的数量	14，35 34，10	3，35 10，40	3，35 31	3，17 39		34，29 16，18	3，35 31	35	7，18 25	6，3 10，24	24，28 35	35，38 18，16	
27	可靠性	11，28	2，35 3，25	34，27 6，40	3，35 10	11，32 13	21，11 27，19	36，23	21，11 26，31	10，11 35	10，35 29，39	10，28	10，30 4	21，28 40，3
28	测试精度	28，6 32	28，6 32	10，26 24	6，19 28，24	6，1 32	3，6 32		3，6 32	26，32 27	10，16 31，28		24，34 28，32	2，6 32
29	制造精度	3，27	3，27 40		19，26	3，32	32，2		32，2	13，32 2	35，31 10，24		32，26 28，18	32，30
30	外部有害因素敏感	18，35 37，1	22，15 33，28	17，1 40，33	22，33 35，2	1，19 32，13	1，24 6，27	10，2 22，37	19，22 31，2	21，22 35，2	33，22 19，40	22，10 2	35，18 34	35，33 29，31
31	物体产生有害因素	15，35 22，2	15，22 33，31	21，39 16，22	22，35 2，24	19，24 39，32	2，35 6	19，22 18	2，35 18	21，35 2，22	10，1 34	10，21 29	1，22	3，24 39，1
32	可制造性	1，3 10，32	27，1 4	35，16	27，26 18	28，24 27，1	28，26 27，1	1，4	27，1 12，24	19，35	15，34 33	32，24 18，16	35，28 34，4	35，23 1，24

续表

	恶化的特性 改善的特性	14 强度	15 运动物体作用时间	16 静止物体作用时间	17 温度	18 光照强度	19 运动物体的能量	20 静止物体的能量	21 功率	22 能量损失	23 物质损失	24 信息损失	25 时间损失	26 物质或事物的数量
33	可操作性	32，40 3，28	29，3 8，25	1，16 25	26，27 13	13，17 1，24	1，13 24		35，34 2，10	2，19 13	28，32 2，24	4，10 27，22	4，28 10，34	12，35
34	可维修性	11，1 2，9	11，29 28，27	1	4，10	15，1 13	15，1 28，16		15，10 32，2	15，1 32，19	2，35 34，27		32，1 10，25	2，28 10，25
35	适应性及多用性	35，3 32，6	13，1 35	2，16	27，2 3，35	6，22 26，1	19，35 29，13		19，1 29	18，15 1	15，10 2，13		35，28	3，35 15
36	装置的复杂性	2，13 28	10，4 28，15		2，17 13	24，17 13	27，2 29，28		20，19 30，34	10，35 13，2	35，10 28，29		6，29	13，3 27，10
37	监控测试困难程度	27，3 15，28	19，29 39，25	25，24 6，35	3，27 35，16	2，24 26	35，38	19，35 16	19，1 16，10	35，3 15，19	1，13 10，24	35，33 27，22	18，28 32，9	3，27 29，18
38	自动化程度	25，13	6，9		26，2 19	8，32 19	2，32 13		28，2 27	23，28	35，10 18，5	35，33	24，28 35，30	35，13
39	生产率	29，28 10，18	35，10 2，18	20，10 16，38	35，21 28，10	26，17 19，1	35，10 38，19	1	35，20 10	28，10 29，35	28，10 35，23	13，15 23		35，38

	恶化的特性 改善的特性	27 可靠性	28 测试精度	29 制造精度	30 外部有害因素敏感	31 物体产生有害因素	32 可制造性	33 可操作性	34 可维修性	35 适应性及多用性	36 装置的复杂性	37 监控测试困难程度	38 自动化程度	39 生产率
1	运动物体的质量	3，11 1，27	28，27 35，26	28，35 26，18	22，21 18，27	22，35 31，39	27，28 1，36	35，3 2，24	2，27 28，11	29，5 15，8	26，30 36，34	28，29 26，32	26，35 18，19	35，3 24，37

续表

改善的特性 \ 恶化的特性		27 可靠性	28 测试精度	29 制造精度	30 外部有害因素敏感	31 物体产生有害因素	32 可制造性	33 可操作性	34 可维修性	35 适应性及多用性	36 装置的复杂性	37 监控测试困难程度	38 自动化程度	39 生产率
2	静止物体的质量	10，28 8，3	18，26 28	10，1 35，17	2，19 22，37	35，22 1，39	28，1 9	6，13 1，32	2，27 28，11	19，15 29	1，10 26，39	25，28 17，15	2，26 35	1，28 15，35
3	运动物体的长度	10，14 29，40	28，32 4	10，28 29，37	1，15 17，24	17，15	1，29 17	15，29 35，4	1，28 10	14，15 1，16	1，19 26，24	35，1 26，24	17，24 26，16	14，4 28，29
4	静止物体的长度	15，29 28	32，28 3	2，32 10	1，18		15，17 27	2，25	3	1，35	1，26	26		30，14 7，26
5	运动物体的面积	29，9	26，28 32，3	2，32	22，33 28，1	17，2 18，39	13，1 26，24	15，17 13，16	15，13 10，1	15，30	14，1 13	2，38 26，18	14，30 28，23	10，26 34，2
6	静止物体的面积	32，35 40，4	26，28 32，3	2，29 18，36	27，3 39，35	22，1 40	40，16	16，4	16	15，16	1，18 36	2，35 30，18	23	10，15 17，7
7	运动物体的体积	14，1 40，11	25，26 28	25，28 2，16	22，21 27，35	17，2 40，	29，1 40	15，13 30，12	10	15，29	26，1	29，26 4	35，34 16，24	10，6 2，34
8	静止物体的体积	2，35 16		35，10 25	34，39 19，27	30，18 35，4	35		1		1，31	2，17 26		35，37 10，2
9	速度	11，35 27，28	28，32 1，24	10，28 32，25	1，28 35，23	2，24 35，21	35，13 8，1	32，28 13，12	34，2 28，27	15，10 26	10，28 4，34	3，34 27，16	10，18	
10	力	3，35 13，21	35，10 23，24	28，29 37，36	1，35 40，18	13，3 36，24	15，37 18，1	1，28 3，25	15，1 11	15，17 18，20	26，35 10，18	36，37 10，19	2，35	3，28 35，37

续表

改善的特性 \ 恶化的特性		27 可靠性	28 测试精度	29 制造精度	30 外部有害因素敏感	31 物体产生有害因素	32 可制造性	33 可操作性	34 可维修性	35 适应性及多用性	36 装置的复杂性	37 监控测试困难程度	38 自动化程度	39 生产率
11	应力或压力	10，13 19，35	6，28 25	3，35	22，2 37	2，33 27，18	1，35 16	11	2	35	19，1 35	2，35 37	35，24	10，14 35，37
12	形状	10，40 16	28，32 1	32，30 40	22，1 2，35	35，1	1，32 17，28	32，15 26	2，13 1	1，15 29	16，29 1，28	15，13 39	15，1 32	17，25 34，10
13	结构的稳定性		13	18	35，24 30，18	35，40 27，39	35，19	32，35 30	2，35 10，16	35，30 34，2	2，35 22，26	35，22 39，23	1，8 35	23，35 40，3
14	强度	11，3	3，27 16	3，27	18，35 37，1	15，35 22，2	11，3 10，32	32，40 28，2	27，11 3	15，3 32	2，13 28	27，3 15，40	15	29，35 10，14
15	运动物体作用时间	11，2 13	3	3，27 16，40	22，15 33，28	21，39 16，22	27，1 4	12，27	29，10 27	1，35 13	10，4 29，15	19，29 39，35	6，10	35，17 14，19
16	静止物体作用时间	34，27 6，40	10，26 24		17，1 40，33	22	35，10	1	1	2		25，34 6，35	1	10，20 16，38
17	温度	19，35 3，10	32，19 24	24	22，33 35，2	22，35 2，24	26，27	26，27	4，10 16	2，18 27	2，17 16	3，27 35，31	26，2 19，16	15，28 35
18	光照强度		11，15 32	3，32	15，19	35，19 32，39	19，35 28，26	28，26 19	15，17 13，16	15，1 19	6，32 13	32，15	2，26 10	2，25 16
19	运动物体的能量	19，21 11，27	3，1 32		1，35 6，27	2，35 6	28，26 30	19，35	1，15 17，28	15，17 13，16	2，29 27，28	35，38	32，2	12，28 35
20	静止物体的能量	10，36 23			10，2 22，37	19，22 18	1，4					19，35 16，25		1，6

续表

改善的特性＼恶化的特性		27 可靠性	28 测试精度	29 制造精度	30 外部有害因素敏感	31 物体产生有害因素	32 可制造性	33 可操作性	34 可维修性	35 适应性及多用性	36 装置的复杂性	37 监控测试困难程度	38 自动化程度	39 生产率
21	功率	19，24 26，31	32，15 2	32，2	19，22 31，2	2，35 18	26，10 34	26，35 10	35，2 10，34	19，17 34	20，19 30，34	19，35 16	28，2 17	28，35 34
22	能量损失	11，10 35	32		21，22 35，2	21，35 2，22		35，22 1	2，19		7，23	35，3 15，23	2	28，10 29，35
23	物质损失	10，29 39，35	16，34 31，28	35，10 24，31	33，22 30，40	10，1 34，29	15，34 33	32，28 2，24	2，35 34，27	15，10 2	35，10 28，24	35，18 10，13	35，10 18	28，35 10，23
24	信息损失	10，28 23			22，10 1	10，21 22	32	27，22				35，33	35	13，23 15
25	时间损失	10，30 4	24，34 28，32	24，26 28，18	35，18 34	35，22 18，39	35，28 34，4	4，28 10，34	32，1 10	35，28	6，29	18，28 32，10	24，28 35，30	
26	物质或事物的数量	18，3 28，40	13，2 28	33，30	35，33 29，31	3，35 40，39	29，1 35，27	35，29 25，10	2，32 10，35	15，3 29	3，13 27，10	3，27 29，18	8，35	13，29 3，27
27	可靠性		32，3 11，23	11，32 1	27，35 2，40	35，2 40，26		27，17 40	1，11	13，35 8，24	13，35 1	27，40 28	11，13 27	1，35 29，38
28	测试精度	5，11 1，23			28，24 22，26	3，33 39，10	6，35 25，18	1，13 17，34	1，32 13，11	13，35 2	27，35 10，34	26，24 32，28	28，2 10，34	10，34 28，32
29	制造精度	11，32 1			26，28 10，36	4，17 34，26		1，32 35，23	25，10		26，2 18		26，28 18，23	10，18 32，39

续表

改善的特性＼恶化的特性		27 可靠性	28 测试精度	29 制造精度	30 外部有害因素敏感	31 物体产生有害因素	32 可制造性	33 可操作性	34 可维修性	35 适应性及多用性	36 装置的复杂性	37 监控测试困难程度	38 自动化程度	39 生产率
30	外部有害因素敏感	27，24 2，40	28，33 23，26	26，28 10，18				24，35 2	2，25 28，39	35，10 2	35，11 22，31	22，19 29，40	33，3 34	22，35 13，24
31	物体产生有害因素	24，2 40，39	3，33 26	4，17 34，26							19，1 31	2，21 27，1	2	22，35 18，39
32	可制造性		1，35 12，18		24，2			2，5 13，16	35，1 11，9	2，13 15	27，26 1	6，28 11，1	8，28 1	35，1 10，28
33	可操作性	17，27 8，40	25，13 2，34	1，32 35，23	2，25 28，39		2，5 12		12，26 1，32	15，34 1，32	32，26 12，17		1，34 12，3	15，1 28
34	可维修性	11，10 1，16	10，2 13	25，10	35，10 2，16		1，35 11，10	1，12 26，15		7，1 4，16	35，1 13，11		34，35 7，13	1，32 10
35	适应性及多用性	35，13 8，24	35，5 1，10		35，11 32，31		1，13 31	15，34 1，16	1，16 7，4		15，29 37，28	1	27，34 35	35，28 6，37
36	装置的复杂性	13，35 1	2，26 10，34	26，24 32	22，19 29，40	19，1	27，26 1，13	27，9 26，24	1，13	29，15 28，37		15，10 37，28	15，1 24	12，17 28
37	监控测试困难程度	27，40 28，8	26，24 32，28		22，19 29，28	2，21	5，28 11，29	2，5	12，26	1，15	15，10 28，37		34，21	35，18
38	自动化程度	11，27 32	28，26 10，34	28，26 18，23	2，33	2	1，26 13	1，12 34，3	1，35 13	27，4 1，35	15，24 10	34，27 25		5，12 35，26
39	生产率	1，35 10，38	1，10 34，28	18，10 32，1	22，35 13，24	35，22 18，39	35，28 2，24	1，28 7，19	1，32 10，25	1，35 28，37	12，17 27，2	35，18 27，2	5，12 35，26	

附录 2　2003 年版矛盾矩阵[①]

改善的特性 \ 恶化的特性		1 运动物体的质量	2 静止物体的质量	3 运动物体的长度	4 静止物体的长度	5 运动物体的面积	6 静止物体的面积	7 运动物体的体积	8 静止物体的体积	9 形状	10 物质或事物的数量	11 信息的数量	12 运动物体作用时间
1	运动物体的质量		3，19 35，40	17，15 8，35	15，17 28，12	28，17 29，35	17，28 1，29	28，29 7，40	40，35 2，4	3，35 14，17	31，28 26，7，2	2，5，7 4，34	10，5 34，16
2	静止物体的质量	35，3 40，2		17，4 30，35	17，35 9，31	17，3 30，7	17，14 15，31	14，13 3，40	31，35 7，3，13	13，7，3 30，35	35，31 5，18	28，13 7，26，2	3，35 10，12
3	运动物体的长度	31，4 17，15	1，2，17 15，30		1，17 15，24	15，17 4，14，1	17，3，7 15，3，1	17，14 7，4，3	17，31 3，19	1，35 29，3	35，3，4 1，40	28，1 10，32	19，17 10，1，2
4	静止物体的长度	35，30 31，8	35，31 40，2	3，14 19，17		3，4，19 17，35	17，40 35，10	35，30 14，7	14，35 17，2，4	13，14 15，7	4，3，31 25，17	7，17，2 22，28	35，3 29，2
5	运动物体的面积	31，17 3，4，1	17，15 3，31，2	14，15 4，18，1	14，17 15，4		17，14 3，24，5	14，17 7，4，13	14，17 7，13，4	35，4 14，17	31，30 3，13，6	17，15 14，32	3，19 18，1，6
6	静止物体的面积	14，31 17，19	35，14 31，30	17，19 3，13，1	17，14 3，4，7	4，31，7 19，15		17，18 14，7	14，28 26，13	17，5，4 7，28	35，26 1，4，17	26，17 2，13	13，19 37，10
7	运动物体的体积	31，35 40，2	31，40 35，26	1，7，4 35，3	7，15，4 3，1，35	17，4，7 1，31，5	17，14 4，3，31		35，14 28，2，3	15，1 14，19	30，31 7，4，29	10，2 28，7	4，36 35，31

① 摘自刘明晔．TRIZ 理论在 CMP 终点检测技术发展之应用．台北：台湾科技大学硕士论文，2006：85-97

续表

改善的特性 \ 恶化的特性		1 运动物体的质量	2 静止物体的质量	3 运动物体的长度	4 静止物体的长度	5 运动物体的面积	6 静止物体的面积	7 运动物体的体积	8 静止物体的体积	9 形状	10 物质或事物的数量	11 信息的数量	12 运动物体作用时间
8	静止物体的体积	31，30 40，35	35，40 31，9	14，30 15，3，4	35，2 30，4	15，14 4，30	14，3，7 4，30	14，35 3，13		7，35，2 30，31	35，3 31，40	10，7 24，28	35，19 1，38
9	形状	29，30 3，10	15，3 10，31	4，14 29，5	17，14 4，13，5	4，17，5 2，14	17，14 5，28，2	14，4 15，3，7	14，4，7 1，2，35		3，31 30，36	17，7，3 32，24	14，28 25，30
10	物质或事物的数量	35，40 6，18，9	35，40 18，5，2	29，3 17，35	35，31 3，17	15，14 17，31	17，31 4，18	2，15 28，18	35，2 28，25	35，7 14，3		17，37 4，31	35，40 34，10
11	信息的数量	28，17 13，7，1	28，26 35，3，2	7，32 13，17	7，32 17，3，2	7，17 32，2	32，2，3 24，17	7，19 26，3	26，32 3，2，24	7，17，3 32，26	17，7 32，3		7，3，2 10，13
12	运动物体作用时间	15，19 5，8，31	35，3 31，34	17，8 19，9	3，17 12，9	17，19 7，8，9	3，17，9 24，12	19，10 30，7	10，30 35，12	17，14 28，10	3，40 17，35	7，2，32 3，24	
13	静止物体作用时间	35，31 8，19，4	35，6，2 31，19	17，40 19，2	40，35 1，9，17	3，35 18，19	35，17 3，30，7	35，19 18，3	35，40 31，3	17，3 40，14	35，31 3，40	24，7 10，25	35，24 28，4，3
14	速度	13，14 8，28，1	1，13，2 10，35	13，17 28，2	17，15 30，2	17，14 4，1，29	14，5，3 17，14	28，2，7 34，35	28，5，2 35，7，9	17，7 15，18	2，35 19，5	7，2 10，5	35，40 19，3，5
15	力	8，1，9 13，37	9，13 28，1	17，35 9，3，14	35，28 17，9	15，17 10，14	1，3，17 40，37	12，15 9，35	1，18 37，35	35，10 3，40	14，18 29，28	13，17 37，3，1	19，10 2，12
16	运动物体的能量	28，35 19，12	28，35 5，12	28，12 15，35	35，2 19，15	15，19 4，3，25	35，2 17，14	13，35 18，29	3，25 34，38	29，2，3 12，19	35，2 34，19	7，2 25，24	18，28 35，6

续表

改善的特性 \ 恶化的特性		1 运动物体的质量	2 静止物体的质量	3 运动物体的长度	4 静止物体的长度	5 运动物体的面积	6 静止物体的面积	7 运动物体的体积	8 静止物体的体积	9 形状	10 物质或事物的数量	11 信息的数量	12 运动物体作用时间
17	静止物体的能量	35，28 13，8，3	19，13 35，9	17，4 12，3	4，17，9 19，3	3，4，13 5，12	4，17，3 14，16	2，35 13，19	35，39 19，2	7，35 24，30	35，31 3，24	2，19 17，20	40，35 3，19，4
18	功率	8，38，2 25，31	19，2 35，31	1，17 35，10	17，14 1，35，4	19，38 35，2	17，19 38，13	19，38 2，35	19，35 25，36	29，14 15，1	35，19 38，4，3	10，28 19，12	19，35 10，38
19	应力或压力	40，35 31，10	35，10 13，31	35，9 40，17	3，14 17，35	10，35 40，14	40，14 35，10	35，10 40，3	35，17 4，40，3	35，4 40，3	35，10 25，31	28，2 26，7	19，3 35，4
20	强度	40，31 17，8，1	40，31 2，1，17	17，35 40，1，4	16，35 9，37	14，17 3，7，19	14，17 9，40，3	4，7，17 14，35	14，9 17，4	40，4，9 35，7	30，17 31，9	17，2 32，3	35，40 3，26
21	结构的稳定性	40，35 31，5，2	40，35 31，17	17，1 35，13	17，4 35，37	31，13 35，17	35，31 4，3，39	24，5 39，35	35，40 24，31	1，4，35 17，7，3	5，24 31，40	2，7 10，35	10，13 5，35，4
22	温度	36，31 6，35	31，35 3，32	15，19 9，3，35	19，3 15，31	3，35 40，19	35，3 31，40	35，40 31，4	35，40 31，3，4	14，19 32，39	30，31 3，35	5，37，7 10，26	19，15 13，39
23	光照强度	19，1 24，32	35，32 2，19	14，19 32，35	14，17 32，35	14，17 24，35	14，17 4，35	14，24 13，10	14，13 24，35	3，30 13，24	1，19 35，14	2，25 19，32	19，2，6 35，28
24	运行效率	3，30 31，8	31，3 35，40	17，3 4，15	17，4 13，14	15，30 17，3	14，17 4，3	15，19 14，4	28，4 37，35	4，14 3，30	31，3 30，19	2，37 3，17	10，4 3，18
25	物质损失	28，35 40，8	35，4 31，6	14，12 10，24	17，28 24，10	10，17 30，12	18，10 5，30	30，1 29，36	3，18 30，39	35，5 29，3	24，3 10，6	28，24 10，1	3，15 19，28

续表

改善的特性 \ 恶化的特性		1 运动物体的质量	2 静止物体的质量	3 运动物体的长度	4 静止物体的长度	5 运动物体的面积	6 静止物体的面积	7 运动物体的体积	8 静止物体的体积	9 形状	10 物质或事物的数量	11 信息的数量	12 运动物体作用时间
26	时间损失	10，20 8，14	10，20 26，35	17，13 15，29	5，14 17，24	17，15 16，5	35，17 4，10	20，10 5，18	35，5 10，12	7，28 17，4	35，10 5，18	2，3 10，25	3，17 28，18
27	能量损失	8，15 28，19	19，7 6，31	3，4 13，17	4，13 13，17	15，17 30，28	17，14 7，38	7，5 28，4	7，5 3，4	4，3 24，19	7，25 15，18	2，10 24，25	21，35 34，14
28	信息损失	13，35 7，10	13，35 31，5	28，25 10，37	28，25 17，26	28，26 17，25	28，25 26，16	28，25 17，32	28，25 32，1	25，14 24，3	17，28 24，7	2，7 24，3	10，28 37，3
29	噪声	31，9 3，22	31，9 14，39	17，3 14，9	3，17 14，35	3，14 17，35	17，3 9，14	3，14 35，31	3，9 14，4	4，35 28，2	31，9 14，35	3，10 23，31	10，1 35，19
30	有害的扩散	28，35 20，21	28，31 13，5	14，18 4，19	17，18 21，14	4，14 19，35	4，14 13，24	13，15 3，19	13，4 3，15	35，36 3，31	35，10 19，18	10，23 37，1	1，10 21，3
31	物体产生有害因素	35，30 31，15	40，35 31，9	15，17 40，24	17，4 35，40	4，17 12，3	3，4 1，35	17，30 14，2	4，14 30，18	1，35 3，7	1，3 24，35	10，7 32，4	15，3 12，21
32	适应性及多用性	35，1 8，31	35，17 12，1	17，30 15，26	17，4 26，28	13，29 17，31	31，6 26，24	30，35 31，6	24，15 31，16	15，2 24，30	30，31 35，3	2，19 7，16	28，29 35，13
33	兼容性	1，8 15，28	1，28 15，26	24，4 28，17	24，28 17，4	28，17 13，1	28，13 17，1	2，24 28，3	2，26 24，28	13，28 7，24	28，31 2，13	10，24 3，2	2，10 7，5
34	可操作性	28，35 25，15	28，35 25，26	17，13 1，12	17，1 13，4	28，26 13，17	28，26 17，1	1，15 35，7	28，31 2，4	28，7 2，3	35，1 13，17	1，7 2，10	19，25 3，35

续表

恶化的特性 / 改善的特性		1	2	3	4	5	6	7	8	9	10	11	12
		运动物体的质量	静止物体的质量	运动物体的长度	静止物体的长度	运动物体的面积	静止物体的面积	运动物体的体积	静止物体的体积	形状	物质或事物的数量	信息的数量	运动物体作用时间
35	可靠性	40，5 3，12	3，35 14，28	14，17 15，4	28，24 3，35	17，14 15，10	35，3 14，4	14，7 15，24	5，35 3，17	35，1 40，4	3，28 40，31	10，24 32，3	35，3 2，40
36	可维修性	8，35 13，17	35，17 13，28	17，1 28，29	17，3 1，18	13，15 17，1	13，17 1，25	15，35 30，2	1，13 25，2	4，7 13，15	3，25 1，35	24，9 2，37	28，34 35，3
37	安全性	28，30 3，22	3，31 35，28	17，13 28，4	17，28 14，29	17，28 1，4	17，7 28，39	13，28 30，1	13，28 15，39	3，2 17，13	13，28 35，37	3，38 32，34	13，14 10，37
38	易受伤性	8，31 30，13	31，30 13，12	3，17 14，4	3，17 2，31	17，15 13，4	17，14 13，4	13，31 15，17	13，35 31，17	4，13 7，14	35，31 13，9	10，25 3，2	10，13 5，15
39	美观性	30，40 3，35	35，40 3，8	17，14 3，32	17，14 15，3	14，17 4，15	14，17 1，4	14，15 7，28	28，14 3，32	15，2 32，31	30，31 40，3	7，24 17，10	3，2 6，32
40	外部有害因素敏感	35，31 8，21	35，2 31，13	1，17 4，24	35，17 18，1	1，28 4，3	17，2 35，14	3，24 15，37	5，17 39，19	30，24 32，1	31，30 35，28	2，26 3，40	15，28 35，24
41	可制造性	28，1 8，15	1，13 14，8	14，13 1，17	13，17 14，15	13，1 26，17	1，3 16，26	13，1 7，30	1，35 15，38	29，13 1，16	35，16 1，31	6，2 10，7	10，1 37，4
42	制造精度	13，8 18，28	35，28 9，17	3，17 28，10	17，1 10，32	29，28 37，32	29，18 36，37	28，37 1，27	35，28 25，10	30，13 10，32	30，25 32，9	37，3 4，32	5，40 16，3
43	自动化程度	28，13 12，35	28，12 35，10	17，28 13，12	17，28 13，4	13，17 14，12	13，26 17，4	26，13 35，16	26，13 35，31	13，24 10，15	26，31 35，13	37，4 5，24	19，9 16，6

续表

恶化的特性 / 改善的特性		1 运动物体的质量	2 静止物体的质量	3 运动物体的长度	4 静止物体的长度	5 运动物体的面积	6 静止物体的面积	7 运动物体的体积	8 静止物体的体积	9 形状	10 物质或事物的数量	11 信息的数量	12 运动物体作用时间
44	生产率	35，24 8，13	35，13 28，1	17，4 18，35	14，7 17，19	35，1 10，31	10，7 35，17	3，12 10，2	35，10 1，2	13，1 17，36	35，3 2，25	2，24 25，7	10，3 5，18
45	装置的复杂性	35，40 30，9	35，2 9，5	1，19 26，13	9，26 28，13	14，1 28，13	19，6 17，2	35，26 34，30	2，13 35，1	29，13 2，28	2，10 13，3	25，7 24，13	10，28 15，4
46	监控测试困难程度	10，1 6，20	10，1 13，6	35，17 14，10	28，10 25，20	10，13 37，5	10，28 2，13	28，37 10，25	28，1 10，3	5，25 28，10	10，25 7，6	25，10 37，7	3，10 37，2
47	测量难度	28，26 13，5	28，26 1，13	26，24 28，5	28，26 10，24	26，28 13，2	26，28 2，17	28，24 18，1	28，26 2，24	13，28 3，1	3，28 18，27	19，3 32，7	19，26 2，13
48	测试精度	35，26 32，1	26，25 1，35	5，26 28，1	26，28 10，24	26，24 5，3	26，24 5，28	5，24 28，13	28，24 13，3	28，3 10，13	2，13 1，37	25，2 7，32	10，28 6，5

恶化的特性 / 改善的特性		13 静止物体作用时间	14 速度	15 力	16 运动物体的能量	17 静止物体的能量	18 功率	19 应力或压力	20 强度	21 结构的稳定性	22 温度	23 光照强度	24 运行效率
1	运动物体的质量	10，5 28，35	15，2 25，19	10，30 35，28	35，10 29，3	35，15 1，28	19，30 36，31	10，40 30，36	28，31 40，35	35，1 30，39	2，40 6，31	1，35 32，38	1，2 28，3
2	静止物体的质量	40，35 31，6	3，35 17，3	35，9，8 3，40	3，17 14，19	12，13 1，28	13，35 19，3	35，8 3，13	35，31 8，40	15，5 17，30	35，3 36，19	19，35 24，32	35，31 7，3
3	运动物体的长度	10，35 1，3，19	14，1 13，4	17，4 14，10	1，35 17，14	35，17 14，3	1，35 14，3	1，35 3，14	35，29 40，8	1，15 3，14	10，15 35，19	19，1 32，5	17，35 19，3

续表

恶化的特性 / 改善的特性		13 静止物体作用时间	14 速度	15 力	16 运动物体的能量	17 静止物体的能量	18 功率	19 应力或压力	20 强度	21 结构的稳定性	22 温度	23 光照强度	24 运行效率
4	静止物体的长度	35，10 1，3，2	3，14，4 13，18	10，17 35，3	35，19 24，28	35，3 30，31	17，19 35，12	35，17 3，14	14，40 3，35	35，3 15，17	35，36 10，24	35，24 28，3	3，35 28，30
5	运动物体的面积	1，3，19 2，6，5	14，3 34，29	3，2，35 19，30	19，3 17，1	3，17 19，36	19，40 18，1	15，30 10，40	3，15 40，14	2，11 13，35	3，15 19，36	19，13 15，32	3，17 1，15
6	静止物体的面积	10，2 30，25	26，28 17，13	14，1 35，3	35，19 13，28	35，40 17，13	35，17 13，19	15，35 9，17	40，2 17，35	35，24 29，10	35，24 39，32	1，40 24，35	28，3 13，12
7	运动物体的体积	30，31 1，35，4	29，4 28，1	15，1 35，3	35，13 19，38	35，38 33，19	35，19 6，10	35，9 3，40	14，15 7，4	28，10 1，3	10，39 18，31	35，2 28，25	28，10 13，25
8	静止物体的体积	35，38 15，31	35，40 2，38	37，9 18，12	35，19 2，40	35，2 40，36	35，28 6，30	35，28 24，40	13，14 9，17	40，35 31，34	3，26 4，35	35，24 28，5	1，7 28，5
9	形状	3，30 28，35	15，35 10，3	14，17 35，9，2	3，14 28，2	35，14 15，31	4，6 2，30	3，14 9，15	35，7 40，14	35，40 24，31	31，19 2，32	35，15 28，32	2，29 28，5
10	物质或事物的数量	35，30 31，3	28，35 29，24	35，14 40，3	19，3 34，35	35，18 3，2	30，19 18，3	40，9 35，14	14，17 9，35	35，24 9，40	35，31 1，17	35，28 30，3	3，30 1，35
11	信息的数量	7，3，10 12，2	10，7 13，37	26，17 12，1	7，10，3 12，2，6	10，6 3，2	7，10 3，2	2，17 7，24	2，17 7，12	24，37 3，10	2，13 10，19	15，19 4，32	2，7 19，28
12	运动物体作用时间	10，2 24，20	3，35，5 13，17	19，2 16，13	18，28 35，6	35，6 18，28	19，18 35，10	12，19 40，3	35，3 17，14	35，24 40，13	19，35 13，3	35，19 24，4	13，1 19，12

续表

改善的特性 \ 恶化的特性		13 静止物体作用时间	14 速度	15 力	16 运动物体的能量	17 静止物体的能量	18 功率	19 应力或压力	20 强度	21 结构的稳定性	22 温度	23 光照强度	24 运行效率
13	静止物体作用时间		35，28 29，3，4	17，40 35，9，7	13，25 40，24	35，40 13，2	35，2 13，16	17，4 40，12	35，3 19，17	5，35 39，3	19，24 35，40	35，40 24，2	3，19 12，15
14	速度	3，13 35，5，2		19，13 15，28	35，28 38，19	35，19 28，12	19，35 13，36	28，14 6，40	28，8 3，14	28，2 3，5	28，36 31，3	19，35 13，10	35，13 10，24
15	力	2，10 13，3	13，15 9，28		19，17 35，10	1，35 10，19	19，35 37，17	21，18 9，40	35，14 9，3	35，10 24，21	35，36 21，10	13，2 28，12	19，35 6，13
16	运动物体的能量	28，2 35，13	35，28 13，19	21，2 19，35		15，28 13，2	19，6 34，37	14，25 15，17	19，35 5，9	13，19 24，17	24，19 36，2	35，19 24，5	2，13 28，12
17	静止物体的能量	40，35 3，17	1，3，28 19，13	9，36 37，35	2，19，3 13，5		2，5 19，13	17，9 4，19	35，40 14，3	35，4 24，40	3，2 35，19	19，35 2，32	2，19 15，13
18	功率	38，35 10，4	15，2 19，35	2，19 15，35	19，6 37，36	19，15 3，2		35，10 3，30	28，40 31，10	35，31 1，15	19，5 3，2	19，35 25，28	2，28 14，15
19	应力或压力	3，14 35，9，2	35，17 24，13	35，17 14，9	10，17 14，24	17，14 10，35	35，29 10，17		3，17 40，9	35，5 40，2	35，3 19，2	24，12 22，35	2，40 13，17
20	强度	35，3，5 24，26	14，28 8，13	40，9 35，25	35，17 10，19	35，14 17，4	40，35 3，4	35，40 24，3		40，35 13，3	35，40 9，31	35，19 25，28	1，19 17，13
21	结构的稳定性	10，40 3，39	40，28 25，13	24，21 10，16	13，35 19，18	35，18 9，24	35，31 18，24	40，3 35，31	40，17 9，35		35，40 3，1	35，3 13，32	10，3 12，24

续表

改善的特性 \ 恶化的特性		13 静止物体作用时间	14 速度	15 力	16 运动物体的能量	17 静止物体的能量	18 功率	19 应力或压力	20 强度	21 结构的稳定性	22 温度	23 光照强度	24 运行效率
22	温度	19, 36 40, 3, 9	28, 14 36, 2	2, 35, 3 10, 21	19, 15 3, 35	35, 3 19, 32	31, 3 2, 17	35, 19 39, 2	2, 9 5, 35	24, 35 32, 3		35, 19 32, 5	3, 24 10, 15
23	光照强度	2, 6, 10 35, 28	19, 10 13, 28	10, 19 6, 26, 4	19, 10 3, 24	19, 10 24, 3	35, 25 19, 17	30, 35 12, 9	35, 19 12, 28	28, 32 35, 3	19, 35 32, 1		35, 13 1, 19
24	运行效率	35, 24 28, 10	3, 4 15, 30	35, 40 17, 13	2, 4 15, 3	3, 35 19, 15	35, 3 15, 19	3, 17 35, 31	35, 40 3, 4	35, 2 19, 30	19, 35 3, 31	19, 3 35, 28	
25	物质损失	24, 15 18, 38	23, 19 13, 25	14, 15 9, 18	18, 35 5, 3	12, 18 28, 35	28, 18 39, 25	3, 37 10, 1	35, 28 3, 40	1, 30 19, 24	36, 37 21, 39	2, 13 35, 28	28, 10 3, 13
26	时间损失	5, 28 24, 7	28, 26 3, 10	5, 17 10, 37	18, 35 38, 3	35, 10 1, 19	35, 6 10, 1	35, 17 4, 20	35, 24 3, 9	24, 5 3, 35	21, 18 24, 35	26, 1 32, 17	5, 19 3, 20
27	能量损失	17, 31 35, 34	3, 35 14, 28	19, 17 2, 36	35, 19 3, 4	35, 19 4, 2	19, 4 37, 34	2, 25 4, 13	28, 35 17, 26	10, 6 14, 12	35, 7 31, 34	19, 24 5, 13	1, 13 19, 4
28	信息损失	10, 19 28, 3	12, 13 24, 26	13, 17 24, 37	1, 24 25, 20	10, 1 24, 36	10, 19 24, 25	24, 22 25, 35	35, 24 3, 31	35, 30 10, 26	28, 22 1, 25	19, 32 24, 28	10, 5 37, 12
29	噪声	10, 4 1, 13	3, 1 14, 31	3, 14 17, 4	19, 28 4, 35	19, 23 28, 4	28, 23 25, 24	3, 14 9, 2	3, 35 26, 40	23, 25 2, 10	35, 12 2, 3	35, 2 9, 40	17, 15 31, 3
30	有害的扩散	1, 3 10, 15	35, 28 13, 21	10, 3 15, 35	35, 28 10, 3	35, 3 20, 10	35, 28 10, 3	10, 12 9, 35	10, 35 15, 28	15, 4 19, 3, 1	19, 18 36, 20	32, 24 35, 2	10, 35 28, 15

续表

改善的特性 \ 恶化的特性		13 静止物体作用时间	14 速度	15 力	16 运动物体的能量	17 静止物体的能量	18 功率	19 应力或压力	20 强度	21 结构的稳定性	22 温度	23 光照强度	24 运行效率
31	物体产生有害因素	21，16 17，14	3，35 29，31	28，35 15，29	35，6 12，26	35，24 19，3	3，35 18，4	1，17 30，27	35，40 17，5	40，4 35，14	35，24 1，7	19，35 32，24	35，28 25，2
32	适应性及多用性	15，13 16，2	10，14 35，24	35，15 17，14	29，13 19，35	35，16 1，19	19，1 24，35	15，29 13，28	35，40 3，17	35，40 4，14	35，5 19，36	1，35 32，19	19，3 13，25
33	兼容性	2，10 7，5	1，2 10，6	6，24 29，12	29，28 12，3	2，24 25，19	6，29 25，28	24，40 3，12	2，35 29，30	35，24 33，27	21，39 35，9	25，28 2，6	12，3 19，37
34	可操作性	1，16 25，3	13，25 5，2	28，13 24，31	24，1 13，28	24，28 12，3	10，28 35，2	12，23 4，29	19，3 12，16	25，1 30，24	31，13 24，26	19，13 24，1	25，10 2，37
35	可靠性	35，3 12，25	35，28 24，4	8，28 3，4	35，19 3，14	35，19 3，1	35，1 4，10	35，10 19，24	35，40 3，4	40，35 3，1	3，35 15，10	35，37 24，13	15，3 19，35
36	可维修性	3，35 1，11	34，9 5，15	1，10 7，15	28，1 15，13	28，13 3，1	15，10 2，13	1，3 13，25	1，4 17，9	2，35 7，19	24，13 4，37	15，13 32，1	2，17 27，19
37	安全性	35，10 37，17	28，37 4，17	2，3 17，14	32，12 13，25	32，12 4，9	12，13 9，35	37，17 4，3	28，2 13，17	13，12 5，24	1，31 37，19	28，37 26，32	2，1 17，3
38	易受伤性	19，10 13，5	14，31 13，3	17，13 19，3	35，12 19，1	39，35 24，12	1，19 34，11	35，40 3，9	35，31 40，3	35，5 40，31	31，35 36，3	28，19 24，2	12，13 1，7
39	美观性	2，28 6，32	15，3 14，19	3，28 7，31	15，3 19，28	3，28 19，14	15，4 14，32	40，9 17，7	9，17 40，2	3，40 10，35	35，31 3，15	32，3 35，19	2，13 28，5

续表

改善的特性 \ 恶化的特性		13 静止物体作用时间	14 速度	15 力	16 运动物体的能量	17 静止物体的能量	18 功率	19 应力或压力	20 强度	21 结构的稳定性	22 温度	23 光照强度	24 运行效率
40	外部有害因素敏感	35，5 40，3	24，35 28，31	3，13 35，18	6，24 1，25	1，35 24，6	19，2 31，10	1，35 40，2	35，1 40，17	35，24 4，40	35，31 33，17	35，1 13，32	2，3 35，28
41	可制造性	10，1 16，35	35，13 1，28	35，12 28，29	28，1 10，26	28，1 10，26	28，12 24，19	35，10 1，19	3，35 1，24	1，11 3，13	10，24 35，18	32，24 1，35	1，10 15，16
42	制造精度	5，4 17，18	10，32 28，3	12，19 28，29	2，26 32，3	2，26 21，13	2，32 21，16	35，3 12，13	3，17 7，35	24，35 33，18	26，3 24，19	32，19 3，2	3，10 14，40
43	自动化程度	25，10 16，2	10，28 25，19	12，35 8，4	1，13 30，2	1，2 35，13	2，12 26，28	35，1 12，13	13，35 9，1	1，13 3，39	2，19 26，35	19，13 32，2	17，3 2，28
44	生产率	1，35 18，9	35，3 24，5	10，15 12，22	19，5 35，38	1，19 3，5	10，35 28，38	3，14 9，37	3，35 5，10	24，35 3，4	35，28 21，36	1，24 19，31	2，13 10，3
45	装置的复杂性	35，10 13，6	28，10 13，34	3，9 29，17	28，5 2，29	28，10 5，13	19，28 2，30	19，35 4，9	40，28 13，2	24，2 9，25	24，13 36，2	35，24 13，17	10，28 2，13
46	监控测试困难程度	10，25 2，13	25，28 7，10	10，35 37，23	35，25 10，7	35，37 1，10	24，37 10，5	3，40 10，35	3，10 35，5	25，9 2，13	35，19 2，36	25，35 2，13	10，2 23，35
47	测量难度	26，2 35，25	3，28 1，24	28，15 19，37	2，35 38，37	35，19 2，24	19，1 35，24	35，37 24，1	28，3 24，27	28，39 2，10	35，3 28，32	28，26 24，2	35，10 24，13
48	测试精度	10，26 28，24	28，13 24，5	24，28 37，2	24，10 3，28	10，24 5，3	3，5 10，24	24，5 2，13	28，24 2，6	35，39 2，37	28，24 6，19	32，1 35，24	28，10 2，6

续表

改善的特性＼恶化的特性		25 物质损失	26 时间损失	27 能量损失	28 信息损失	29 噪声	30 有害的扩散	31 物体产生有害因素	32 适应性及多用性	33 兼容性	34 可操作性	35 可靠性	36 可维修性
1	运动物体的质量	5，35 31，24	10，19 28，20	19，6 3，10	10，24 11，35	35，2 25，13	2，30 39，25	2，35 10，39	29，28 15，2	10，15 13，5	2，15 3，11	3，17 1，35	2，28 17，27
2	静止物体的质量	13，14 5，3	10，35 19，25	28，35 7，31	10，15 35，3	14，35 31，1	30，40 13，19	40，3 39，2	35，3 15，19	2，13 24，3	13，1 32，14	10，2 14，40	2，17 13，27
3	运动物体的长度	1，4 35，29	15，19 2，10	2，35 14，1	1，24 25，2	17，3 13，1	10，35 38，7	3，17 15，2	15，1 14，17	23，28 17，3	15，29 35，10	35，10 14，17	1，28 10，17
4	静止物体的长度	28，24 35，12	14，5 30，28	1，17 28，3	28，24 13，3	14，1 3，35	1，3 21，18	35，17 11，5	1，19 35，15	1，7 17，3	10，25 26，2	35，17 31，29	3，10 17，1
5	运动物体的面积	2，17 35，3	2，26 35，39	17，15 30，2	3，2 17，24	3，35 1，14	2，19 31，25	17，2 18，15	15，3 35，1	28，3 17，10	15，17 25，13	17，3 28，35	35，15 10，25
6	静止物体的面积	17，14 12，10	14，1 10，35	17，12 30，35	2，16 7，17	14，28 1，4	35，31 17，1	40，1 7，24	15，4 28，29	24，2 17，5	10，4 24，25	35，40 4，5	1，16 32，17
7	运动物体的体积	35，10 34，2	10，19 2，6	28，15 4，38	28，3 2，10	31，1 3，23	35，30 24，1	2，30 40，36	15，29 30，35	13，15 6，10	15，3 26，25	1，28 3，14	10，3 30，25
8	静止物体的体积	35，10 39，40	10，35 18，1	3，35 40，5	7，32 14，24	31，39 14，3	1，31 35，5	12，18 13，35	31，28 6，29	28，24 7，1	7，26 24，17	40，28 35，2	17，1 3，35
9	形状	29，35 30，3	10，28 5，34	4，14 15，3	17，2 7，15	9，4 31，35	35，1 17，7	1，35 30，31	35，1 28，29	28，3 31，10	32，26 25，37	40，3 35，10	17，13 1，2

续表

恶化的特性 / 改善的特性		25 物质损失	26 时间损失	27 能量损失	28 信息损失	29 噪声	30 有害的扩散	31 物体产生有害因素	32 适应性及多用性	33 兼容性	34 可操作性	35 可靠性	36 可维修性
10	物质或事物的数量	24，4 10，34	3，25 19，1	35，7 18，19	15，28 35，24	31，10 9，1	1，35 21，24	35，40 3，12	1，15 17，29	35，2 24，13	3，10 25，35	40，3 35，16	25，10 2，32
11	信息的数量	2，13 7，28	2，7 3，19	2，10 3，6	15，19 7，32	3，4 2，9	28，2 10，5	2，10 13，17	3，24 4，1	6，25 10，24	25，10 17，6	10，24 13，25	25，1 24，13
12	运动物体作用时间	18，13 14，28	28，3 19，10	10，24 35，23	10，24 25，3	17，7 18，9	1，4 14，18	40，3 37，6	7，13 30，35	28，35 24，3	10，25 24，12	35，12 13，40	3，10 17，19
13	静止物体作用时间	35，10 17，4	3，24 10，14	10，12 35，40	10，7 2，24	31，35 24，14	1，3 14，18	35，14 40，3	13，5 4，17	10，24 17，28	25，1 3，10	35，3 9，40	3，10 19，1
14	速度	28，35 13，10	13，5 10，3	19，1 35，14	10，7 6，24	3，14 28，9	19，18 1，24	35，21 2，24	15，10 28，26	7，19 6，24	28，37 13，25	35，28 23，24	28，2 34，13
15	力	3，35 40，12	10，3 23，37	19，15 2，5	37，32 7，24	13，9 24，12	15，2 35，5	3，13 24，4	15，17 3，19	28，5 6，25	1，28 25，4	14，35 1，13	15，17 1，13
16	运动物体的能量	28，35 5，3	10，18 28，5	19，15 12，28	13，24 7，22	17，14 4，7	1，24 19，21	35，2 11，16	24，15 13，29	10，24 28，1	28，3 35，1	13，21 10，35	1，17 28，10
17	静止物体的能量	31，28 18，12	4，10 40，7	35，31 1，4	2，10 7，13	31，14 25，17	21，35 24，3	19，3 15，18	35，15 13，17	24，3 35，12	13，15 24，10	35，10 13，25	35，17 1，27
18	功率	30，1 28，29	10，15 35，6	15，35 1，38	10，19 24，28	24，28 13，3	1，3 35，15	1，18 2，35	15，28 19，35	24，28 15，13	26，10 35，25	35，2 3，24	10，2 35，1

续表

改善的特性 \ 恶化的特性	25 物质损失	26 时间损失	27 能量损失	28 信息损失	29 噪声	30 有害的扩散	31 物体产生有害因素	32 适应性及多用性	33 兼容性	34 可操作性	35 可靠性	36 可维修性
19 应力或压力	10，25 3，4	1，4 37，13	3，25 2，35	37，28 2，7	31，35 40，14	35，24 2，1	2，33 25，35	15，35 17，13	25，10 6，28	17，3 19，28	40，13 35，19	2，17 10，25
20 强度	40，31 24，35	19，3 10，5	35，31 40，1	37，32 28，26	17，3 2，5	2，40 15，19	35，40 3，10	40，35 1，4	6，12 28，13	17，35 40，2	40，35 5，17	1，2 35，13
21 结构的稳定性	40，2 14，3	35，24 10，16	5，24 3，15	24，10 32，7	18，31 24，9	1，15 24，21	24，35 40，1	40，35 15，30	1，6 13，2	24，3 35，4	35，40 24，31	2，10 24，16
22 温度	29，21 3，36	19，9 35，3	35，21 24，38	35，9 24，7	35，13 39，18	3，19 15，2	35，2 25，22	2，3 19，15	24，2 13，30	28，24 26，2	35，40 3，12	10，3 4，37
23 光照强度	13，1 35，10	19，1 26，35	19，1 35，24	32，13 4，1	35，28 39，2	35，19 40，2	35，32 19，3	15，35 4，40	32，35 1，13	28，4 35，24	35，1 4，32	17，13 1，15
24 运行效率	4，12 17，34	3，14 28，15	3，4 31，19	3，4 19，15	14，9 3，4	35，24 18，28	19，15 4，33	15，19 3，28	1，4 1，13	25，10 1，13	35，30 40，27	2，27 17，1
25 物质损失		35，15 2，18	19，38 35，27	32，40 1，10	35，17 7，2	31，2 24，35	3，1 15，14	2，15 28，27	34，2 33，24	3，15 32，2	10，12 35，24	2，14 27，35
26 时间损失	24，10 35，18		5，18 35，19	24，28 32，2	9，31 14，18	1，35 21，18	35，24 14，39	28，35 40，13	17，10 28，2	10，25 4，26	35，10 3，14	17，24 32，1
27 能量损失	28，35 37，2	10，18 7，4		19，10 4，37	28，35 14，25	2，1 21，19	40，35 21，24	15，5 14，13	21，35 12，13	13，1 35，25	35，40 17，11	1，19 30，2

续表

改善的特性 \ 恶化的特性		25 物质损失	26 时间损失	27 能量损失	28 信息损失	29 噪声	30 有害的扩散	31 物体产生有害因素	32 适应性及多用性	33 兼容性	34 可操作性	35 可靠性	36 可维修性
28	信息损失	7，17 2，2	25，22 10，24	24，34 19，10		2，37 3，10	7，1 13，21	7，10 31，27	24，5 25，9	2，24 37，4	7，1 3，10	13，24 10，26	2，10 17，13
29	噪声	35，31 2，9	35，28 19，25	3，15 9，31	10，23 2.，3		5，2 35，19	28，2 18，29	28，10 1，15	2，35 9，17	28，26 25，1	35，9 13，16	5，9 31，2
30	有害的扩散	10，12 18，14	2，10 35，36	10，18 13，2	9，16 13，2	10，35 28，14		21，23 33，1	18，35 10，13	2，35 16，19	25，10 13，26	2，35 40，3	18，28 1，23
31	物体产生有害因素	34，35 24，15	10，25 9，23	10，3 35，12	4，7 10，32	14，31 13，15	1，24 21，13		1，15 29，14	5，17 1，29	10，15 23，5	40，24 35，4	1，24 27，17
32	适应性及多用性	13，10 3，15	28，15 29，35	15，19 3，1	7，3 10，26	31，9 30，14	1，19 21，10	24，25 4，30		1，5 3，28	15，24 3，4	35，40 24，30	1，7 4，3
33	兼容性	13，3 17，22	2，10 13，25	2，13 9，12	5，2 7，24	2，10 24，37	24，35 12，1	3，11 32，33	28，10 24，6		10，25 2，22	9，35 24，10	28，10 17，13
34	可操作性	24，2 3，4	23，10 4，32	19，25 13，3	10，37 1，24	2，3 31，9	25，19 2，1	35，31 24，4	10，25 1，26	25，1 24，6		40，35 2，17	1，17 13，24
35	可靠性	35，15 10，12	10，2 25，5	10，19 35，23	10，25 28，32	35，13 25，4	3，24 13，35	2，26 35，40	35，28 13，12	1，25 10，3	28，1 40，29		1，11 15，27
36	可维修性	2，35 34，4	5，10 24，25	19，15 13，1	3，9 13，26	14，17 31，3	2，10 1，13	35，15 39，12	1，7 15，16	2，10 13，4	1，15 26，25	35，10 5，7	

续表

恶化的特性 / 改善的特性		25 物质损失	26 时间损失	27 能量损失	28 信息损失	29 噪声	30 有害的扩散	31 物体产生有害因素	32 适应性及多用性	33 兼容性	34 可操作性	35 可靠性	36 可维修性
37	安全性	35，31 5，7	26，28 25，2	26，32 13，25	2，37 4，16	37，4 2，13	2，1 10，35	3，5 27，25	1，28 24，32	15，17 24，4	25，10 13，3	35，37 13，4	13，4 3，2
38	易受伤性	34，12 13，3	10，5 13，12	19，13 12，35	3，24 28，5	28，19 24，39	1，35 24，39	35，31 1，33	30，13 15，28	24，28 2，13	2，4 26，19	28，35 25，36	17，1 28，13
39	美观性	28，17 3，4	7，10 6，2	28，3 15，31	3，7 32，10	3，14 35，31	4，28 15，29	35，2 13，29	28，7 15，29	28，5 17，3	28，6 7，17	2，28 35，3	3，7 13，17
40	外部有害因素敏感	40，3 4，24	18，3 24，23	35，24 21，2	32，10 25，2	31，1 17，14	24，35 18，1	35，3 13，24	35，15 31，30	17，24 2，5	25，28 3，15	35，4 24，17	10，3 14，25
41	可制造性	19，34 33，9	3，4 35，15	19，35 2，13	25，24 16，10	24，9 2，39	35，10 5，36	35，10 5，21	1，3 25，13	28，3 6，2	2，5 28，13	2，3 35，9	1，35 13，23
42	制造精度	10，31 35，24	28，15 5，18	2，16 13，32	13，10 2，34	2，13 7，37	3，10 40，24	10，17 35，4	35，7 13，1	13，4 9，28	19，3 1，32	28，25 13，1	3，10 1，25
43	自动化程度	10，4 24，5	15，28 35，24	28，21 3，13	5，3 28，33	31，14 9，12	1，24 23，35	24，2 11，3	28，1 29，10	6，13 2，3	5，25 21，10	12，28 23，7	13，35 4，2
44	生产率	35，12 2，34	10，3 6，24	28，35 15，14	10，2 3，24	9，14 1，2	35，25 13，2	24，39 13，35	28，15 29，35	10，2 13，28	28，7 26，24	3，1 35，10	1，25 9，2
45	装置的复杂性	35，28 10，13	3，25 6，29	35，28 13，10	25，7 6，24	24，9 2，13	5，24 15，2	1，12 19，35	29，28 1，24	6，28 13，35	26，24 6，25	35，1 13，40	3，13 28，1

续表

改善的特性 \ 恶化的特性		25 物质损失	26 时间损失	27 能量损失	28 信息损失	29 噪声	30 有害的扩散	31 物体产生有害因素	32 适应性及多用性	33 兼容性	34 可操作性	35 可靠性	36 可维修性
46	监控测试困难程度	35，15 30，13	15，3 13，7	35，15 13，3	25，10 7，3	10，3 7，15	10，15 1，5	19，12 16，22	1，7 28，25	6，10 13，1	2，10 24，25	23，3 13，1	13，25 1，7
47	测量难度	1，10 24，18	28，9 18，32	35，3 19，15	7，26 35，24	3，25 23，9	28，2 25，37	2，10 34，21	1，26 13，15	25，1 13，15	2，5 13，25	28，1 40，26	26，2 5，12
48	测试精度	28，10 13，2	24，28 2，10	26，10 24，37	24，7 25，37	9，24 2，37	35，2 24，9	10，3 24，39	35，2 10，13	2，6 10，15	25，13 1，15	24，5 23，13	28，24 13，32

改善的特性 \ 恶化的特性		37 安全性	38 易受伤性	39 美观性	40 外部有害因素敏感	41 可制造性	42 制造精度	43 自动化程度	44 生产率	45 装置的复杂性	46 监控测试困难程度	47 测量难度	48 测试精度
1	运动物体的质量	2，5 6，23	26，10 17，13	3，1 31，14	5，24 27，21	1，5 36，25	28，5 26，35	35，26 2，10	35，24 10，28	26，35 40，30	10，12 2，19	26，28 32，5	28，29 35，10
2	静止物体的质量	28，2 17，30	40，9 31，3	7，31 3，4	17，37 31，3	35，8 9，1	10，35 17，29	2，26 30，12	28，35 15，4	13，4 17，14	17，25 13，19	17，25 37，32	26，28 18，37
3	运动物体的长度	1，28 35，19	3，14 35，17	17，14 3，32	1，17 15，25	1，24 4，10	10，28 1，25	17，3 24，26	17，4 14，28	1，19 24，26	35，1 3，28	256，35 1，24	10，32 1，37
4	静止物体的长度	17，7 3，28	17，14 30，35	3，17 32，7	1，18 9，16	17，3 15，13	30，32 10，3	10，24 15，13	3，14 7，30	28，2 5，26	25，10 37，24	28，32 26，3	28，10 26，32

续表

恶化的特性 改善的特性		37 安全性	38 易受伤性	39 美观性	40 外部有害因素敏感	41 可制造性	42 制造精度	43 自动化程度	44 生产率	45 装置的复杂性	46 监控测试困难程度	47 测量难度	48 测试精度
5	运动物体的面积	1，28 10，35	3，35 14，29	17，3 14，15	28，1 3，2	3，1 13，24	35，2 13，25	14，28 1，5	10，2 26，17	14，17 5，7	35，3 5，25	2，26 19，3	3，32 26，25
6	静止物体的面积	17，35 28，2	35，7 14，3	14，3 32，26	35，39 24，1	16，17 40，13	35，2 29，36	25，10 3，28	10，17 7，15	1，26 28，18	25，10 3，19	32，35 18，2	28，3 32，26
7	运动物体的体积	28，10 15，1	1，35 31，39	3，32 15，4	35，9 21，22	1，10 3，24	25，28 3，16	24，3 35，34	2，10 35，34	1，2 35，26	28，1 25，10	26，24 5，4	26，28 24，13
8	静止物体的体积	28，1 17，6	5，40 12，7	14，32 3，22	39，24 19，27	35，30 13，10	25，35 10，3	10，1 13，24	10，2 35，31	1，5 28，31	28，37 2，12	17，26 28，32	10，32 35，25
9	形状	28，5 9，26	40，17 13，31	32，3 35，22	35，24 2，33	17，32 1，28	30，32 40，22	1，29 32，2	13，17 10，26	29，2 5，22	28，37 24，7	28，37 13，31	28，1 37，32
10	物质或事物的数量	28，30 10，31	35，24 3，12	30，17 28，14	35，3 31，33	10，2 35，1	30，3 33，25	35，1 10，8	1，13 3，35	13，1 10，27	25，28 37，1	28，18 32，24	4，24 37，13
11	信息的数量	7，10 17，24	2，37 10，13	7，3 32，19	1，11 28，15	25，13 10，1	13，3 10，37	25，1 6，13	2，25 19，3	10，25 5，13	25，40 10，3	3，4 37，25	37，3 17，28
12	运动物体作用时间	28，2 10，26	10，37 3，24	35，2 7，3	21，28 15，24	35，4 10，3	3，16 40，10	10，30 17，6	10，35 19，3	5，15 10，4	5，28 26，20	10，37 4，32	3，17 24，10
13	静止物体作用时间	28，26 10，2	10，37 24，3	35，2 3，24	1，35 33，39	35，10 40，5	40，37 25，3	1，17 13，24	10，40 38，16	5，10 2，25	28，37 4，20	32，35 25，6	10，26 24，37

续表

恶化的特性 / 改善的特性		37 安全性	38 易受伤性	39 美观性	40 外部有害因素敏感	41 可制造性	42 制造精度	43 自动化程度	44 生产率	45 装置的复杂性	46 监控测试困难程度	47 测量难度	48 测试精度
14	速度	28，24 10，2	31，35 11.，13	14，3 32，22	28，35 19，4	35，13 28，1	28，10 25，12	10，28 2，13	2，3 28，10	5，28 4，10	25，10 19，1	3，26 24，16	28，25 24，32
15	力	10，28 3，13	2，12 31，39	14，3 7，12	10，35 40，22	15，18 35，6	28，29 5，37	2，10 35，13	35，28 3，10	5，10 35，4	37，10 28，25	37，10 19，3	24，37 32，3
16	运动物体的能量	10，28 5，24	12，39 35，31	17，7 4，3	2，10 3，22	28，5 30，10	10，25 12，24	2，10 13，5	35，28 24，25	5，2 28，27	3，5 25，10	10，37 3，25	37，3 5，28
17	静止物体的能量	28，10 23，2	24，3 16，30	17，4 3，7	2，9 3，37	4，8 1，10	37，10 3，2	10，2 8，34	1，10 6，35	35，28 4，3	2，25 18，10	28，19 35，25	28，37 4，18
18	功率	10，28 1，23	35，19 11，25	28，15 14，22	39，2 19，31	10，28 26，21	2，3 10，14	28，2 13，24	28，1 35，14	35，30 19，20	2，25 15，26	28，35 19，3	2，37 15，25
19	应力或压力	2，28 24，10	31，40 35，4	17，7 4，40	3，12 4，25	2，1 35，17	3，25 2，35	10，35 25，12	10，40 25，24	17，5 2，24	28，32 4，37	37，17 4，32	37，25 17，28
20	强度	13，28 2，22	40，31 3，24	7，17 22，3	31，35 40，9	35，10 3，40	3，6 23，2	15，2 35，10	15，35 17，10	2，5 15，13	15，25 1，3	2，40 32，28	3，37 28，25
21	结构的稳定性	2，24 28，17	35，2 10，24	17，4 3，31	40，35 31，17	25，35 24，3	3，25 2，12	24，1 10，16	5，24 40，3	13，31 2，10	25，10 24，4	7，24 17，35	25，13 37，4
22	温度	24，1 3，35	24，9 39，28	31，3 15，2	35，33 2，18	35，3 26，30	23，25 3，12	2，26 3，19	3，15 35，28	2，3 19，35	35，25 1，19	32，28 35，3	32，19 28，26

续表

改善的特性 \ 恶化的特性		37 安全性	38 易受伤性	39 美观性	40 外部有害因素敏感	41 可制造性	42 制造精度	43 自动化程度	44 生产率	45 装置的复杂性	46 监控测试困难程度	47 测量难度	48 测试精度
23	光照强度	28，5 23，13	35，3 1，24	32，3 5，10	28，12 6，4	35，28 20，33	3，35 32，39	10，2 26，13	2，3 15，5	5，15 13，6	15，3 37，4	32，15 1，9	32，10 37，4
24	运行效率	28，2 1，24	31，30 2，24	22，2 32，3	35，13 18，31	3，35 1，25	3，2 15，28	2，25 19，3	1，3 15，4	2，15 19，28	25，1 37，4	32，4 18，28	37，4 28，32
25	物质损失	2，17 12，28	24，19 31，5	13，28 17，4	35，30 40，24	15，5 34，33	24，31 10，3	10，35 18，25	5，25 28，24	28，5 2，10	3，25 14，34	28，24 3，17	24，10 14，3
26	时间损失	2，28 26，9	25，12 13，11	17，10 4，28	35，18 1，34	10，35 4，19	26，25 24，18	10，2 24，30	10，3 24，5	28，21 6，10	10，37 4，5	37，10 18，32	25，26 32，28
27	能量损失	28，3 2，26	19，4 35，31	4，7 28，17	21，35 33，15	10，14 35，1	30，37 9，25	28，1 10，2	3，10 35，28	25，7 40，30	25，37 4，2	1，3 35，15	4，37 24，26
28	信息损失	26，24 25，1	10，28 24，7	32，3 17，7	10，24 11，3	25，29 28，40	25，17 37，1	5，24 35，10	5，10 13，24	6，25 13，24	10，6 25，2	28，32 1，10	37，4 32，10
29	噪声	28，2 24，1	5，28 24，18	9，7 31，14	2，35 31，22	35，5 6，13	15，3 10，2	15，28 10，1	3，15 10，2	6，13 1，24	23，10 28，3	24，3 14，30	5，10 24，22
30	有害的扩散	28，10 2，17	15，28 23，35	17，7 10，5	2，30 37，38	30，13 31，5	2，18 15，25	10，2 36，7	10，2 1，19	21，28 35，6	10，23 37，1	24，10 28，25	28，10 37，4
31	物体产生有害因素	28，35 1，17	31，30 35，39	2，17 28，24	35，1 24，9	28，4 40，24	17，26 4，10	2，10 3，17	28，2 25，35	29，31 1，35	10，26 19，23	1，37 32，31	4，17 26，10

续表

改善的特性 \ 恶化的特性		37 安全性	38 易受伤性	39 美观性	40 外部有害因素敏感	41 可制造性	42 制造精度	43 自动化程度	44 生产率	45 装置的复杂性	46 监控测试困难程度	47 测量难度	48 测试精度
32	适应性及多用性	28，24 18，10	3，16 13，30	29，28 2，32	35，24 31，3	10，13 29，31	40，35 29，16	6，10 28，29	1，15 25，2	6，28 29，31	28，25 37，19	25，28 32，40	1，10 35，4
33	兼容性	24，10 28，25	17，25 9，3	28，7 13，17	1，4 35，12	2，16 17，30	2，10 9，35	10，17 16，13	3，17 14，10	28，24 13，12	10，2 25，5	25，10 37，17	25，37 17，4
34	可操作性	3，28 5，23	2，25 28，4	28，29 22，32	35，2 25，11	29，36 24，5	15，29 35，2	10，1 12，3	1，5 28，15	28，29 5，12	1，25 37，5	28，5 32，16	25，13 1，32
35	可靠性	10，13 2，24	28，35 2，11	3，14 31，29	40，2 5，12	28，10 35，4	1，3 13，10	35，10 1，13	35，1 10，28	5，35 13，33	1，19 25，37	28，40 25，32	3，10 37，32
36	可维修性	1，28 3，10	4，10 2，22	17，7 13，30	10，3 40，16	10，7 35，32	10，35 2，1	10，13 34，7	2，10 1，32	35，30 28，17	2，35 4，10	25，10 3，32	37，10 13，25
37	安全性		15，23 1，31	7，28 3，1	2，10 40，35	10，1 12，13	16，10 24，3	2，10 17，12	28，17 10，4	2，6 4，17	25，37 9，26	37，17 4，28	37，4 26，3
38	易受伤性	2，13 7，22		2，7 30，19	31，33 9，4	30，31 10，3	10，3 25，16	10，3 25，13	10，13 1，15	5，31 10，27	25，7 10，1	28，32 37，17	28，37 3，7
39	美观性	28，7 24，9	2，28 31，40		2，12 5，19	16，10 2，6	3，22 10，24	10，29 28，1	28，10 35，1	28，2 13，24	7，13 2，32	32，26 31，28	16，10 32，37
40	外部有害因素敏感	3，24 7，14	3，15 19，32	30，24 32，17		35，24 1，40	28，1 10，18	10，3 34，4	35，24 13，3	4，40 2，5	1，25 37，24	5，1 17，18	5，37 18，32

续表

改善的特性 \ 恶化的特性	37 安全性	38 易受伤性	39 美观性	40 外部有害因素敏感	41 可制造性	42 制造精度	43 自动化程度	44 生产率	45 装置的复杂性	46 监控测试困难程度	47 测量难度	48 测试精度
41 可制造性	1，24 10，13	6，35 28，9	30，24 16，32	35，39 2，29		3，16 25，12	1，10 28，8	1，13 15，14	27，26 1，5	25，3 19，13	6，28 1，13	35，12 1，6
42 制造精度	2，10 24，3	4，3 31，35	2，3 17，32	10，28 9，23	25，13 24，15		25，15 24，13	2，10 39，18	2，16 18，26	28，25 37，10	28，26 32，18	28，32 18，9
43 自动化程度	25，13 28，2	31，30 16，39	3，16 22，35	2，25 1，23	1，13 12，26	25，28 26，3		12，26 2，5	15，24 28，10	28，3 4，17	25，17 1，27	13，24 28，25
44 生产率	10，24 1，28	10，39 1，18	2，13 22，1	35，13 24，33	1，10 24，35	3，32 26，18	10，5 12，26		6，12 10，1	25，1 19，7	4，32 37，25	1，28 19，37
45 装置的复杂性	28，5 24，10	24，10 26，35	5，32 35，22	40，19 15，39	3，13 1，28	2，24 13，3	28，3 1，24	26，12 29，8		3，37 25，26	28，10 32，37	28，26 10，2
46 监控测试困难程度	24，2 13，10	10，25 11，39	7，10 37，5	1，19 27，9	13，2 35，10	25，2 24，13	1，28 25，10	35，1 10，21	28，15 37，7		13，37 10，7	10，26 2，37
47 测量难度	1，10 3，32	24，2 10，26	2，28 26，24	19，28 22，3	5，28 37，11	28，10 25，2	10，2 28，25	2，28 10，35	28，37 10，15	28，32 37，3		28，26 32，24
48 测试精度	13，27 24，2	12，24 9，23	28，35 7，31	28，24 26，22	3，25 28，13	28，26 24，23	28，24 26，2	28，26 10，3	3，35 10，27	3，25 10，7	26，28 24，10	

附录 3 科学效应知识库清单①

功能代码	实现的功能	TRIZ 推荐的科学效应和现象	科学效应和现象序号
F1	测量温度	热膨胀	E75
		热双金属片	E76
		珀耳帖效应	E67
		汤姆逊效应	E80
		热点现象	E71
		热电子发射	E72
		热辐射	E73
		电阻	E33
		热敏性物质	E74
		居里效应（居里点）	E60
		巴克豪森效应	E3
		霍普金森效应	E55
F2	降低温度	一级相变	E94
		二级相变	E36
		焦耳－汤姆逊效应	E58
		珀耳帖效应	E67
		汤姆逊效应	E80
		热点现象	E71
		热电子发射	E72
F3	提高温度	电磁感应	E24
		电介质	E26
		焦耳－楞次定律	E57
		放电	E42
		电弧	E25
		吸收	E84
		发射聚焦	E39
		热辐射	E73
		珀耳帖效应	E67
		热电子发射	E72
		汤姆逊效应	E80
		热电现象	E71

① 摘自杨清亮．发明是怎样诞生的：TRIZ 理论全接触．170-176. 关于各种效应的详细注释也可进一步参考该书

续表

功能代码	实现的功能	TRIZ 推荐的科学效应和现象		科学效应和现象序号
F4	稳定温度	一级相变		E94
		二级相变		E36
		居里效应		E60
F5	探测物体的位移和运动	引入易探测的标识	标记物	E6
			发光	E37
			发光体	E38
			磁性材料	E16
			永久磁铁	E95
		反射和发射线	反射	E41
			发光体	E38
			感光材料	E45
			光谱	E50
			放射现象	E43
		形变	弹性形变	E85
			塑性形变	E78
		改变电厂和磁场	电场	E22
			磁场	E13
		放电	电晕放电	E31
			电弧	E25
			火花放电	E53
F6	控制物体位移	磁力		E15
		电子力	安培力	E2
			洛伦兹力	E64
		压强	液体或气体的压力	E91
			液体或气体的压强	E93
		浮力		E44
		液体动力		E92
		振动		E98
		惯性力		E49
		热膨胀		E75
		热双金属片		E76

续表

功能代码	实现的功能	TRIZ 推荐的科学效应和现象	科学效应和现象序号
F7	控制液体及气体的运动	毛细现象	E65
		渗透	E77
		电泳现象	E30
		Thoms 效应	E79
		伯努利定律	E10
		惯性力	E49
		韦森堡效应	E81
F8	控制浮质（气体中的悬浮微粒，如烟、雾等）的流动	起电	E68
		电场	E22
		磁场	E13
F9	搅拌混合物，形成溶液	弹性液	E19
		共振	E47
		驻波	E99
		振动	E98
		气穴现象	E69
		扩散	E62
		电场	E22
		磁场	E13
		电泳现象	E30
F10	分解混合物	在电场或磁场中分离 电场	E22
		磁场	E13
		磁性液体	E17
		惯性力	E49
		吸附作用	E83
		扩散	E62
		渗透	E77
		电泳现象	E30
F11	稳定物体位置	电场	E22
		磁场	E13
		磁性液体	E17

续表

功能代码	实现的功能	TRIZ 推荐的科学效应和现象		科学效应和现象序号
F12	产生/控制力，形成高的压力	磁力		E15
		一级相变		E94
		二级相变		E36
		热膨胀		E75
		惯性力		E49
		磁性液体		E17
		爆炸		E5
		电液压冲压，电水压振扰		E29
		渗透		E77
F13	控制摩擦力	约翰逊－拉别克效应		E96
		振动		E98
		低摩阻		E21
		金属覆层滑润剂		E59
F14	解体物体	放电	火花放电	E53
			电晕放电	E31
			电弧	E25
		电液压冲压，电水压振扰		E29
		弹性液		E19
		共振		E47
		驻波		E99
		振动		E98
		气穴现象		E69
F15	积蓄机械能与热能	弹性变形		E85
		惯性力		E49
		一级相变		E94
		二级相变		E36
F16	传递能量	对于机械能	形变	E85
			弹性波	E19
			共振	E47
			驻波	E99
			振动	E98
			爆炸	E5
			电液压冲压，电水压振扰	E29

续表

功能代码	实现的功能	TRIZ推荐的科学效应和现象		科学效应和现象序号
F16	传递能量	对于热能	热电子发射	E72
			对流	E34
			热传导	E70
		对于辐射	反射	E41
		对于电能	电磁感应	E24
			超导性	E12
F17	建立移动的物体和固定的物体之间的交互作用	电磁场		E23
		电磁感应		E24
F18	测量物体的尺寸	标记	起电	E68
			发光	E37
			发光体	E38
		磁性材料		E16
		永久磁铁		E95
		共振		E47
F19	改变物体尺寸	热膨胀		E75
		形状记忆合金		E87
		形变		E85
		压电效应		E89
		磁弹性		E14
		压磁效应		E88
F20	检查表面状态和性质	放电	电晕放电	E31
			电弧	E25
			火花放电	E53
		反射		E41
		发光体		E38
		感光材料		E45
		光谱		E50
		放射现象		E43
F21	改变表面性质	摩擦力		E66
		吸附作用		E83
		扩散		E62
		包辛格效应		E4

续表

功能代码	实现的功能	TRIZ 推荐的科学效应和现象		科学效应和现象序号
F21	改变表面性质	放电	电晕放电	E31
			电弧	E25
			火花放电	E53
		弹性波		E19
		共振		E47
		驻波		E99
		振动		E98
		光谱		E50
F22	检查物体容量的状态和特征	引入容易探测的标志	标记物	E6
			发光	E37
			发光体	E38
			磁性材料	E16
			永久磁铁	E95
		测量电阻值	电阻	E33
		反射和放射线	反射	E41
			折射	E97
			发光体	E38
			感光材料	E45
			光谱	E50
			放射现象	E43
			X 射线	E1
		电－磁－光现象	电－光和磁－光现象	E27
			固体（的场致、电致）发光	E48
			热磁效应（居里点）	E60
			巴克豪森效应	E3
			霍普金森效应	E55
			共振	E47
			霍耳效应	E54

续表

功能代码	实现的功能	TRIZ 推荐的科学效应和现象	科学效应和现象序号
F23	改变物体空间性质	磁性液体	E17
		磁性材料	E16
		永久磁铁	E95
		冷却	E63
		加热	E56
		一级相变	E94
		二级相变	E36
		电离	E28
		光谱	E50
		放射现象	E43
		X 射线	E1
		形变	E85
		扩散	E62
		电场	E22
		磁场	E13
		珀耳帖效应	E67
		热电现象	E71
		包辛格效应	E4
		汤姆逊效应	E80
		热电子发射	E72
		热磁效应（居里点）	E60
		固体（的场致、电致）发光	E48
		电－光和磁－光现象	E27
		气穴现象	E69
		光生伏打效应	E51
F24	形成要求的结构，稳定物体结构	弹性波	E19
		共振	E47
		驻波	E99
		振动	E98
		磁场	E13
		一级相变	E94
		二级相变	E36
		气穴现象	E69

续表

功能代码	实现的功能	TRIZ 推荐的科学效应和现象		科学效应和现象序号
F25	探测电场和磁场	渗透		E77
		带电放电	电晕放电	E31
			电弧	E25
			火花放电	E53
			压电效应	E89
			磁弹性	E14
			压磁效应	E88
			驻极体，电介体	E100
			固体（的场致、电致）发光	E48
			电－光和磁－光现象	E27
			巴克豪森效应	E3
			霍普金森效应	E55
			霍耳效应	E54
F26	探测辐射	热膨胀		E75
		热双金属片		E76
		发光体		E38
		感光材料		E45
		光谱		E50
		放射现象		E43
		反射		E41
		光生伏打效应		E51
F27	产生辐射	放电	电晕放电	E31
			电弧	E25
			火花放电	E53
		发光		E37
		发光体		E38
		固体（的场致、电致）发光		E48
		电－光和磁－光现象		E27
		耿氏效应		E46

续表

功能代码	实现的功能	TRIZ 推荐的科学效应和现象	科学效应和现象序号
F28	控制电磁场	电阻	E33
		磁性材料	E16
		反射	E41
		形状	E86
		表面	E7
		表面粗糙度	E8
F29	控制光	反射	E41
		折射	E97
		吸收	E84
		发射聚焦	E39
		固体（的场致、电致）发光	E48
		电 - 光和磁 - 光现象	E27
		法拉第效应	E40
		克尔现象	E61
		耿氏效应	E46
F30	产生及加强化学变化	弹性液	E19
		共振	E47
		驻波	E99
		振动	E98
		气穴现象	E69
		光谱	E50
		放射现象	E43
		X 射线	E1
		放电	E42
		电晕放电	E31
		电弧	E25
		火花放电	E53
		爆炸	E5
		电液压冲压，电水压振扰	E29

附录4　40个发明原理

原理1　分割（segmentation）原理，体现在三个方面：

（1）将物体分割为独立部分。比如，用个人计算机代替大型计算机；用卡车加拖车的方式代替大卡车；用烽火传递信息（分割信息传递距离）；在大项目中应用工作分解结构等。

（2）使物体成为可组合的（易于拆卸和组装）。比如，组合式家具；橡胶软管可利用快速拆卸接头连接成所需要的长度等。

（3）增加物体被分割的程度。比如，用软的百叶窗代替整幅大窗帘；电子线路板（PCB）表面贴装技术（SMT）中所使用的锡膏，主要成分是粉末状的焊锡，用这种焊锡替代传统焊接用的焊锡丝和焊锡条，从而大大地提升了焊接的透彻程度等。

原理2　抽取（extraction）原理，体现在两个方面：

（1）将物体中“负面”的部分或特性抽取出来。比如，由于压缩机用于压缩空气，所以将嘈杂的压缩机放在室外。

（2）只从物体中抽取必要的部分或特性。比如，用狗叫声作为报警器的报警声，而不用养一条真正的狗。

原理3　局部质量（local conditions）原理，体现在三个方面：

（1）将物体或外部环境的同类结构转换成异类结构。比如，采用温度、密度或压力的梯度，而不用恒定的温度、密度或压力。

（2）使物体的不同部分实现不同的功能。比如，带橡皮擦的铅笔；带起钉器的榔头；多功能的工具，不同部分可作为普通钳子、剥线钳、普通螺丝刀、十字螺丝刀和指甲修剪工具等使用。

（3）使物体的每一部分处于最有利于其运行的条件下。比如，快餐饭盒中设置不同的间隔区来分别存放热、冷食物和汤。

原理4　非对称（asymmetry）原理，体现在两个方面：

（1）用非对称形式代替对称形式。比如，非对称容器或者对称容器中的非对称搅拌叶片可以提高混合的效果（如水泥搅拌车等）；模具设计中，对称位置的定位销设计成不同直径，以防安装或使用中出错。

（2）如果对象已经是非对称，增加其非对称的程度。比如，将圆形的垫片改成椭圆形甚至特别的形状来提高密封程度。

原理5　合并（consolidation）原理，体现在两个方面：

（1）合并空间上的同类或相邻的物体或操作。比如，网络中的个人计算机；

并行处理计算机中的多个微处理器；合并两部电梯来提升一个宽大的物体（拆掉连接处的隔板）。

（2）合并时间上的同类或相邻的物体或操作。比如，把百叶窗中的窄条连起来；同时分析多项血液指标的医疗诊断仪器；现代冷热水龙头，调温通过转动完成，将过去的两个龙头合并为一个龙头。

原理6 普遍性（universality）原理：使得物体或物体的一部分实现多种功能，以代替其他部分的功能。比如，内部装有牙膏的牙刷柄；将汽车上的小孩安全座位转变成小孩推车；小组领导人充当记录员和计时员。

原理7 嵌套（nesting）原理，体现在两个方面：

（1）将第1个物体嵌入第2个物体，然后将这两个物体一起嵌入第3个物体，以此类推。比如，（一组）量杯（匙）；俄罗斯玩偶娃娃（俄罗斯套娃）。

（2）让物体穿过另一物体的空腔。比如，伸展天线；伸缩变焦镜头。

原理8 配重（anti－weight）原理，体现在两个方面：

（1）将一个物体与另一能产生提升力的物体组合，来补偿其重量。比如，在一捆原木中加入泡沫材料，使之更好地漂浮；用气球悬挂广告条幅。

（2）通过与环境（利用气体、液态的动力或浮力等）的相互作用实现物体重量的补偿。比如，飞机机翼的形状可以减小机翼上面的密度，增加机翼下面空气的密度，从而产生升力；水翼可使船只整个或部分浮出水面，减小阻力。

原理9 预先反作用（prior counteraction）原理，体现在两个方面：

（1）预先施加反作用。比如，在溶液中加入缓冲剂来防止高pH带来的危害。

（2）如果物体将处于受拉伸工作状态，则预先施加压力。比如，在浇注混凝土之前对钢筋进行预压处理。

原理10 预先作用（prior action）原理，体现在两个方面：

（1）事先完成部分或全部的动作或功能。比如，不干胶纸；卷状食品保鲜袋，事先在两个保鲜袋间切口，但保留部分相连，使用时可以轻易拉断相连部分等。

（2）在方便的位置预先安置物体，使其在第一时间发挥作用，避免时间的浪费。比如，停车位的咪表；柔性制造单元等。

原理11 预先应急措施（cushion in advance）原理：针对物体相对较低的可靠性，预先准备好相应的应急措施。比如，降落伞、消防设施；俄沙皇害怕敌人投毒害他，就每天服用少量的毒药培养抗毒性，后来他想服毒自杀，居然没有成功。

原理12 等势原则（equipotentiality）原理：在势能场中，避免物体位置的改变。比如，电子线路设计中，避免电势差大的线路相邻；在两个不同高度水域之间的运河上的水闸等。

原理 13　逆向思维（inversion）原理，体现在三个方面：

（1）颠倒过去解决问题的办法。比如，为了松开粘连在一起的部件，不是加热外部件，而是冷却内部件；把大山带到穆罕默德的面前来，而不是让穆罕默德到大山那里去等。

（2）使物体的活动部分改变为固定的，让固定的部分变为活动的。比如，旋转部件而不是旋转工具；健身跑步机等。

（3）翻转物体（或过程）。比如，通过翻转容器以倒出谷物；将杯子倒置，以便从下面喷水清洗。

原理 14　曲面化（spheroidality）原理，体现在三个方面：

（1）将直线、平面用曲线、曲面代替，立方体结构改成球体结构。比如，在建筑中采用拱形或圆屋顶来增加强度；结构设计中，用圆角过滤避免应力集中等。

（2）使用滚筒、球体、螺旋状结等结构。比如，圆珠笔的球状笔尖使得书写流利，而且提高了寿命。

（3）从直线运动改成旋转运动，利用离心力。比如，用洗衣机甩干衣物，代替原来拧干的方法。

原理 15　动态化（dynamicity）原理，体现在三个方面：

（1）使物体或其环境自动调节，以使其在每个动作阶段的性能达到最佳。比如，汽车的可调节式方向盘（或可调节式座位、后视镜等）。

（2）把物体分成几个部分，各部分之间可相对改变位置。比如，折叠椅、笔记本电脑等。

（3）将不动的物体改变为可动的，或具有自适应性。比如，用来检查发动机的柔性的内孔窥视仪；医疗检查中用到的柔性状结肠镜等。

原理 16　不足或超额行动（partial or excessive actions）原理：如果用现有的方法很难完成对象的 100%，可用同样的方法完成“稍少”或“稍多”一点，问题可能变得相当容易解决。比如，大型船只在制船厂的制造，往往先不安装船体上部的结构，以避免船只从船厂驶往港口的过程中受制于途中的桥梁高度，带船只达到港口后再安装上部的结构；油印印刷时，滚筒全表面涂布印油，印刷到纸张上的是需要的字体部分，其他的印油被蜡纸所阻挡；表面贴装技术的锡膏印刷工艺，锡膏印刷机的刮刀涂布是全面积的锡膏，而印刷到电路板上的只是钢网开孔对应的焊盘，其他的被钢网阻挡。

原理 17　一维变多维（shift to a new dimension）原理，体现在四个方面：

（1）将物体从一维变到二维或三维空间。比如，螺旋梯可以减少所占用的房屋面积。

（2）用多层结构代替单层结构。比如，多碟CD机可以增加音乐的时间，丰富选择。

（3）使物体倾斜或侧向放置。比如，自动装卸车。

（4）使用给定表面的“另一面”。比如，印制电路板经常采用两面都焊接电子元器件的结构，比单面焊接节省面积。

原理18 机械振动（mechanical vibration）原理，体现在五个方面：

（1）让物体处于振动状态。比如，电动剃须刀。

（2）对有振动的物体，则增加振动的频率（甚至到超声波）。比如，振动送料器。

（3）使用物体的共振频率。比如，用超声波共振来粉碎胆结石或肾结石。

（4）用压电振动器代替机械振动器。比如，石英晶体振荡驱动高精度的钟表。

（5）使用超声波和电磁场振荡耦合。比如，在高频炉里混合合金，使混合均匀。

原理19 周期性动作（periodic action）原理，体现在三个方面：

（1）用周期性动作或脉动代替连续的动作。比如，松开生锈的螺母时，用间歇性猛力比持续拧力有效。

（2）如果行动已经是周期性的，则改变其频率。比如，用频率调制来传送信息，而不用Morse编码。

（3）利用脉动之间的间隙来执行另一动作。比如，在心肺呼吸中，每5次胸腔压缩后进行呼吸。

原理20 有效作用的连续性（continuity of useful action）原理，体现在两个方面：

（1）持续采取行动，使对象的所有部分都一直处于满负荷工作状态。比如，在工厂里，使处于瓶颈地位的工序持续地运行，达到最好的生产步调。

（2）消除空闲的、间歇的行动和工作。比如，打印头在回程过程中也进行打印。

原理21 紧急行动（rushing through）原理：快速地执行一个危险或有害的作业。比如，牙医使用高速电钻，避免烫伤口腔组织；快速切割塑料，在材料内部的热量传播之前完成，避免变形。

原理22 变害为利（convert a harm into a benefit）原理，体现在三个方面：

（1）利用有害的因素（特别是对环境的有害影响）来取得积极效果。比如，用废弃的热能来发电；废品的回收二次利用。

（2）“以毒攻毒”，用另一个有害作用来中和以消除物体所存在的有害作用。比如，在腐蚀性的溶液中添加缓冲剂；在潜水中使用氦氧混合气，即消除空气或其他硝基混合物带来的氧中毒。

（3）加大有害因素的程度。比如，用逆火烧掉一部分植物，形成隔离带，来防止森林大火的蔓延。

原理 23　反馈（feedback）原理，体现在两个方面：

（1）通过引入反馈来改善性能。比如，音乐喷泉；系统过程控制中，用测量值来决定什么时候对系统进行修正。

（2）如果已经引入了反馈，则改变其大小和作用。比如，在机场 5 英里范围内，改变自动驾驶仪的灵敏度。

原理 24　中介物（mediator）原理，体现在两个方面：

（1）采用中介体传递或完成所需动作。比如，木匠的冲钉器，用在榔头和钉子之间；机械传动中的惰轮。

（2）把一个物体和另一个物体临时结合在一起（随后能比较容易地分开）。比如，用托盘把热盘子端到餐桌上。

原理 25　自服务（self-service）原理，体现在两个方面：

（1）使物体具有自补充和自恢复功能以完成自服务。比如，饮水机。

（2）利用废弃的资源、能量或物资。比如，麦秸或玉米秆等直接填埋作下一季庄稼的肥料。

原理 26　复制（copying）原理，体现在三个方面：

（1）使用更简单、更便宜的复制品代替难以获得的、昂贵的、复杂的、易碎的物体。比如，虚拟驾驶游戏机；听录音带而不亲自参加研讨会。

（2）用光学复制品或图形来代替实物，可以按比例放大或缩小图形。比如，用空间摄影技术进行调查，而不是实地进行；通过测量其照片来测量一个对象；产生生谱图来评估胎儿的健康状况，而不冒险采用直接测量的方法。

（3）如果可视的光学复制品已经被采用，进一步扩展到红外线或紫外线复制品。比如，用红外图像来检测热源，可以对农作物疾病或者安保系统中的入侵者。

原理 27　一次性用品（disposable objects）原理：用廉价的物品代替一个昂贵的物品，在某些质量特性上作出妥协（如使用寿命）。比如，使用一次性的纸用品，避免由于清洁和储存耐用品带来的费用，酒店里的塑料杯；一次性尿布；多种一次性的医疗用品。

原理 28　机械系统的替代（replacement of mechanical system）原理，体现在

四个方面：

（1）用感官刺激的方法代替机械手段。比如，用声学“栅栏”（动物可听见的声学信号）代替真正现实中的栅栏，来限制狗或猫的行动；在天然气中加入气味难闻的混合物，警告用户发生了泄露，而不采用机械或电器类的传感器。

（2）采用与物体相互作用的电、磁或电磁场。比如，为了混合两种粉末，用产生静电的方法使一种产生正电荷，另一种产生负电荷，用电场驱动它们，或者先用机械方法把它们混合起来，然后使它们获得电场，导致粉末颗粒成对的结合起来。

（3）场的替代。从恒定场到可变场，从固定场到随时间变化的场，从随机场到有组织的场。比如，早期通信中采用全方位的发射，现在使用有特定发射方式的天线。

（4）将场和铁磁离子组合使用。比如，铁磁催化剂呈现顺磁状态。

原理 29　气体与液压结构（pneumatics or hydraulic construction）原理：使用气体或液体代替物体的固体零部件，这些零部件可使用气体或水的膨胀，或空气和液体的静压缓冲功能。比如，充满凝胶体的鞋底填充物，使鞋穿起来更舒服；把车辆减速时的能量储存在液压系统中，然后在加速时使用这些能量。

原理 30　柔性外壳和薄膜（flexible “shells” or thin films）原理，体现在两个方面：

（1）使用柔性外壳和薄膜代替传统结构。比如，使用膨胀的（薄膜）结构作为冬天里网球场上空的遮盖；充气儿童城堡。

（2）用柔性外壳和薄膜把对象和外部环境隔开。比如，使贮水池上漂浮一层双极材料（一面亲水，一面厌水）来限制水的蒸发作用。

原理 31　多孔材料（porous materials）原理，体现在两个方面：

（1）使物体多孔或添加多孔元素（如插入、涂层等）。比如，机翼用泡沫金属；在一个结构上钻孔以减轻重量。

（2）如果一个物体已经是多孔的，则利用这些孔引入有用的物质或功能。比如，用多孔的金属网吸走接缝处多余的焊料；药棉。

原理 32　改变颜色（change the color）原理，体现在四个方面：

（1）改变物体或周围环境的颜色。比如，在冲洗照片的暗房中使用红色暗灯。

（2）改变难以观察的物体或过程的透明度或可视性。比如，感光玻璃；在半导体的处理过程中，采用照相平版印刷术将透明材料改成实心遮光板；在丝绢网印花处理中，将遮盖材料从透明改成不透明。

（3）采用有颜色的添加剂，使不易观察的物体或过程容易被观察到。比如，研究水流实验中，给水加入颜料。

（4）如果已经加入了颜色添加剂，则借助发光迹线追踪物质。

原理 33　同质性（homogeneity）原理：将物体或与其相互作用的其他物体用同一种材料或特性相近的材料制作。比如，使用与容纳物相同的材料来制造容器，以减少发生化学反应的机会；用金刚石制造钻石的切割工具。

原理 34　抛弃与再生（rejecting regenerating parts）原理，体现在两个方面：

（1）抛弃或改变物体中已经完成其功能和无用的部分（通过溶解、蒸发等手段）。比如，在药品中使用消溶性胶囊；火箭飞行中的分离抛弃。

（2）在过程中迅速补充物体所消耗和减少的部分。比如，自动铅笔；自动磨快割草机的刀片。

原理 35　物理/化学状态的变化（transform the physical/chemical state）原理：改变物体的物理/化学状态，浓度/密度，柔性，温度。比如，在制作甜心糖果的过程中，先将液态的夹心冰冻，然后浸入溶化的巧克力中，这样避免处理杂乱、胶粘的热液体；将氧气、氮气或石油气从气态转换为液态，以减小体积；液体肥皂是浓缩的，而且从使用的角度看比固体肥皂更有黏性，更容易分配合适的用量，当多人使用时也更加卫生；用可调节的消音器来降低货物装入集装箱时的噪声，主要是限制集装箱壁的振动；使橡胶硫化（硬化）来改变其柔韧性和耐久性；温度升高到居里点以上，将铁磁体改变成顺磁体；通过升高温度来加工食物（改变食物的味道、香味、组织、化学性质等）；降低医学标本的温度来保存它们，以用于今后的研究。

原理 36　相变（phase transformation）原理：利用物体相变转换时发生的某种效应或现象（如热量的吸收或释放引起物体体积变化）。比如，与其他大多数液体不同，水在冰冻后会膨胀，可以用于爆破；热力泵就是利用一个封闭的热力学循环中蒸发和冷凝的热量来做有用功的。

原理 37　热膨胀（thermal expansion）原理，体现在两个方面：

（1）利用热膨胀或热收缩的材料。比如，过盈配合装配中，冷却内部件使之收缩，加热外部件使之膨胀，装配完成后恢复到常温，内、外件就实现了紧配合装配。

（2）组合使用多种具有不同热膨胀系数的材料。比如，双金属片传感器，使用两种不同膨胀系数的金属材料并连接在一起，当温度变化时双金属片会发生弯曲。

原理 38　加速氧化（strengthen oxidation）原理，体现在四个方面：

（1）使用富氧空气代替普通空气。比如，水下呼吸器中存储浓缩空气，以保持长久呼吸。

（2）使用纯氧代替富氧空气。比如，用氧气－乙炔火焰做高温切割；用高压氧气处理伤口，既杀灭厌氧细胞，又帮助伤口愈合。

（3）使用电离射线处理空气或氧气时，使用电离子化的氧气。比如，空气过滤器通过电离空气来捕获污染物。

（4）用臭氧代替离子化的空气。比如，臭氧溶于水中去除船体上的有机污染物。

原理 39 惰性环境（inert environment）原理，体现在两个方面：

（1）用惰性气体环境代替通常环境。比如，用氩气等惰性气体填充灯泡，防止发热的金属灯丝氧化。

（2）在真空中完成过程。比如，在粉末状的清洁剂中添加惰性成分，以增加其体积，这样更易于用传统的工具来测量；真空包装。

原理 40 复合材料（composite materials）原理：从单一材料改成复合材料。比如，复合的环氧树脂/碳素纤维高尔夫球杆更轻，强度更好，而且比金属更具有柔韧性，用做航空材料时也是相同的情况；玻璃纤维制成的冲浪板更轻、更容易控制，而且与木制的相比更容易做成各种不同的形状。

附录 5　标准解法①

第 1 级标准解法：不改变或仅少量改变系统（2 个子级，13 种标准解）					
标准解编号	问题描述	问题模型		解决方案模型	案例
1.1	建立物 – 场模型				
1.1.1 完善系统三要素	在建立物 – 场模型时，如果发现仅有一种物质 S_1，那么就要增加第二种物质 S_2 和一个相互作用的场 F，才可以使系统具备必要的功能	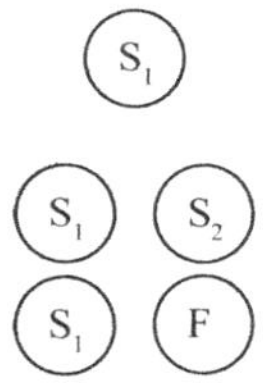		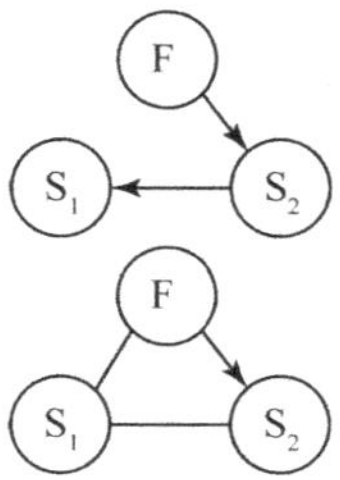	1. 用锤子（S_2）锤钉子（S_1），如果一个系统中只有锤子，或只有一个锤子和钉子，什么也做不了。作为一个完整的系统，必须有锤子、钉子和锤子作用于钉子上的机械场（F），才能实现钉钉子的功能 2. 卡车没有燃料不会移动，作为一个完整的系统，必须有卡车，燃料，燃料的化学能量转换成的卡车的机械能，卡车才能动 3. 在有些组织中，单个人办不成什么事。这个系统中必须以原来的个人（S_2）以有说服力的论据（F）对其他人（S_1）采取行动
1.1.2 建立内部复杂的物—场模型	如果系统中已有的对象无法按照需求改变，可以在 S_1 或者 S_2 中引入一种内部添加物，帮助系统实现功能	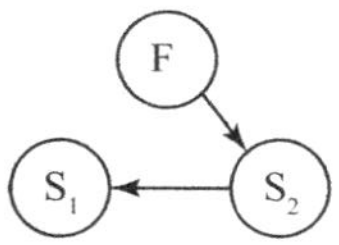		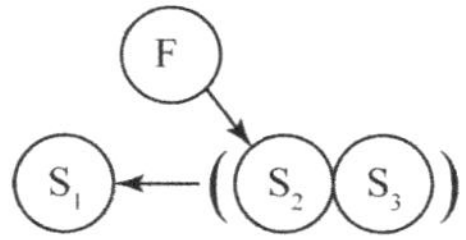	1. 添加炉渣颗粒可减少混凝土的密度 2. 掺杂硅片会更改属性 3. 烘焙（提高发酵系统） 4. 添加碳酸氢氨增加面包层数。 5. 加入发酵粉，以提高酵母效力 6. 摄入维生素 C（对人），以增强免疫力

① 参考赵敏、史晓凌、段海波编著的《TRIZ 入门及实践》（2009 年，科学出版社）第七章说明标准解的表格形式并采用了书中部分案例。本书尽可能多地罗列案例，以方便读者理解

续表

标准解编号	问题描述	问题模型		解决方案模型	案例
1.1.3 建立外部复杂的物－场模型	条件与 1.1.2 同，可以在 S_1 或者 S_2 中引入一种永久或者临时的内部添加物 S_3，帮助系统实现功能	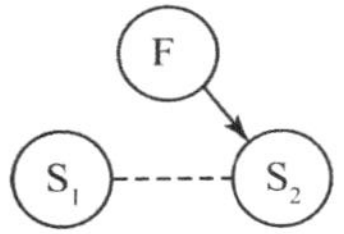		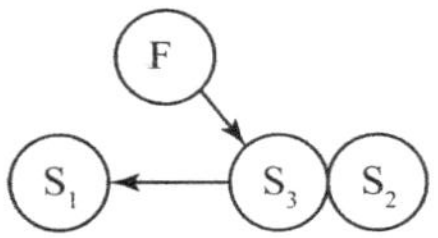	1. 可以通过在滑雪橇上涂蜡（S_3），来改善滑雪橇（S_2）和雪（S_1）所组成的技术系统的功能 2. 如果货物会由于卡车的运动而损坏，那么就在货物周围添加缓冲物，如泡沫包装
1.1.4 引入环境的物－场模型	条件与 S1.1.2 同，如果不允许在物质的内部引入添加物，可以利用环境中已有的资源实现需要的变化	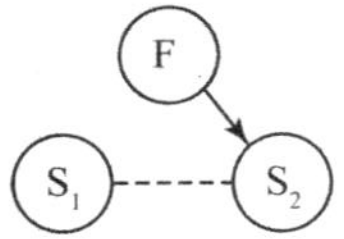		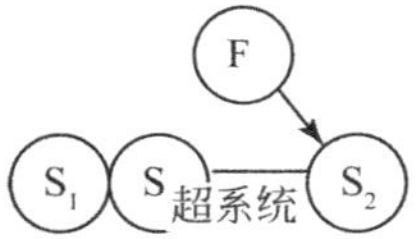	航道中的航标（S_1）波动太厉害的话，可以用海水（$S_{超系统}$）作为镇重物
1.1.5 引入环境和添加物的物－场模型	条件与 S1.1.2 同，如果不允许物质的内部或外部引入添加物，可以通过在环境中引入添加物来解决问题	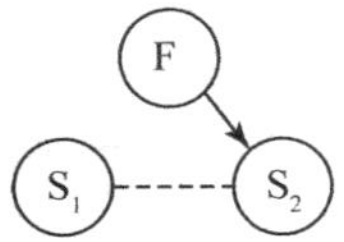		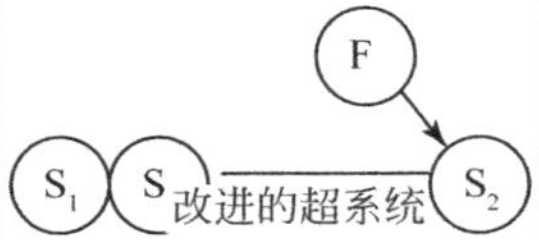	办公室的电脑设备（S_2）发热量较大，造成室温增加。可在办公室内（S_1）安装空调（$S_{进行的系统}$）来调节室温
1.1.6 最小模式	有时很难精确地达到需要的量，通过多施加需要的物质，然后再把多余部分去掉	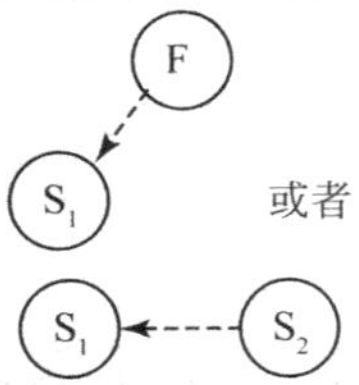		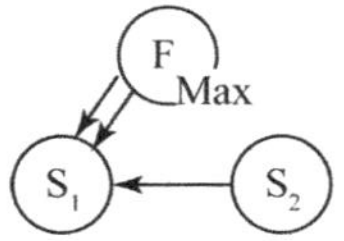	1. 在涂料时常常先多施加，再利用离心力移除 2. 将柄浸入油漆然后让重力消除过量的油漆 3. 在一个方框中倒入混凝土，溢满，然后抹掉多余的，就能很好地控制高度以及得到一个很平的平面 4. 将刻印板填满油墨，在纸张放在上面之前用刮刀刮除多余部分

续表

标准解编号	问题描述	问题模型		解决方案模型	案例
1.1.7　最大模式	若由于各种原因不允许达到要求作用的最大化，那么让最大化作用通过另一个物质 S_2 传给 S_1	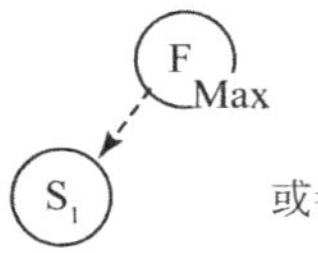 或者 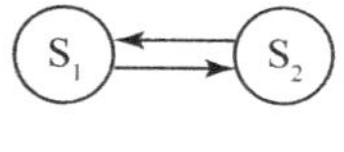		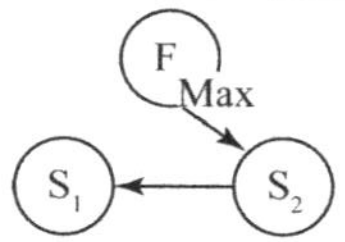	1. 厨房普遍使用的蒸锅就是个例子。不能直接将食物放到火上烤，先加热蒸锅内的水，蒸锅内的温度就不会超过沸腾的水的温度 2. 一个为预压力的钢筋混凝土拉伸铁棍的方法是，加热铁棍直到它延长到所需要的长度。然后将铁棒被固定在适当位置，在混凝土浇灌前冷却下来
1.1.8 引入保护性物质/引入加强场的物质	1.1.8.2 如果系统中部分区域需要某种场效果，而其他地方需要很弱甚至不需要，而这个场很强，则在需要较弱作用或不需要场作用的地方引入物质起屏蔽保护作用 1.1.8.2 如果系统中部分区域需要某种场效果，而其他地方需要很弱甚至不需要这个场，而这个场较弱，则在需要强作用场的地方引入物质起加强场的作用	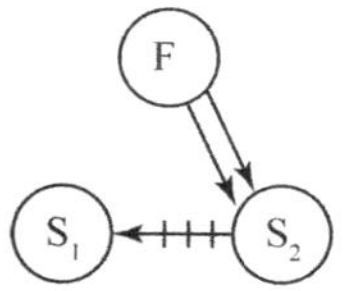		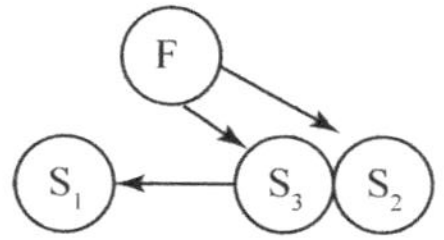	1. 以火焰给小玻璃药瓶（S_2）封口，因为火焰热量很高，因而会使瓶内药物（S_1）分解。但如果将药瓶盛着药物的部分放在水里（S_3），就可使药物在安全温度之内，免受破坏 2. 在焊接过程中运用散热器来保护那些可能被高温破坏的部分
1.2	消除或中和系统内的有害影响				

续表

标准解编号	问题描述	问题模型		解决方案模型	案例
1.2.1 引入外部物质消除有害效应	如果在物－场模型的两个物质间同时存在着有用和有害作用，此时如果无法限制两物质的接触，则可以通过在这两物质间引入无成本的第三种物质 S_3 来解决问题	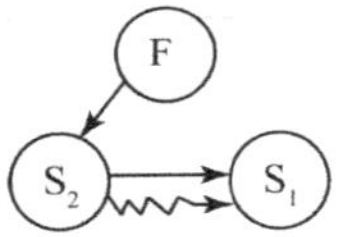		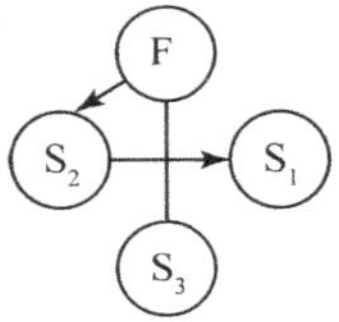	医生需要用手（S_2）给病人（S_1）进行手术。带上无菌手套（S_3）以消除病菌
1.2.2 通过改进现有物质来消除有害效应	同1.2.1，但是不可以引入新的物质，则可以通过改变 S_2 或者 S_1 来消除有害作用。如利用空穴、真空、气泡、空气、泡沫等	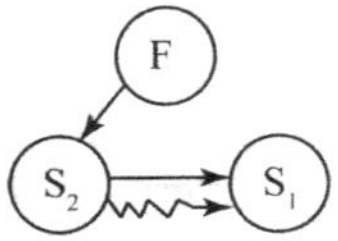		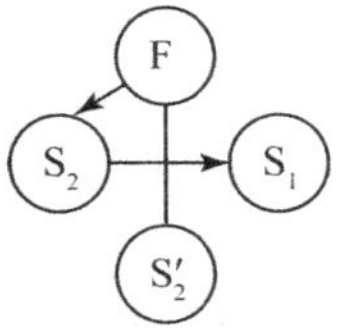	1. 面料中有通风口和兜盖的防风雨伞减少了空气摩擦，可保护雨伞
1.2.3 通过消除场的有害作用来消除有害关系	如果由某个场对物质 S_1 产生了有害作用，则引入物质 S_2 来吸收有害作用以解决问题	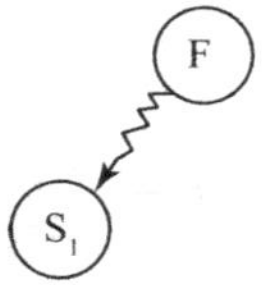		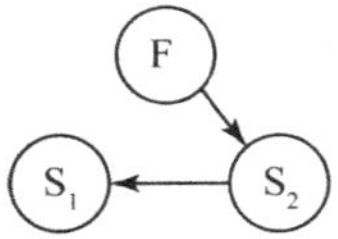	1. 铅挡板可用来保护病人身体的其他部分免受X-射线照射的，铅屏蔽墙可用来保护技术员免受到辐射 2. 放在木板上的电子元件产生的热量会导致木板弯曲，在元件上放置一块散热片使热量散到空气中

续表

标准解编号	问题描述	问题模型		解决方案模型	案例
1.2.4 用场 F_2 来抵消有害作用	系统中同时存在有用作用和有害作用，而且 S_1、S_2 必须直接接触，这个时候，通过引入 F_2 来抵消 F_1 中的有害作用，或将有害作用转换为有用作用	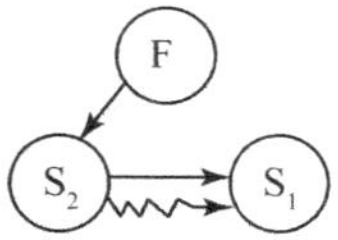		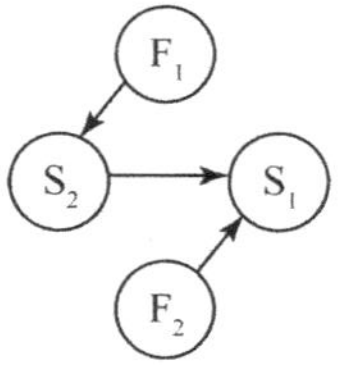	1. 抽水系统引起噪声。水即为 S_1，水泵即为 S_2，作用场即为机械场 F_1。引入一个能产生超过噪声相位 180 度的声音的声场 F_2 来抵消噪声 2. 外科手术修复肌腱撕裂时，腿必须被固定。绷带（S_2）作用于腿（S_1），起到固定的作用（机械场 F_1）。但是肌肉长期不用将会萎缩，在物理治疗阶段向肌肉加入一个脉冲电场（F_2）用于防止肌肉的萎缩
1.2.5 “关闭”磁影响	系统内的某部分的磁性质可能导致有害的影响。可以通过加热这一磁性物体至居里点以上来消除其磁性，或者引入一种相反磁场	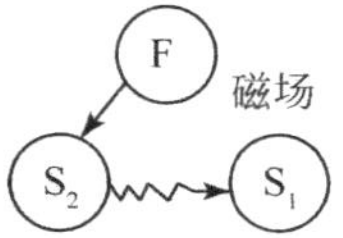		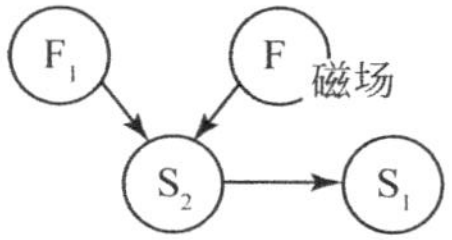	1. 汽车和飞机上通常安装一个指南针作为导航帮助。由于有干扰，指南针可能会指示错误。可以通过将一个小的稳定的磁场安置到指南针中来减少干扰 2. 让带铁磁介质的颗粒在旋转磁场的作用下打磨工件的内表面。如果工件本身带磁性，则会影响到加工工程。解决方案是提前将工件加热到居里温度以上进行消磁处理

第 2 级标准解法：改变系统（4 个子级，23 种标准解）

标准解编号	问题描述	问题模型		解决方案模型	案例
2.1	向复杂的物－场模型转化		⇨		

续表

标准解编号	问题描述	问题模型		解决方案模型	案例
2.1.1 链式物-场模型	将单一的物-场模型转化成链式模型。转化的方法是引入一个 S_3，让 S_2 产生的场 F_2 作用于 S_3，同时，S_3 产生的场 F_1 作用于 S_1	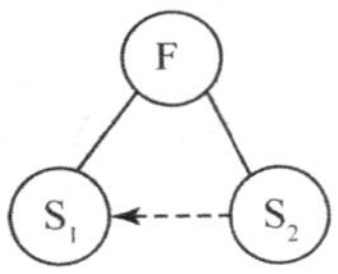		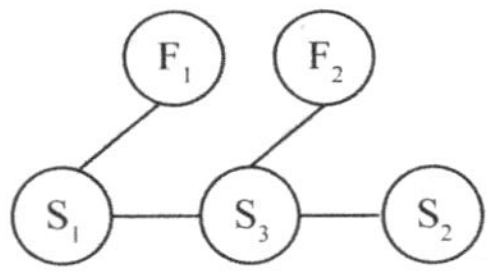	人们用锤子砸石头可以分解巨石。在锤子（S_2）和岩石（S_1）之间加入一个凿子（S_3）。锤子的机械场（F_2）传递给凿子，然后凿子的机械场（F_1）再传递给岩石
2.1.2 双重物-场模型	现有系统的有用作用 F_1 不足，需要改进，但是禁止引入新的元件。这时，可以通过加第二个易控制的场（F_2）建立一个双重的物-场模型以增强 F_1 的作用	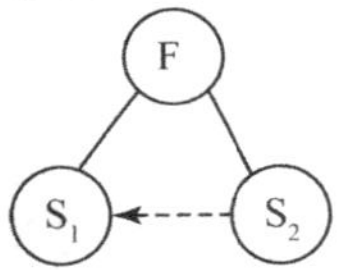		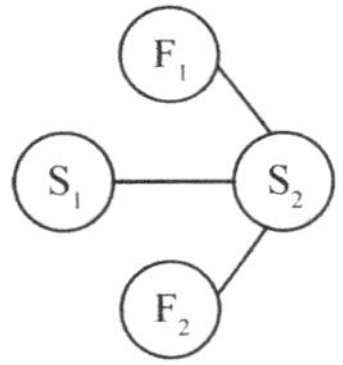	用电镀法生产铜片，在铜片表面会残留少量的电解液（S_1）。用水（S_2）清洗（F1）不能有效去除这些电解液。加入第二个场（在洗涤过程中加入机械振动或在超声波清洗池中声清洗）可以改善洗涤的效果
2.2	增强物-场模型				
2.2.1 使用更可控制的场	对可控性差的场，可以通过使用更容易控制的场来替换：由重力场变为机械场或由机械场变为电磁场。其核心是由物理接触变到场的作用	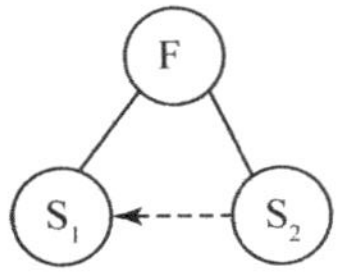		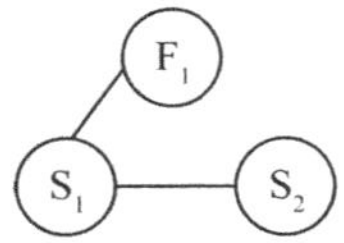	1. 用电机或电子系统替换液压控制系统 2. 用电子控制器替换重力流控制静脉注射。进一步利用从病人血液中的传感器反馈来的信息控制药物的输送
2.2.2 物质 S_2 的分裂	提前完成工具功能的物质的分裂	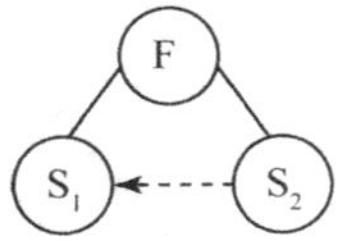		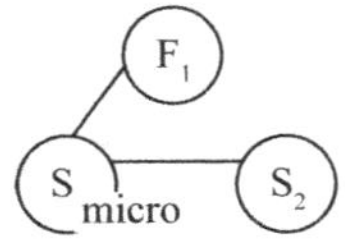	1. 设计使重力分布在不规则的表面的支持系统是很困难的，而充有液体气囊则可以均匀承受荷载 2. 汽车座椅是几个空气囊填充的，这样可以自动调节身体与座椅接触面 3. 填充料（聚苯乙烯泡沫塑料或花生或玉米花或者其他轻巧小颗粒）可以很好地自动填满容器的空白区域

续表

标准解编号	问题描述	问题模型		解决方案模型	案例
2.2.3 使用毛细管和多孔的物质	改变 S_2 成为允许气体或液体通过的多孔的或具有毛细孔的材料	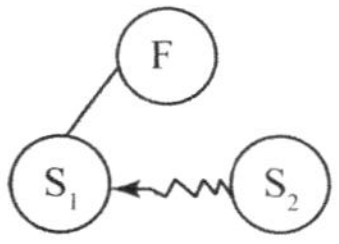		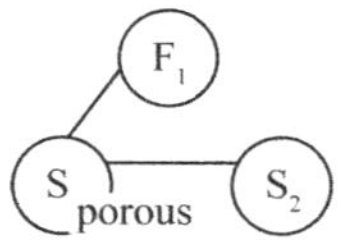	1. 水净化器使用微孔设计来阻挡过滤细菌、杂质 2. 书写工具经历一个从单一的毛细管结构（鹅毛笔、钢笔）到滚珠（圆珠笔）到多毛细管结构到多孔球体结构
2.2.4 动态性	如果质－场系统中具有刚性、永久和非弹性的元件，尝试让系统具有更好的柔韧性、适应性、动态性来改善效率。通常的做法是由刚性变成一个铰接，或称为连续柔性系统	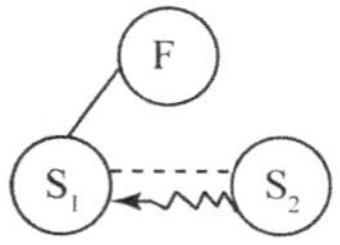		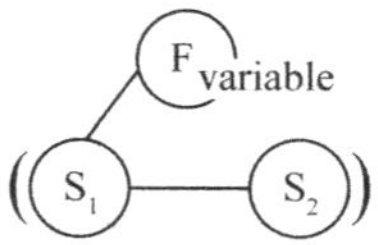	1. 许多提供客户定制的工厂，可以灵活生产出任何数量不同配置的产品 2. 风帆有收帆点，因此可以针对各种类型的风。一个滚动的收帆系统则可以不断调整风帆
2.2.5 结构化场	用动态场替代静态场以提高物－场系统的效率	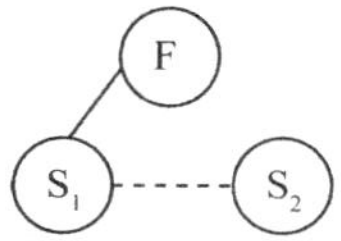		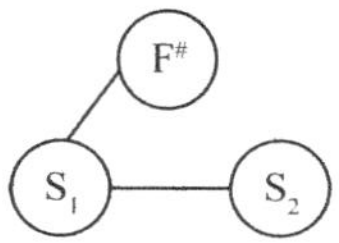	1. 超声波焊接用调谐器使振动集中到的一个小区域 2. 利用偏振光改善高强光环境下图像的清晰度
2.2.6 结构化物质	将单一物质或不可控物质变成确定空间结构的非单一物质，这种变化可以是永久的或临时的	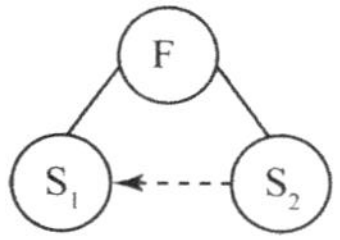		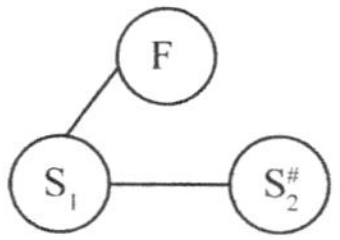	从均质固体切削工具（S_2）向多层复合材料、自锐化切削工具转变可以增加成品的数量且改善质量
2.3	改变频率				

续表

标准解编号	问题描述	问题模型		解决方案模型	案例
2.3.1 使F和S_1或S_2的自然频率匹配或不匹配	将场的频率与物质S_1或S_2的频率匹配或不匹配	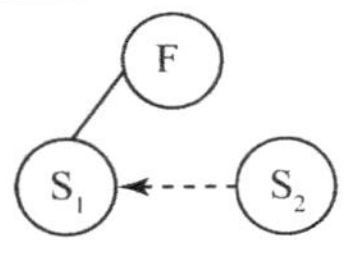		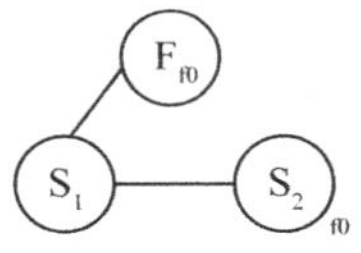	1. 制造业中的振动送料器。该系统通过调整共振频率将物料通过一个斜坡运送到储藏库 2. 采用与肾结石频率相同的超声波可以粉碎结石，无痛排出 3. 将枪管振荡频率与子弹固有频率保持一致可以提高步枪射击的精度
2.3.2 匹配F_1和F_2的频率	让场F_1和F_2的频率相互协调与匹配	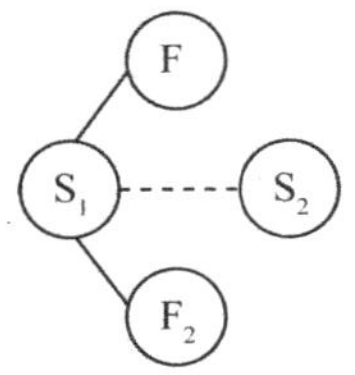		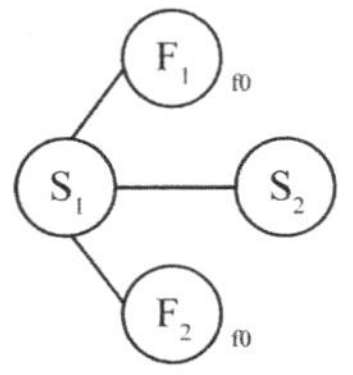	机械振动可以采用与之反相的机械场来抵消
2.3.3 两个不相容或独立的动作可相继完成	两个不兼容的或独立的动作可以在让一个动作在另一个动作停止的间歇进行	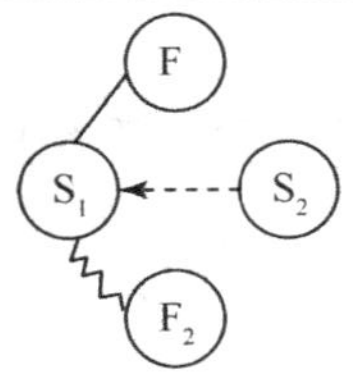		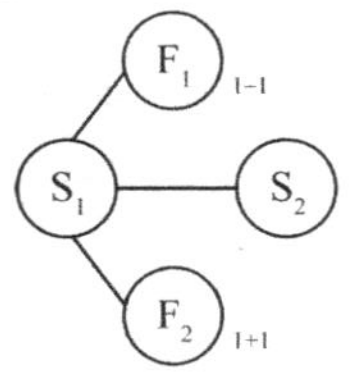	在居民休假期间做建筑的维修工作
2.4	建立铁磁场模型				
2.4.1 预铁－物模型	在物－场中加入铁磁物质和磁场	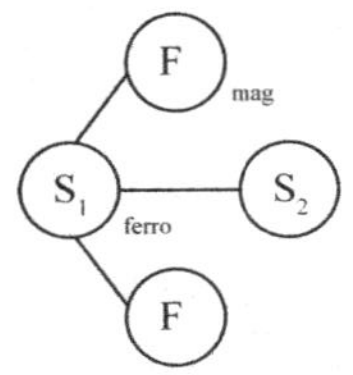		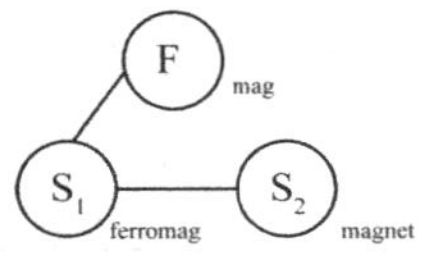	1. 磁悬浮列车 2. 用磁铁代替图钉或者胶带将海报贴在某物的表面

续表

标准解编号	问题描述	问题模型		解决方案模型	案例
2.4.2 将 2.2.1 与 2.4.1 结合，利用铁磁材料和磁场	结合标准解法 2.2.1（使用更可控制的场）和 2.4.1（使用铁磁材料结合在一些	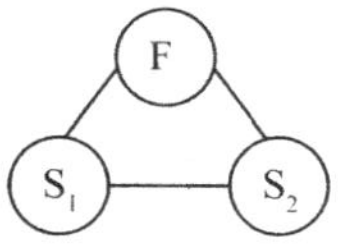		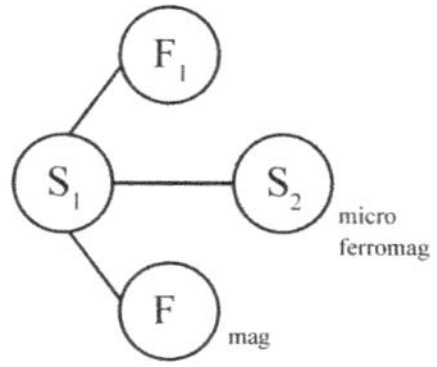	1. 橡胶模具的刚度可以通过加入铁磁材料，通过磁场来进行控制 2. 原子力显微镜可以使分子（金属和半导体）沉积在金的表面，像墨水沉积在纸上一样
2.4.3 磁流变液①	这种解法是标准解法 2.4.2 的特殊情形。磁性液体是胶质铁磁颗粒悬浮在煤油、硅脂、水中等制成的溶液	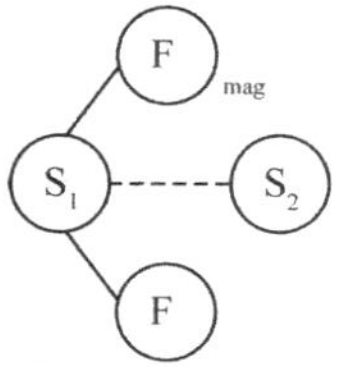		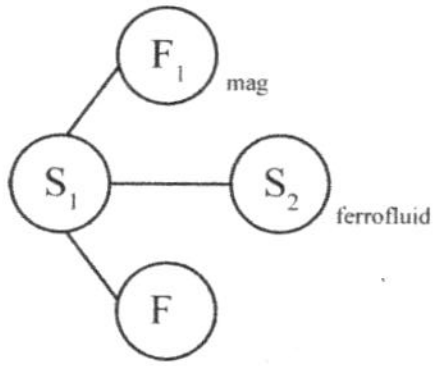	1. 磁流体的密封门，密封门以特定居里点的磁流体材料填充。当温度低于居里点②时，门就会被密封。温度高于居里点门就会打开 2. 目前，磁流变液已经开始应用于研磨（抛光）工艺、阀门和密封、家庭健身器、机械手的抓持机构、装配车间不规则形体的依托架，以及自动化仪表、机器人的传感器和采矿、印刷等行业

① 磁流变液（magnetorheological fluid，MR）属可控流体，是智能材料中研究较为活跃的一支。磁流变液是由高磁导率、低磁滞性的微小软磁性颗粒和非导磁性液体混合而成的悬浮体。这种悬浮体在零磁场条件下呈现出低黏度的牛顿流体特性；而在强磁场作用下，则呈现出高黏度、低流动性的 Binghan 体特性。由于磁流变液在磁场作用下的流变是瞬间的、可逆的，而且其流变后的剪切屈服强度与磁场强度具有稳定的对应关系，因此是一种用途广泛、性能优良的智能材料

② 居里点（the Curie temperature）也称居里温度或磁性转变点，是指材料可以在铁磁体和顺磁体之间改变的温度，即铁电体从铁电相转变成顺电相的相变温度。也可以说是发生二级相变的转变温度。低于居里点温度时该物质成为铁磁体，此时和材料有关的磁场很难改变。当温度高于居里点温度时，该物质成为顺磁体，磁体的磁场很容易随周围磁场的改变而改变。这时的磁敏感度约为 10^{-6}。

续表

标准解编号	问题描述	问题模型		解决方案模型	案例
2.4.4 在铁－场模型中应用毛细管结构	应用含有铁磁材料或铁磁液体的毛细管结构	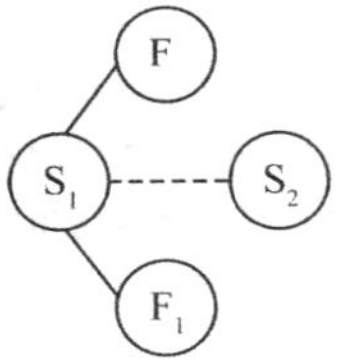		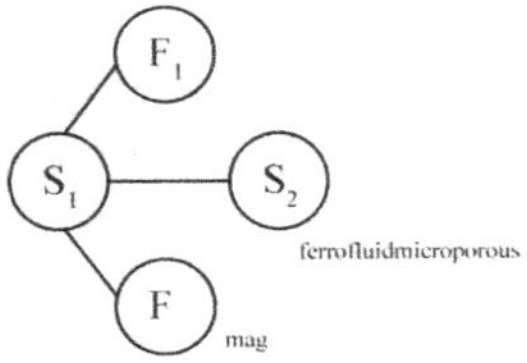	过滤器的过滤管是用铁磁颗粒填充的，形成毛细多孔的结构，利用磁场可以控制过滤器内部的结构
2.4.5 建立复杂的铁磁场模型	如果原来的物－场模型中，禁止使用铁磁物质代替原来某种物质，可以使用某种添加剂（如外壳）而使原来非磁性的材料磁性化，可能是临时的也可能是永久的	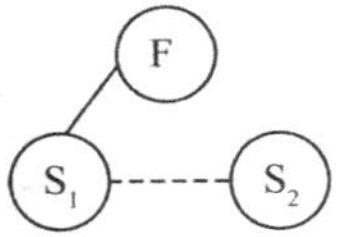		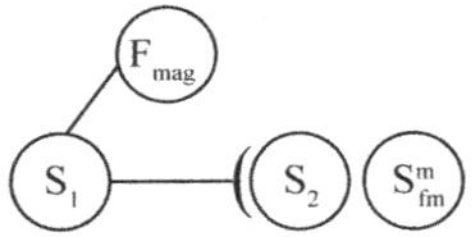	为了让药物分子到达身体需要的确切位置，在药物分子上附加铁磁微粒。并且在外界磁场的作用下，引导药物分子到达特定的位置
2.4.6 引入环境的铁磁场模型	在 2.4.5 的基础上，如果不能使对象磁性化，可以在环境中引入磁铁材料，用磁场（F_{MAC}）改变环境（$F_{supersystem}$）的参数	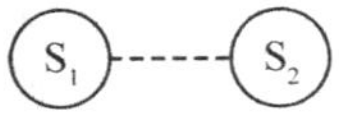		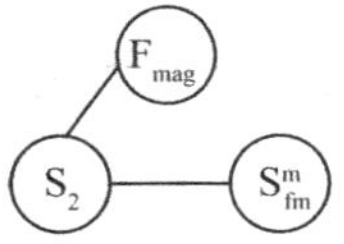	将一个内部有磁性颗粒物质的橡胶垫摆放在汽车的上方。这个垫子可以保证在修车时，工具能被吸附住而随手可得。这样就不需要人们在汽车外壳内填入防止工具滑落的铁磁物质了
2.4.7 应用物理效应和现象	如果采用了铁磁场系统，应用物理效应可以增加其可控性	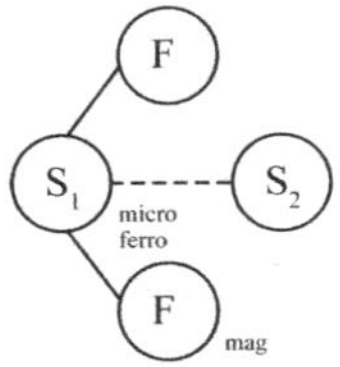		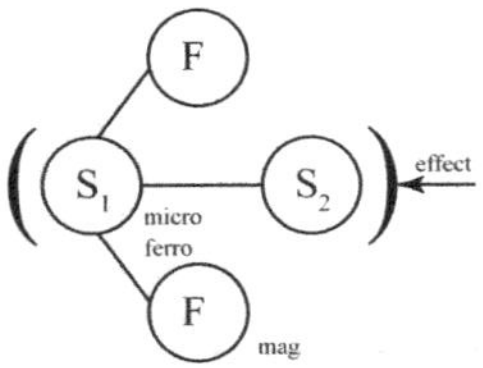	磁共振成像：利用人体组织中某种原子核的核磁共振现象，将所得射频信号经过电子计算机处理，重建出人体某一层面的图像的诊断技术

续表

标准解编号	问题描述	问题模型		解决方案模型	案例
2.4.8 动态化	使用一个动态的，可变或者能自我调节的磁场	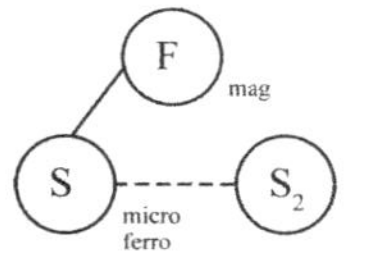		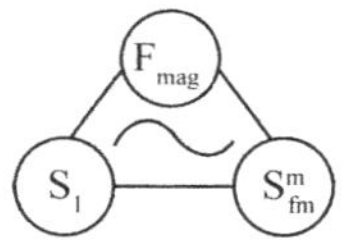	1. 将表面有磁性微粒的弹性球体放在一个不规则的空心物体内部来测量其壁厚，通过放在外部的感应器来控制这个磁性球，使其与测控新物体的内壁紧紧贴合在一起，从而实现精确测量的目的 2. 衡量人的横隔膜的运动，把一种磁材料放到隔膜的外面，并在当磁性材料的周围放置一线圈。由于铁磁材料的动作，线圈中会产生电流，从而记录隔膜运动的信息
2.4.9 结构化	以用结构化的磁场来更好地控制或移动铁磁物质颗粒	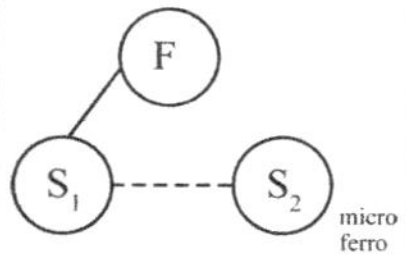		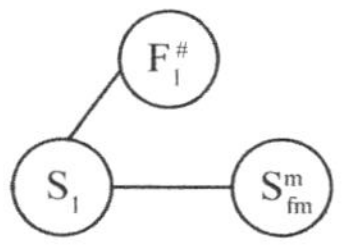	可以在聚合物中掺杂传导材料来提高其传导率，如果材料是磁性的，可以通过磁场来排列材料的内部结构，这样使用的材料很少，而传导率更高
2.4.10 在铁磁场模型中匹配节奏	在铁磁场模型中匹配节奏。在宏观系统中，利用机械振动来以加强铁磁颗粒的运动。在分子和原子级别，利用测量对磁场发生响应的电子的共振频率频谱来测定物质的组成	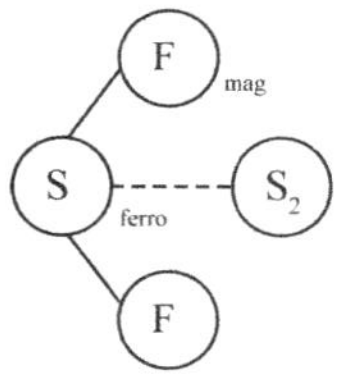		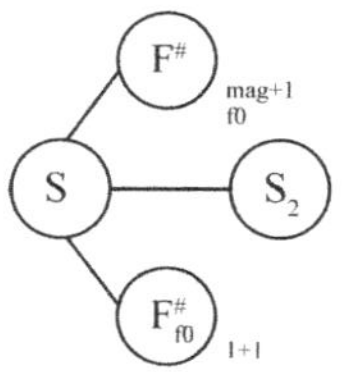	电子自旋共振 ESR 的应用

续表

标准解编号	问题描述	问题模型		解决方案模型	案例
2.4.11 电－场模型	利用电流来产生磁场，而不是应用磁性物质。	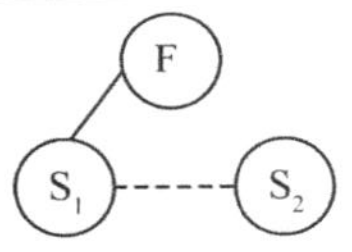		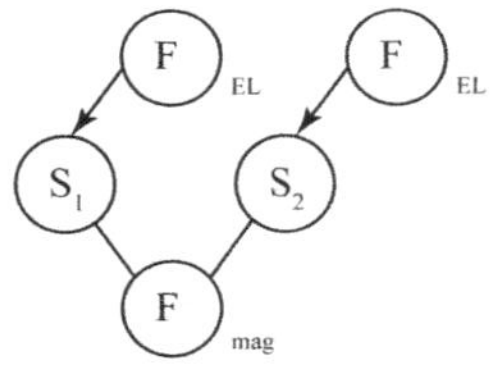	电磁铁有许多优点：电磁铁磁性的有无可以用通、断电流控制；磁性的大小可以用电流的强弱或线圈的匝数来控制，也可改变电阻控制电流大小来控制磁性大小；它的磁极可以由改变电流的方向来控制，等等。电磁铁在日常生活中有极其广泛的应用，与生活联系紧密，如电磁继电器、电磁起重机、磁悬浮列车等
2.4.12 电流变液①	如果磁流变液不能使用，可应用电流变液	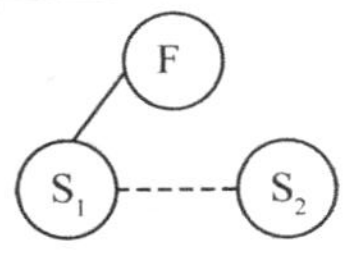		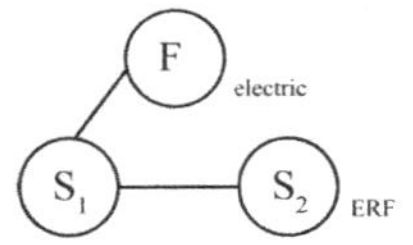	ER 称为智能材料，是由于它具有受控变化的品质，其屈服应力、弹性模量能够按照控制者的意志产生变化。早期的 ER 性能较差，20 世纪 80 年代末 ER 材料的研究得到突破，使它有可能逐渐获得广泛的应用

第 3 级标准解法：向超系统或微观级转换（2 个子级，6 种标准解）

标准解编号	问题描述	问题模型		解决方案模型	案例
3.1	向双系统和多系统转化		⇨		

① 电流变液（electrorheological fluids，ER），在通常条件下是一种悬浮液，它在电场的作用下可发生液体－固体的转变。当外加电场强度大大低于某个临界值时，电流变液呈液态；当电场强度大大高于这个临界值时，它就变成固态；在电场强度的临界值附近，这种悬浮液的黏滞性随电场强度的增加而变大，这时很难说它是呈液态还是呈固态

续表

标准解编号	问题描述	问题模型		解决方案模型	案例
3.1.1 创建双元和多元系统	系统转化 1a：创建双和多系统	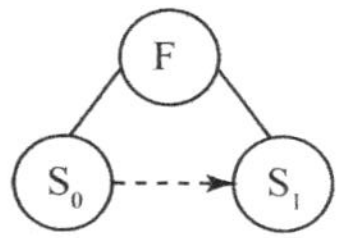		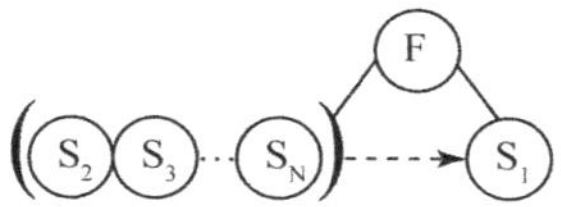	1. 加工薄玻璃板零件前，将薄玻璃片叠成块再加工，比单层加工的破损量更小 2. 水电站大坝有多个门和发电机
3.1.2 加强双元和多元系统内的链接	改变双系统或者多系统之间的链接	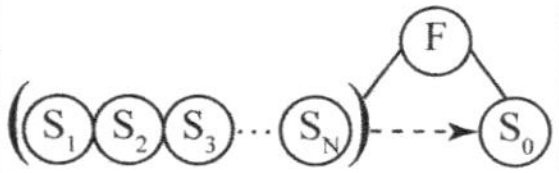		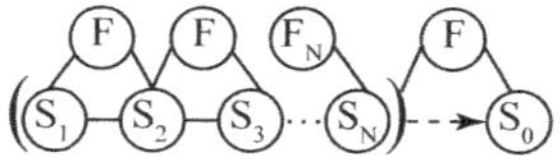	1. 视频/音频录音系统。视频和音频轨道，必须协调录音。这在模拟照相上是很难实现的，但在数码相机上却是自动的 2. 多个工人一起来移动沉重的东西式，很难同步他们的工作，采用刚性装备把他们的手连接起来
3.1.3 加大元素间的差异	系统转化 1b：增加元素之间的差异性	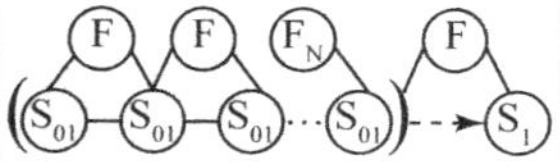		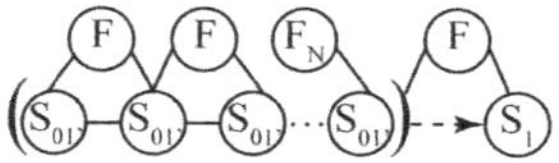	1. 订书机具有许多不同型号和不同深度的订书钉。在订书机上加入一个起钉器，使得订书机的作用更加丰富 2. 复印机可以用来打印不同类型的文件，使用不同的媒介（纸、牛皮纸、透明玻璃纸等），装订一个文档的不同部分可以采用不同的材料 3. 多用笔上同时有在电子屏幕上书写的铁笔、圆珠笔，甚至可能有更多的功能，如橡皮、铅笔等 4. 偏振光眼镜（polaris cope）

续表

标准解编号	问题描述	问题模型		解决方案模型	案例
3.1.4 双元和多元系统的简化	经过进化后的双系统和多系统再次简化成为单一系统	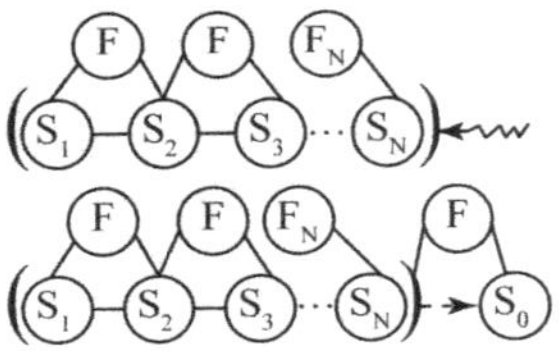		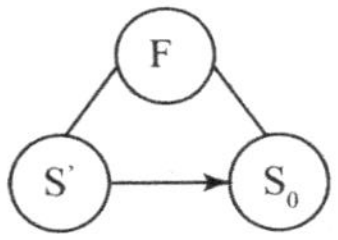	1. 眼镜的功能不外乎两种：一种是矫正视力，使人能看清远处或近处景物，另一种是减少强烈光线对眼镜的刺激，从而起到保护眼睛的作用。前者由近视或远视眼镜承担，后者由太阳眼镜完成。随着科学技术的发展，现在人们发明了一种集两种功能于一体的眼镜——变色眼镜。这种眼镜在室外（或阳光下）光线强烈照射时，镜片颜色会渐渐变深，可以保护眼镜免受强光刺激；进入室内，光线减弱，镜片颜色渐渐变浅，保证了对景物的正常观察 2. 和功能单一、控制复杂早期相机相比，现代相机集成了自动对焦、变焦、闪光灯、自动曝光、胶片装卸等功能，是一种新的单系统
3.1.5 系统整体或部分的相反特性	系统转化1c：部分或整体表现相反的特性或功能	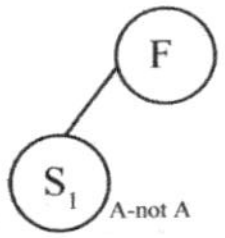		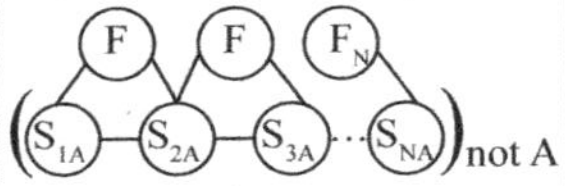	1. 自行车链条刚性的，但是总体上是柔性的 2. 单个的单细胞藻类生命短暂，但整个菌落长期存活着。同样，单只蜜蜂只能存活短暂的一个季节，但是蜜蜂群落却能存活很多年
3.2	向微观级转化				

续表

标准解编号	问题描述	问题模型		解决方案模型	案例
3.2.1 向微观级转化	系统进化方式：转化到微观级别	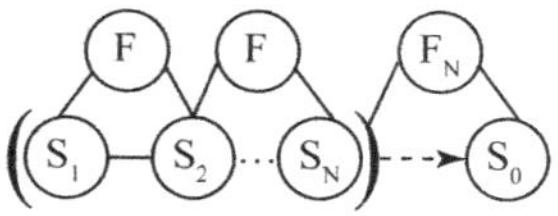		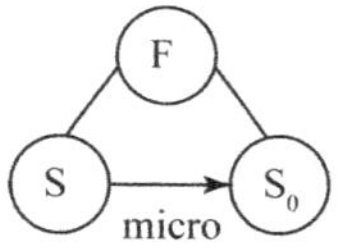	1. 计算机的发展进化 2. 打印机从9针点阵到24针点阵到100点/英寸喷墨或激光打印机，到1200点/英寸（廉价消费品打印机）更高的（每英寸数千点数的商业打印机）

第4级标准解　检测/测量的17条标准解

标准解编号	问题描述	问题模型		解决方案模型	案例
4.1	间接方法		⇨		
4.1.1 以系统改变代替检测或测量	修正改善系统，原本需要测量的系统，现在不再需要测量	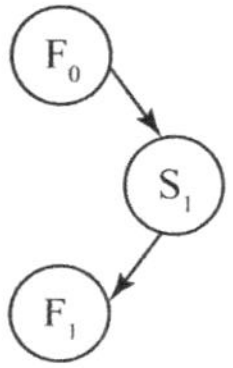		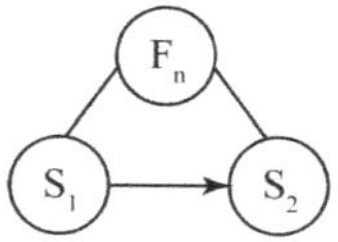	1. 在音乐盒中加入一个旋转的调节器来控制转片的速度和曲调的同步。但是调节器的速度受到空气阻力的限制。在这里就不需要去测量速度，因为调节器自动地调试到准确的速度 2. 燃气输送系统有时要求输送精确计量数量的燃气。可以在管道口加入一个孔状的装置，限制流量到可接受的最大程度而忽略驱流压力 3 热力系统的自动调控装置可以通过热电偶或者双金属条来触发

续表

标准解编号	问题描述	问题模型		解决方案模型	案例
4.1.2 应用拷贝	如果4.1.1的解法不能使用，用针对对象复制品、图像或图片的操作替代针对对象本身的操作	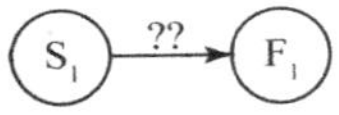		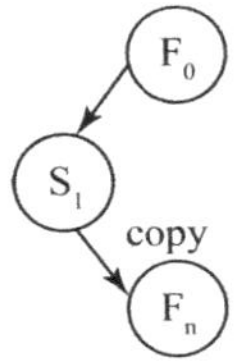	1. 比测器是一个用来精确测量物体投影图像（阴影）的仪器。通常情况下，这种物体很难进行直接测量。如柔韧物体或者那些表面不规则的物体 2. 地图的原理
4.1.3 利用两个测量值代替一个连续测量	如果4.1.1或者4.1.2不能使用，用两次间断测量代替连续的测量	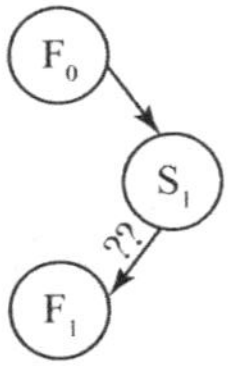		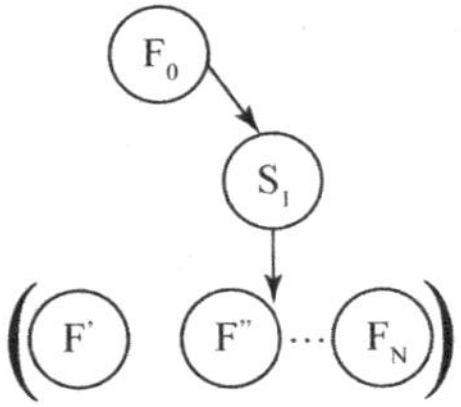	为了安装，有时必须知道一个柔韧物体的真实直径。可以通过测量它的最大直径和最小直径确定其变化范围来进行判断
4.2	建立新的测量系统，将一些物质或者场加入到已有的系统中				
4.2.1 测量物-场模型的合成	如果原物-场模型不完整而导致不能被检测或测量，那么需要通过完善基本物-场模型或建立双物-场结构来求解	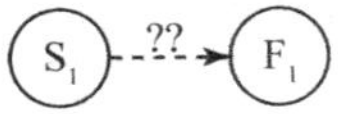		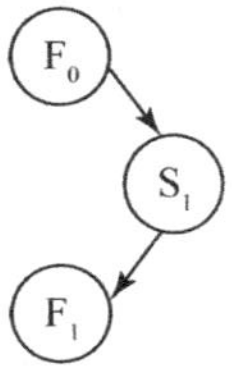	1. 自行车轮胎上的漏气孔的具体位置很难发现，可以先给轮胎填充水，然后把胎放在水中，稍微施加压力，出现空气泡的地方就是漏气的地方 2. 现在生产的塑料食品储存袋是用封口条儿密封，在密封之前，把食品放在里面并且排出空气。但是很难知道封口条儿是否完成密封得当。如果封口条的两侧部分填充两种不同的颜色（比如蓝色和黄色），当把它们闭合后，产生一个不同的颜色（绿色）（在视觉可见的范围内）则可以判断是否完全密封 3. 听诊器的原理

续表

标准解编号	问题描述	问题模型		解决方案模型	案例
4.2.2 合成测量的物－场模型	测量引入的添加物。如引入的添加物与原系统的相互作用产生变化，可以通过测量添加物的变化测量原系统的变化	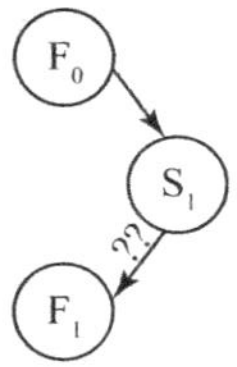		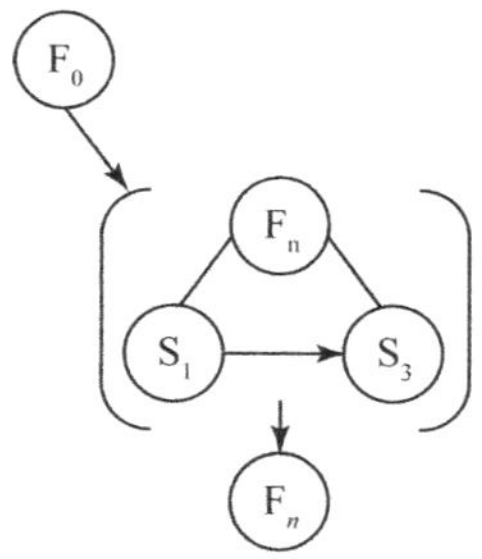	1. 生物学的例子（细胞、细菌或植物组织）等可以放在显微镜下进行观察。可以向样本添加化学染色剂来观察详细的结构 2. 钡餐的原理①
4.2.3 引入环境的测量物－物模型	如果不能向系统中添加任何物质，那么可以在外部环境中引入添加物，并检测这个添加物的变化	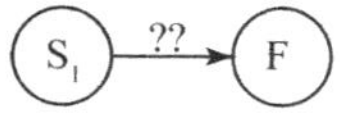		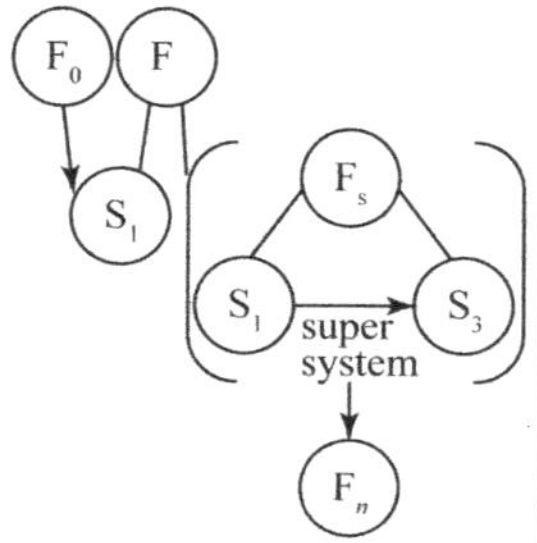	GPS 的应用

① X 射线检查时，由于人体各种器官、组织的密度和厚度不同，所以显示出黑白的自然层次对比。但在人体的某些部位，尤其是腹部，因为内部好几种器官、组织的密度大体相似，必须导入对人体无害的造影剂（如医用硫酸钡），人为地提高显示对比度，才能达到理想的检查效果。这种检查方法临床上叫做 X 射线造影检查

续表

标准解编号	问题描述	问题模型		解决方案模型	案例
4.2.4 从环境中取得添加物	如果像 4.2.3 一样不能向系统中引入添加物，那么可以将现有环境中已有的物质进行分解和转化形成新的添加物，并且与系统发生相互作用，检测系统的变化	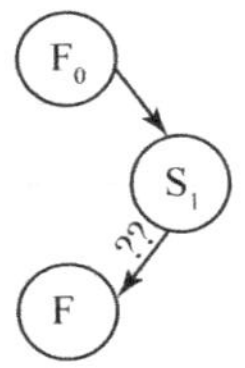		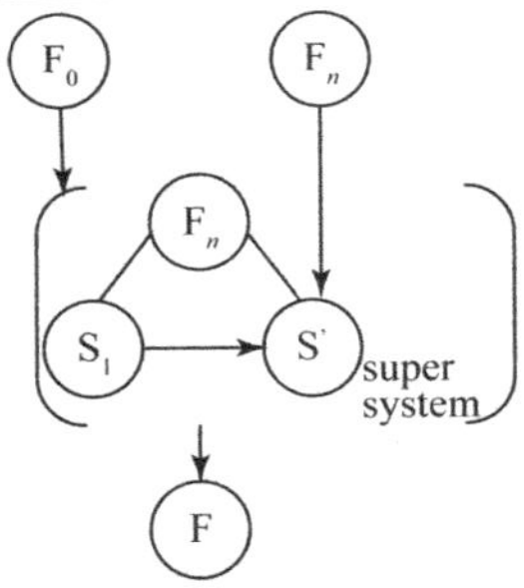	云室（cloud chamber）是早期的核辐射探测器，也是最早的带电粒子径迹探测器。1896 年由 C. T. R. 威尔逊发明，又称威尔逊云室。利用纯净的蒸气绝热膨胀，温度降低达到过饱和状态，这时带电粒子射入，在经过的路径产生离子，过饱和气以离子为核心凝结成小液滴，从而显示出粒子的径迹，可通过照相拍摄下来。云室中的气体大多是空气或氩气，蒸气大多是乙醇或甲醇。根据径迹上小液滴的密度或径迹的长度可测定粒子的速度；将云室和磁场联用，根据径迹的曲率和弯曲方向可测量粒子的动量和电性，从而可确定粒子的性质
4.3	增强测量系统				
4.3.1 应用物理效应和现象	应用在系统中发生的已知的效应，并且检测因此效应而发生的变化，从而知道系统的状态，提高检测和测量的效率	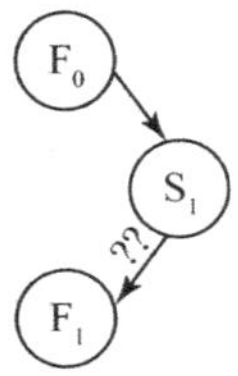		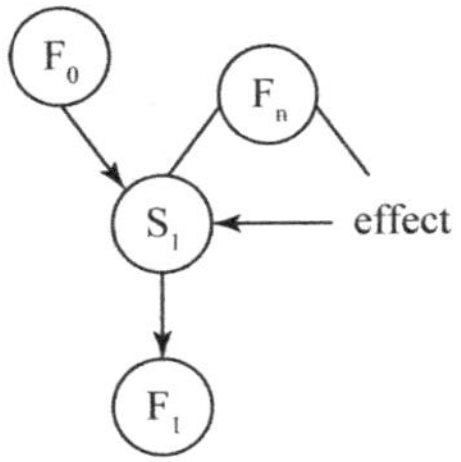	1. 通过测量导电液体电导率的变化来测量液体的温度 2. 霍尔效应 3. 质谱仪[①]（mass spectrograph）

① 分离和检测不同同位素的仪器，即根据带电粒子在电磁场中能够偏转的原理，按物质原子、分子或分子碎片的质量差异进行分离和检测物质组成的一类仪器

续表

标准解编号	问题描述	问题模型		解决方案模型	案例
4.3.2 应用样本的谐振	如果不能直接测量或者必须通过引入一种物来测量时，可以通过让系统整体或部分产生共振，通过测量共振频率来解决问题	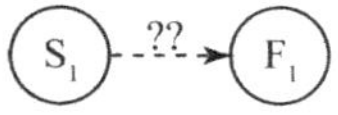		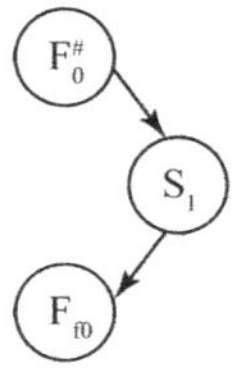	用音叉为钢琴调律，钢琴调律师需要调节琴弦，通过音叉与琴弦的频繁共振来进行调谐
4.3.3 应用连接物质的谐振	如果 4.3.2 不能使用，可以通过与系统相连的物体或环境的自由振动获得系统变化的信息	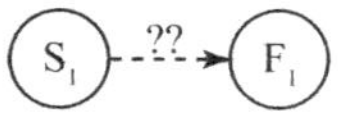		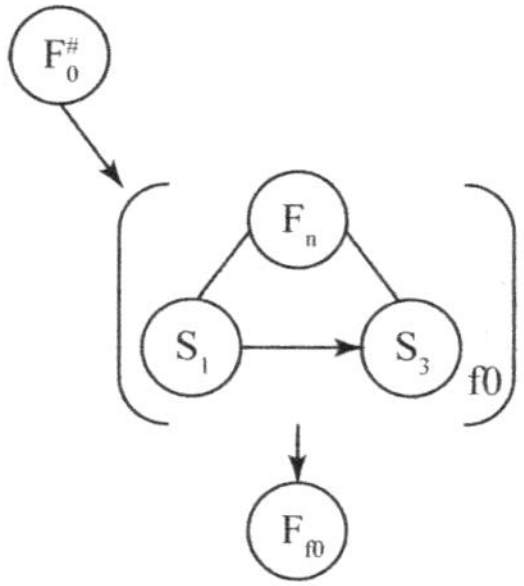	非直接法测量电容量，将未知电容量的物体插入已知感应系数的电路，然后改变电路中的电压频率寻找产生谐振的共振频率，据此，可以计算出插入物体的电容量
4.4	转化为铁－场模型，测量铁磁场				
4.4.1 测量预铁－场模型	加入铁磁物质或者利用系统中的磁场从而方便测量	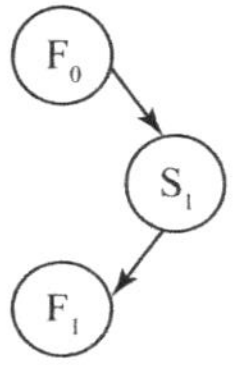		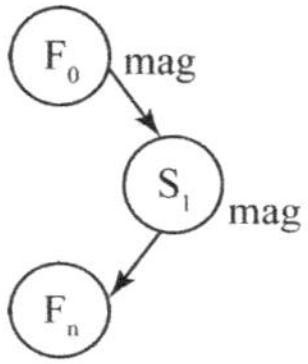	交通控制通常使用交通灯进行指挥。如果想要知道车辆需要等候到何时才能继续行驶，或者车辆已经排了多长的队，可以在路面下埋入环形感应线圈，从而轻易地检测出上面车辆的铁磁成分，经过转化后得出测量结果

续表

标准解编号	问题描述	问题模型		解决方案模型	案例
4.4.2 测量铁-场模型	向系统中加入铁磁颗粒，或者将一个物质转化为铁磁粒子，通过检测其磁场的变化，从而方便测量	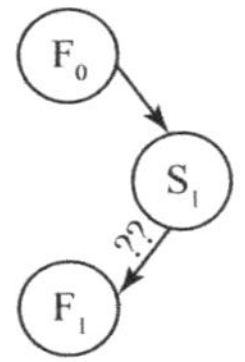		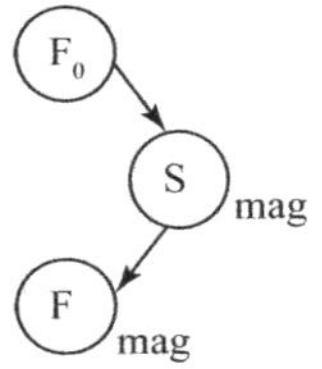	在流体中引入铁磁颗粒，以增加测量的准确度
4.4.3 合成测量铁-场模型	如果铁磁颗粒不能被直接加入系统或者这种物质不能被铁磁颗粒替代，那么建立一个复杂的铁磁系统，将磁性物质添加到系统以有的物质中。	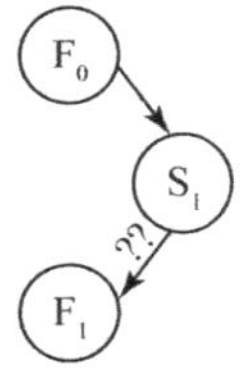		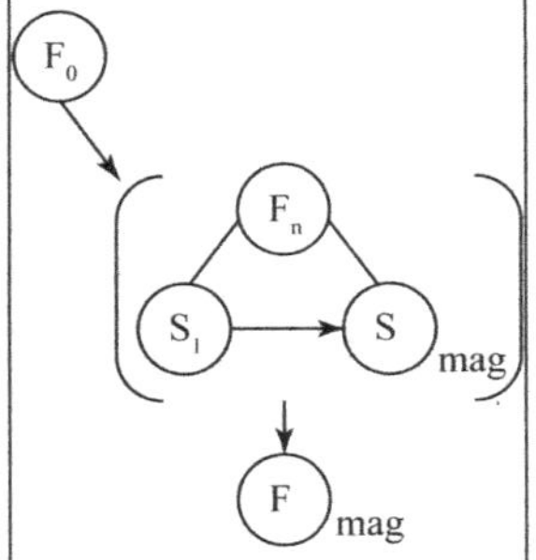	通过在非磁性物体面涂敷含有磁性材料和表面活化剂细小颗粒的物体，以检测该物体的表面裂纹
4.4.4 引入环境测量铁-场模型	如果不能向系统中加入铁磁物质，则可以通过在环境中引入	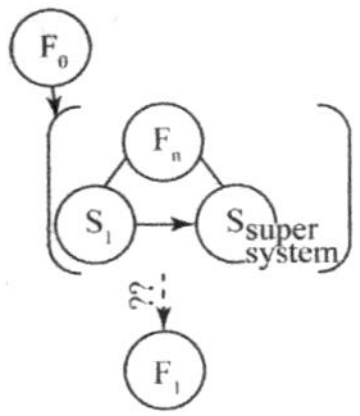		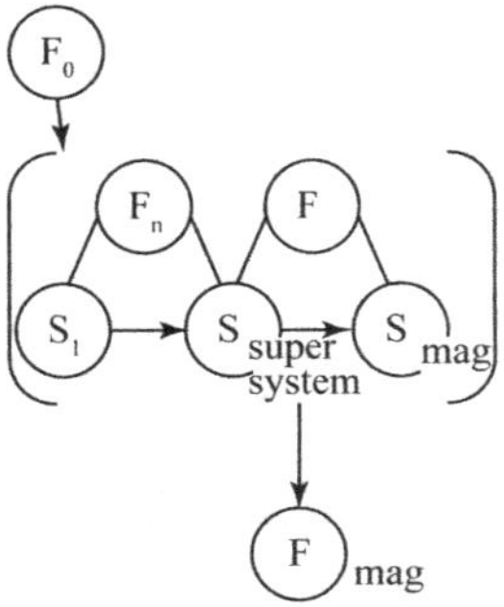	船在水上移动时会产生波浪，为了研究波浪形成的原因，可以将铁磁颗粒加入水中，辅助测量

续表

标准解编号	问题描述	问题模型		解决方案模型	案例
4.4.5 应用物理效应和现象	通过测量与磁性相关的自然现象，如居里点、磁滞现象、超导消失、霍尔效应等	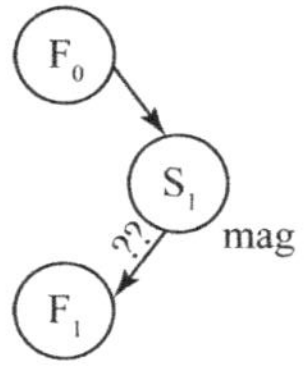		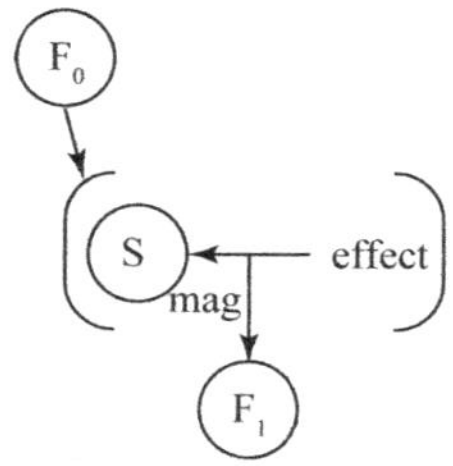	参照 2.4.7 磁共振成像的例子
4.5	测量系统的进化趋势				
4.5.1 转化为双元和多元系统	向双系统，多系统转化。如果单系统精度不够，可用双系统或多系统	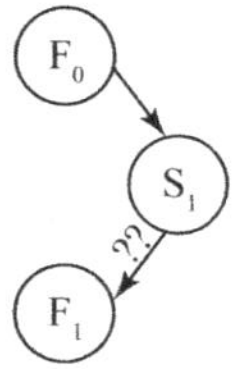		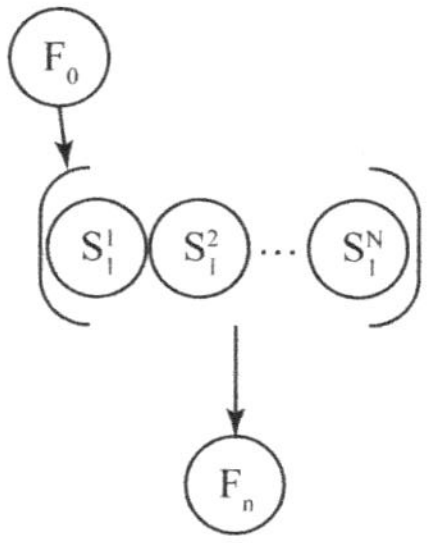	为了测量视力，验光配镜师使用一系列的设备来检测检测眼睛聚焦的能力，包括远距离聚焦、近距离特写聚焦，以及检验通过视网膜聚焦的连贯性，而非仅中心聚焦
4.5.2 测量待测物演化的衍生物	不直接测量，而是测量时间或者空间的一阶或二阶导数。举例来说，测量速度或者加速度而不直接测量距离。测量声音频率的变化率（多普勒位移）来确定声音来源的传播速度	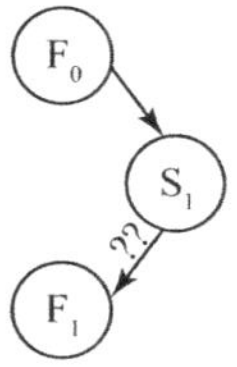		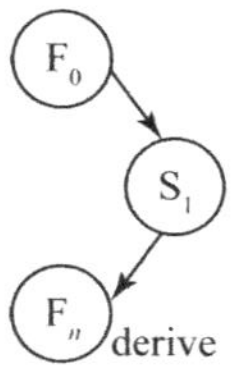	航天定位和速度检测的地面雷达使用雷达直接反射和雷达频率变化（测量位置、速度和加速度）来为每一架飞机计算准确的位置和速度

续表

第 5 级——简化与改善策略的标准解（5 个子级，17 个标准解）					
标准解编号	问题描述	问题模型		解决方案模型	案例
5.1	引入物质				
5.1.1 间接方法	①使用“虚无”，如空气、真空、气泡、泡沫、缝隙等；②利用场代替物质；③用外部附加物代替内部附加物；④利用少量但非常活化的附加物；⑤将附加物集中到一特定位置上；⑥暂时引入附加物；⑦假如原系统中不允许附加物，可在其复制品中增加附加物，这包括仿真器的使用；⑧引入化合物，当它们起反应时产生所需要的化合物，而直接引入这些化合物是有害的；⑨通过对环境或物体本身的分解获得所需的附加物	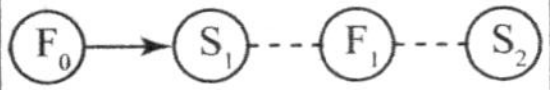		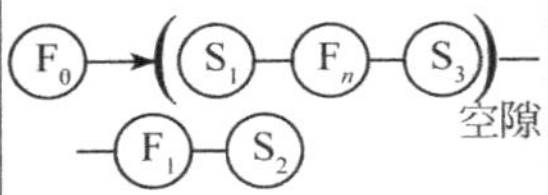	1. 假设要为潜水者设计保暖衣。一般的想法是增加胶皮泳衣的厚度，但是这样会使潜水装变得很沉，因此这个方法可行性不大。如果我们增加泡沫结构，这样不仅使得隔热性增强而且衣服轻薄。这就是现在流行的保温潜水服 2. 同样，木制的屋顶板是不防火的，需要一种防火材料的替代物。混凝土是防火的材料，并且可以被仿造得像屋顶板。但是对于一个原本设计用木制屋顶板的房屋来说，混凝土结构的屋顶太重了。因此，当制造混凝土时混入空气，形成一个泡沫结构，使得这个混凝土屋顶板既防火又轻便
5.1.2 分裂物质	将物质分割成更小的组成部分	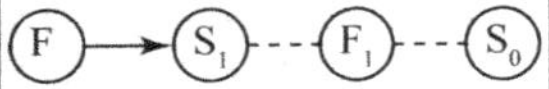		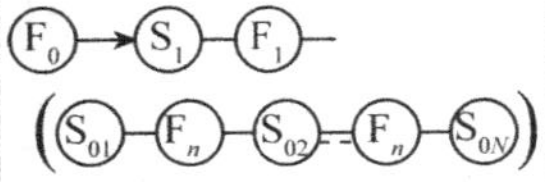	有些情况下，一栋建筑楼内使用单独的室内空调比中央空调节能

续表

标准解编号	问题描述	问题模型		解决方案模型	案例
5.1.3 物质的“自消失”	添加物在使用完毕后自行消失	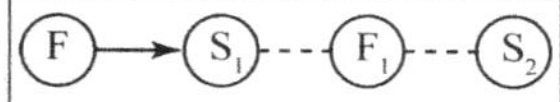		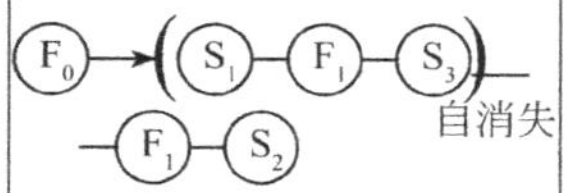	1. 一个复杂的模型可以利用干冰进行清洗，并且当干冰升华后没有任何残留物需要清洗。而利用砂子或者人造蓝宝石颗粒则会留下残渣 2. 当伤口痊愈后，可溶解的缝线可以被身体吸收。而老式的缝线需要一个独立的手术过程移走这个缝线，在这个过程中会引起疼痛、不适，并有引起感染的可能
5.1.4 引入膨胀结构和泡沫使物–场的相互作用正常化	如果条件不允许加入大量的物质，那么可以加入虚空的物质	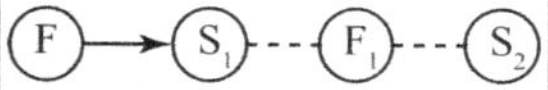		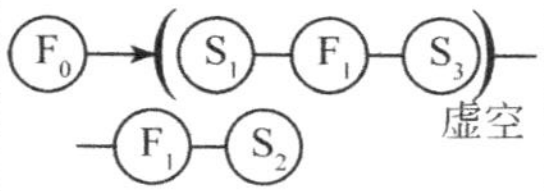	1. 当一个固体本身的重量有危险的隐患使用可膨胀结构。可膨胀的千斤顶（气压千斤顶）被用来起重飞行器离开沼泽地带。在那样的地方普通的机械千斤顶会因为自身的重量而下沉 2. 为客人准备一个气垫床，然后客人走后即可抽空空气保存，这对客人来说很舒适，比起送他们去宾馆来说要便宜许多，对主人来说更是方便，不用在没有客人的时候留出一间客房
5.2	引入场				
5.2.1 利用场的多种用途	应用一个场产生另外一个场	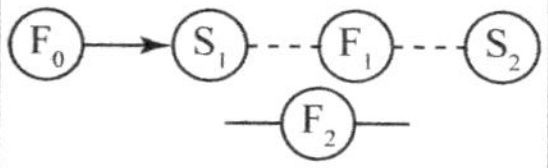		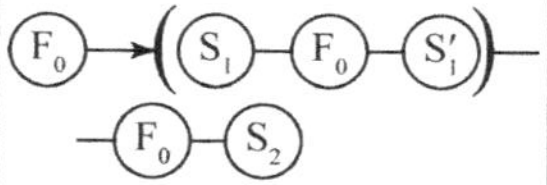	1. 电场产生磁场 2. 钻木取火

续表

标准解编号	问题描述	问题模型		解决方案模型	案例
5.2.2 使用环境中的场	应用环境中已存在的场	$F_0 \rightarrow S_1 - - - F_1 - - - S_2$		$F_0 \rightarrow (S_1 - F_0 - S'_1) -$ fsupersystem $- F_0 - S_2$	1. 电子设备在使用时产生大量的热，这些热量可以通过独立的组成部分使得空气在设备中流动散热，而不用附加风扇。这样可以改善整体设计 2. 蓄电池收音机是为了在紧急情况下使用的，它有通过太阳能进行充电的光电元件。这样可以使得电池的重量和体积最小化。进一步的改良则是利用手动的发电机取代电池。这是利用机械能量场，这种方法对于任何环境中都是可行的，即使在黑暗中
5.2.3 利用能产生场的物质	利用技术系统中现有物质的备用性能产生场	$F_0 \rightarrow S_1 - - - F_1 - - - S_2$		$F_0 \rightarrow S_1 - F_1 - S_2 -$ $F_n \rightarrow F_m -$	医生将放射性物质植入到病人的肿瘤部位来杀死癌细胞 在汽车的设计中，发烫的引擎冷却剂作为热能（一个场）的来源给乘客供热
5.3	相变				
5.3.1 变换状态	通过一个已存在的物质的状态转换	$F_0 \rightarrow S_1 - - - F_1 - - - S_2$		$F_0 \rightarrow S_{1\,var.phase} - F_1 - S_2$	根据温度/压强/电压的条件决定使用同一种材料的气态，液态或者固态。在低温学试验中，自然气体被转化为液体以节省空间。然后升温，扩展作为气体燃料使用
5.3.2 动态化相态	相变2：两种相态相互转化	$F_0 \rightarrow S_1 - - - F_1 - - - S_2$		$F_0 \rightarrow S_{1\,var.phase\#} - F_1 - S_2$	在滑冰过程中，通过将刀片下的冰转化为水来减小摩擦力，然后水又重新结成冰

续表

标准解编号	问题描述	问题模型		解决方案模型	案例
5.3.3 利用伴随现象	相变3：利用相变过程中伴随出现的现象	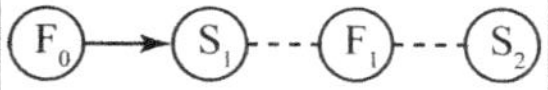		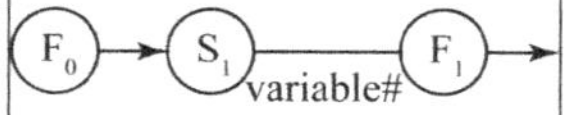	1. 为运动和户外活动使用的暖手器，里面有一个盛有液体的塑料袋，袋内有一个薄金属片，金属片在液体内弯曲，可以产生一定的声信号，触发液体转变为固体并释放热量。这个系统还可以再使用通过将其放入热水中或者微波炉中加热，固体又可还原为液体 2. 参照2.4.7. 另一个超导的例子是当金属的超导体达到0电阻时，它们会变为绝热体，能够被用作隔离低温的装置
5.3.4 向双相态转化	相变4：转化到物质的双相态	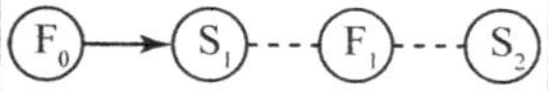		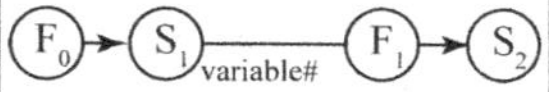	为减少噪声，捕获切削过程中产生的气泡和碎片，用泡沫盖住加工区，工具可以穿过泡沫，而噪声和气泡却不可以穿过去
5.3.5 利用相位之间的交互作用	利用系统的相态交互，增强系统的效率	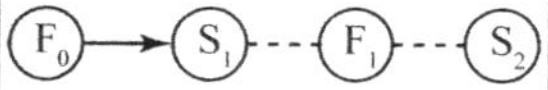		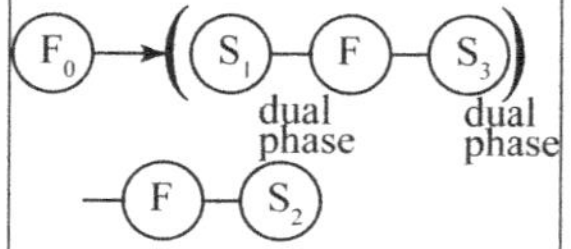	酿造白兰地很讲究贮存酒所使用的橡木桶。由于橡木桶对酒质的影响很大，因此，对木材的选择和酒桶的制作要求非常严格。最好的橡木是来自于干邑地区利穆赞和托塞斯两个地方的特产橡木
5.4	应用物理效应和现象的特性				

续表

标准解编号	问题描述	问题模型		解决方案模型	案例
5.4.1 利用自我可控性的物理转换	状态的自动调节和转换，如果一个物体必须处于不同的状态，那么它应该可以自动从一种状态转换到另一种状态	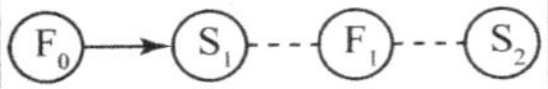		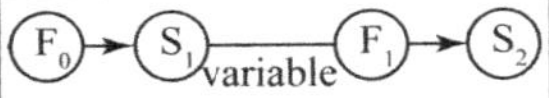	防太阳眼镜主要用于露天野外、雪地、室内强光源工作场所，防止阳光、紫外光、眩辉光对眼的伤害。镜片用含卤化银微晶体的光学玻璃制作，根据光色互变可逆反应原理，在日光和紫外线照射下可迅速变暗，完全吸收紫外线，对可见光呈中性吸收；回到暗处，能快速恢复无色透明。该镜片的光致变色性质具有永久可逆性
5.4.2 增强输出场	将输出场放大。通常，这在临近相态转换点的时候完成	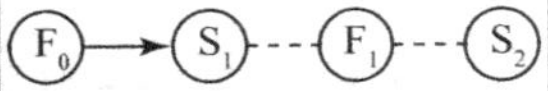		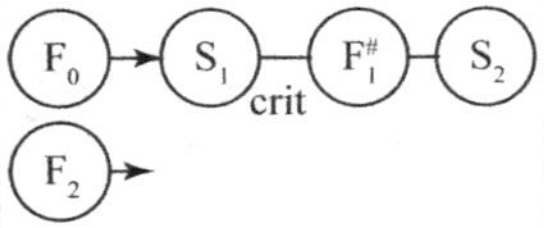	真空管、继电器和晶体管，都可以利用很小的电流来控制很大的电流
5.5	产生物质的高级和低级方法				
5.5.1 通过降解更高一级结构的物质来获取所需物质	通过降解获得物质颗粒（离子、原子、分子等）	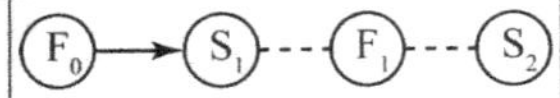		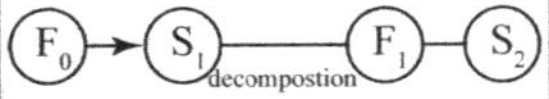	1. 如果系统中需要氢气但是系统本身又不允许引入，我们可以向系统中引入水，再将水电解转化为氢和氧。如果需要原子氧，可以使用紫外线光离解臭氧 2. G. Altshuller少年时期的第一个专利就是为这个解法提供一个非常好的例子，从过氧化物中生成氧，辅助潜水 3.（汽车等的）催化式排气净化器将汽车发动机的尾气中的一氧化碳和碳氢化合物这些污染物被氧化成二氧化碳和水

续表

标准解编号	问题描述	问题模型		解决方案模型	案例
5.5.2 通过合并低等级结构的物质来获取所需物质	通过组合获得物质粒子	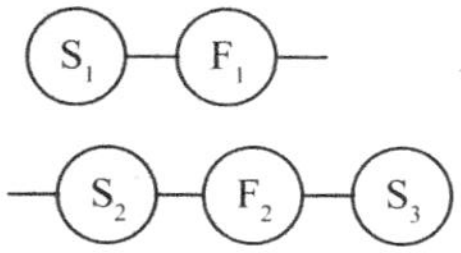		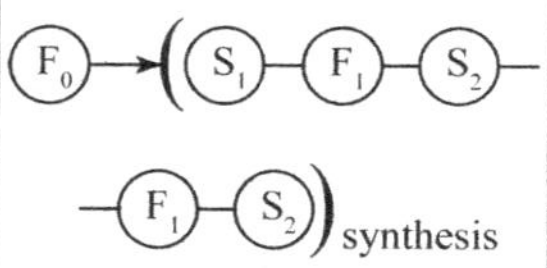	树木吸收水分、二氧化碳并利用阳光进行光合作用，生长枝叶和果实
5.5.3 介于 5.5.1 和 5.5.2 之间	应用标准解法 5.5.1 和 5.5.2. 如果有一个高级结构的物质需要降解，但是又不能降解，那么可以从这个物质的次高级着手。另外，如果需要把低级结构的物质组合起来，我们就可以直接应用较高级结构的物质	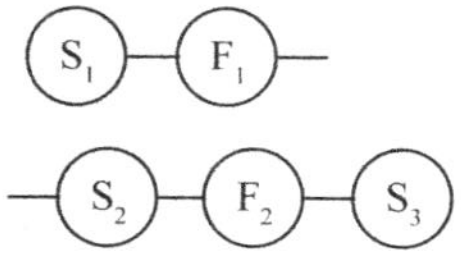		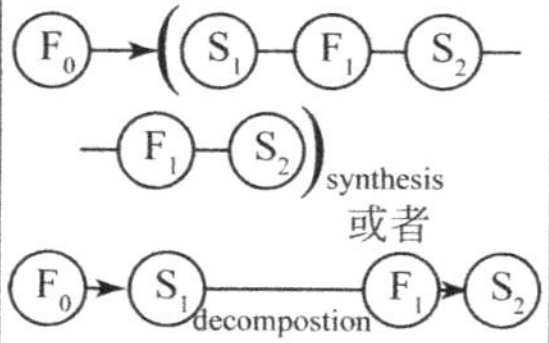	如需要传导电流，可以先将物质变成导电的离子和电子。离子和电子脱离电场之后，还可以重新结合在一起

附录6　GBT——新一代 TRIZ 软件①

一、说明

在全球性竞争日益激烈的市场环境下，随着创新的压力不断增长，TRIZ 成为推进创新的一种新的方法。以美国为例，工程师和学生们为将 TRIZ 作为创新工具已付出了艰苦的努力。② 我们坚信，最近对 TRIZ 软件的改进一定会有利于对 TRIZ 的理解，并拓展其商业运用。③

在美国，TRIZ 训练最初沿袭了由 Altshuller 和他的学生开发的古典 TRIZ 的方法。由于俄罗斯的 TRIZ 训练需要许多年，并且是针对高端用户和科学家的，所以对初学者来说过于复杂。另外，专家们还试图在技术上不断加以改进，这也使初学者在学习中无所适从。

由于有许多专家教授 TRIZ 理论，所用的教材版本也各不相同，TRIZ 的教学缺少统一的标准，因而学生和初学者在尝试理解 TRIZ 时会遇到各种障碍④。这些方法都是新科学自然演变的结果，目的是为了简化教学法，因此出现上述问题不足为奇。然而，经济驱动型的组织文化取向使人们往往缺少对 TRIZ 理论可能带来的价值缺乏耐心和认同。这种情况就像质量管理一样，它从某种意义上说起源于美国工业界，但是当时在美国却没有市场，直到日本人接受了它并且用于改变他们的产品形象才引起重视。

教授 TRIZ 的方法中最成功的方法是利用 Altshuller7 的 40 条发明原理。⑤ 但是，这 40 条发明原理对使用者并没有具体的指导，学生在分析如本书中列举的例题时仍然需要帮助。实际情况是，许多初学者在使用这个工具时，仍然很难能得出有创造力的解决方案。并且，这种方法在发明原理方面并非一目了然，也没

---

① 该附录文档由 Neville-Clarke 公司（GBT 软件的中华区推广合作公司）的管理顾问 Daryl Lee 先生以英文撰写，著者翻译。GBT 软件的中文版已经完成，见 http：//www. nevilleclarke. net/GBTC21/login. asp

② Zlotin B，Malkin S，et al. Patent #5，581663，automated problem formulator and solver. Col. 1，ll. 64-67；Col. 2，ll. 19-34；ll. 48-50；ll. 53-54；Hoover Company Training，Innovation in manufacturing using TRIZ. TRIZ Consulting. Hoover Company Training. Design and manufacturing better products faster using TRIZ，TRIZ Consulting，Inc. March，2000；Coates D. Tech 61095 management of technology innovation. Kent State University. Fall Semester 2004，Fall Semester 2005

③ Malkin S. Guided innovation toolkit. Pretium Consulting Services. LLC. http：//www. pretiumllc. com. 2007-3-10

④ Training both at Hoover[2,4] and at Kent State University[4] has shown that

⑤ Altshuller G. 40 Principles：Extended Edition：TRIZ Keys to Technical Innovation. Technical Innovation Center，Inc. MA：Worcester

有指出分析和研究更加复杂的问题的具体过程。

综上所述，可以得出过去的 TRIZ 教学中存在以下问题：

(1) 高深复杂的结构是新学员难以逾越的障碍；

(2) 由于 TRIZ 本身的发展而形成的多种版本使学生无所适从；

(3) 来自工业界和大学的学员掌握 TRIZ 需要很长时间；

(4) 不同工具的使用使教学进一步复杂化；

(5) 手工计算很难；

(6) 缺少解决中等复杂程度问题的简单程序。

基本的教学问题体现了一个矛盾——“TRIZ 是复杂的”，因此应该认为“TRIZ 能够产生解决难题的思路”，而非“TRIZ 难以推广使用”。换句话说，TRIZ 应该是既简单又复杂的。这可以通过“结构分离”来说明，通过使用计算机程序的简化方法，解决中等复杂程度的发明问题，同时又保留了更复杂的 TRIZ 工具和理论，以应对更具挑战性的问题。

TRIZ 需要以简化的、容易记忆和直观的方式呈现，使普通学生或工人都能使用，并将其作为解决工作中出现的问题的常用工具。

二、GBT 的思路：使用简化的 TRIZ

当一项重要的问题/目标摆在我们面前时，可以采用 Malkin & Coates 推广的 TRIZ 的创新方法，就是应用头脑风暴、项目管理原理和利用创新原理的新方法，其流程简化为如图 F1 所示。

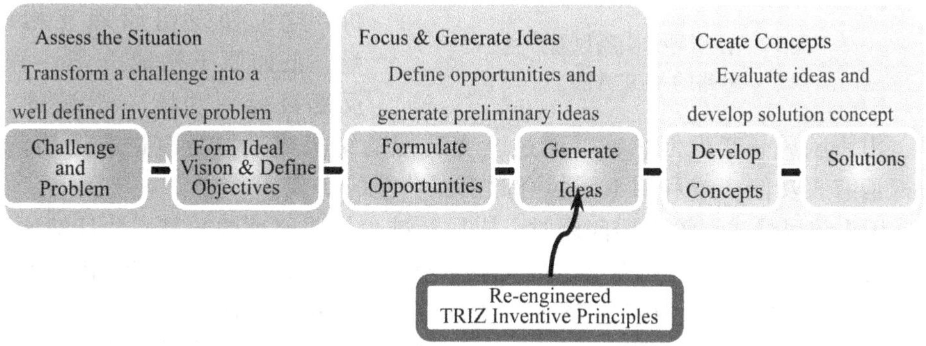

图 F1　TRIZ 的简化流程——引导式头脑风暴

引导式头脑风暴指导初学者们关注 TRIZ 理论的核心部分：明确阐述任务，并用发明原理激发头脑风暴。这个过程可以扩展到包含以后的所有步骤，以应付那些难以描述的更加复杂的问题。这个过程称为“结构化发明”。

这种新的方法使初学者能够在短时间内学会，因为它不受其他TRIZ工具，如物理和化学效应、ARIZ、物－场分析模型、标准解和技术演变的干扰，而采用以新方式组织的发明原理，称为“目标－功能－资源”。

引导式头脑风暴的“产生思路”步骤包括对应于每项任务的3组创新原理。这些任务是：①改进有用功能；②抵消有害功能；③解决矛盾。

这些任务又分为3个方向：①改变结果（目标）；②改变功能（操作原理）；③调动资源（发现并且应用新的或者潜在的资源）。

分成3个方向是因为是每个功能都可看作是3种事物的组合；①目标——怎样运用？②功能——如何运行？③资源——利用什么？如图F2所示。

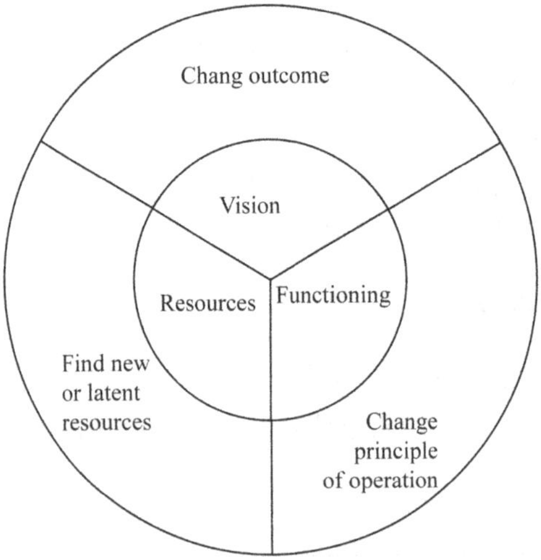

图F2　由引导式头脑风暴产生思路的VFR方法

通过这个方法，我们提出了TRIZ发明原理的一个新结构——目标－功能－资源（VFR）。用这个新结构可以引导头脑风暴。

发明原理帮助人们改变观点和发现新思路。改变功能和资源种类都可改变结果。功能的任何改变都可以通过利用不同的资源实现，并产生多样的结果。一些资源的有效性可能会显著地改变功能并影响结果，所以要从整体上全面地分析。这也使发明原理互相联系，正如原子构成分子一样。反复目标－功能－资源的过程，由头脑风暴产生创意，以通过改变功能的结果或其本身改进有用功能，或抵消有害功能，或利用不同的资源确保功能的实现。

用头脑风暴法讨论发明问题时，应尽量减少发明原理的数量，并且把这些含有案例的发明原理的列表让学员人手一份。这份列表是在具有广泛普适性的Altshuller的40个发明原理及76个标准解基础上经过仔细研究、挑选和重写而成的（表F1～表F3）。例如，当为商业人士提供通俗易懂的描述时，不能照搬现行的TRIZ原理，这是因为囿于他们的知识背景，他们难以被理解某些发明原理（如“机械振动”、“液压与气压传动”、“柔韧壳体或薄膜”等均不宜列入）。

表 F1　改善有用功能的修正的发明原理列表

Find a way to improve Useful Function						
Change Vision (Outcome)	Change Functioning	Mobilize Resources				
		Space	Time	Energy/Forces	Substances	Information
Intensify	Exclude	Vacant space	Preliminary action	In a system	System elements	Properties
Disposable	Inversion	Another dimension	Synchronization	Dissipated	Raw materials	Output flows
Universality	Partitioning	Nesting	Parallel processing	Flows	Waste	Passing flows
Specialization	Integrate	Passing through	Use pauses	Environmental	Inexpensive	Detection
Dynamism	Mediator	Take out the pare	Accelerate	Transformed	Transformed	Additives
Matching	Use model	Localize	Stretch out			
Partial action	Feedback		Post-process time			
Excessive action	Controllability					

表 F2　抵消有害功能的修正的发明原理列表

Find a way to counteract Harmful Function.						
Change Vision (Outcome)	Change Functioning	Mobilize Resources				
		Space	Time	Energy/Forces	Substances	Information
Eliminate the cause	Exclude	Vacant space	Preliminary action	In a system	System elements	Properties
Vaccination	Inversion	Another dimension	Synchronization	Dissipated	Raw meterials	Output flows
Isolate	Partitioning	Nesting	Parallel processing	Flows	Waste	Passing flows
Counteract	Integrate	Passing through	Use pauses	Environmental	Inexpensive	Detection
Redirect	Mediator	Take out the part	Accelerate	Transformed	Transformed	Additives
Hide	Usemodel	Localize	Stretch out			
Restoration	Feedback		Post-process time			
Take benefit	Controllability					

表 F3　解决矛盾的修正的发明原理列表

Resolve the contradiction: contradictory function should produce useful result and should not produce harmful result.						
Separate contradictory requirements				Mobilize Resources		
In structure	On condition	In space	In time	Energy/Forces	Substances	Information
Element and whole	Find condition	Different locations	Preliminary action	In a system	System elements	Properties
Between subsystems	Environmental	Another dimension	Synchronization	Dissipated	Raw materials	Output flows
Integrate	Dynamism	Nesting	Parallel Processing	Flows	Waste	Passing flows
Mediator	Excessive action	Passing through	Use pauses	Environmental	Inexpensive	Detection
Use the culprit	Partial action	Take out the part	Accelerate	Transformed	Transformed	Additives
Use a model		Localize	Stretch out	Intensify	Isolate	Controllability
		Redirect	Post-process time	Counteract		Feedback

三、总结和结论

为了更快速地学习，我们提出了对解决中等难度的问题也有一定效率的 TRIZ 子集。此子集有如下特点：

（1）利用功能型语言将问题解析成由任务组成的子集。

（2）用重新组织过的发明原理引导头脑风暴，产生改进有用功能和抵消有害功能的思路。①改变目标（系统功能的结果）；②改变系统的功能；③发现并调动新的或潜在的资源实现或改变系统功能。

（3）用重新组织过的发明原理引导头脑风暴，产生化解矛盾的思路。

（4）利用计算机程序（引导式头脑风暴工具箱）使初学者通过简单的方法方便地实现上述目的。

后　　记

创新是一个民族兴旺发达的不竭动力。在社会飞速发展的时期，特别是社会发展的转型期，技术、产品、产业、市场、组织、体制、观念等各个方面都在快速变化。

认同创新的重要性，大概没有什么争议。问题是如何创新？

2007年，我国把创新方法工作作为重大科技专项开始推进。科技部批准黑龙江省、四川省、江苏省作为国家技术创新方法试点省。针对企业为主体的技术创新体系的重大需求，推进TRIZ等国际先进技术创新方法与中国本土需求融合；推广技术成熟度预测、技术进化模式与路线、冲突解决原理、效应及标准解等TRIZ中成熟方法在企业的应用；加强技术创新方法知识库建设，研究开发出适应中国企业技术创新发展的理论体系、软件工具和平台，成为创新方法的研究和推广的重点。

西南交通大学创新研究团队长期从事创新创业管理与创新方法的研究与教学，呈现给读者的这本书就是团队合作研究的成果。本书有三个特点：一是前沿性，除了新的体例和内容安排之外，还大量吸收创新方法学术与案例研究的最新成果；二是实践性，书中有大量产业技术设计领域创新方法实际应用的分析和说明；三是工具性，附录中收录了矛盾矩阵、科学效应知识库、40个发明原理、标准解法、创新软件等相关内容，便于读者查询和使用。本书可以作为高校、企业创新方法课程和培训的教材，可以作为各级管理者学习创新方法的专题读物，也可以作为企业技术创新管理者和设计研发人员的工作手册。

本书由陈光教授任主编，王伯鲁教授、赵立力博士任副主编，参加编写的有陈光（导论）、王伯鲁（第6章）、王永杰（第2章）、张略（第1章）、杨红燕（第4章、第5章），赵立力、周勋秀（第7章、第8章）、刘凤（第9章、附录）、周贤永［第3章、第4章（参与）第10章、第11章、第6章（参与）、附录］等。全书由陈光统稿。

本书在编写过程中，参考了国内外大量相关文献和成果，特此致谢。本书特别得到科学出版社郭勇斌编辑的大力协助，我们心存感激！

创新无止境，创新方法研究亦无止境。由于时间较紧，水平有限，书中不足之处，敬请批评指正。

2010年8月